# 水利工程水土保持
# 生态修复技术的应用研究

岳焕丽　赵海涛　赵　鑫 ◎ 主编

黑龙江朝鲜民族出版社

图书在版编目（CIP）数据

水利工程水土保持生态修复技术的应用研究 / 岳焕丽, 赵海涛, 赵鑫主编. -- 哈尔滨：黑龙江朝鲜民族出版社, 2024. -- ISBN 978-7-5389-2896-9

Ⅰ. S157；X171.1

中国国家版本馆CIP数据核字第2025XV2704号

SHUILI GONGCHENG SHUITU BAOCHI
SHENGTAI XIUFU JISHU DE YINGYONG YANJIU

书　　名　水利工程水土保持生态修复技术的应用研究
主　　编　岳焕丽　赵海涛　赵　鑫
责任编辑　姜哲勇　朴海燕
责任校对　李慧艳
装帧设计　李光吉
出版发行　黑龙江朝鲜民族出版社
发行电话　0451-57364224
电子信箱　hcxmz@126.com
印　　刷　黑龙江天宇印务有限公司
开　　本　787mm×1092mm　1/16
印　　张　17.5
字　　数　283千字
版　　次　2024年12月第1版
印　　次　2025年2月第1次印刷
书　　号　ISBN 978-7-5389-2896-9
定　　价　70.00元

# 编 委 会

主 编

岳焕丽　北京市工程咨询有限公司（北京）

赵海涛　诸城市自然资源和规划局

赵　鑫　山东省调水工程运行维护中心博兴管理站

副主编

王云峰　镇江市水利建筑工程有限公司

鹿亚奇　山东大禹水务建设集团有限公司

王　刚　黄河水土保持绥德治理监督局（绥德水土保持科学试验站）

万秋爽　驻马店市板桥水库管理局

陈智贵　江苏省水利科学研究院

韩立芹　诸城市河道维护中心

张　娜　新疆水绿方项目管理有限公司

# 前　言

　　水利工程建设质量关乎国计民生和国家经济发展，近年来，环境问题愈发严重，水土流失问题愈发恶劣，为实现自然与经济的和谐发展，必须采取有效的措施解决水土流失问题，保证社会经济稳定发展。在当今"可持续发展、生态文明建设"的发展理念下，社会主义国民经济不能以过分追求牺牲自然生态环境修复效益来作为置换条件。因此，水土保持生态修复技术就在此过程中已经充分发挥了重要的主导作用。水土保持生态修复技术作为解决水利工程周围环境的水土流失现象的常见技术，具有较为明显的生态、环保、低成本、高效率等优势。为此必须加强对其的研究应用，促进我国生态的健康发展。

　　水土保持是国土整治、江河治理的根本，是国民经济和社会发展的基础，事关经济社会可持续发展和中华民族长远福祉。本书是水土保持方向的著作，主要研究水利工程水土保持生态修复技术的应用，本书从水土保持基础介绍入手，针对土壤侵蚀、水土保持工程措施进行了分析研究；另外对水生态系统保护与修复、河流生态治理与修复、湖泊生态保护与修复、地下水污染与修复、森林植被的生态修复做了一定的介绍；还对生态修复技术及其应用提出了一些建议。本书旨在摸索出一条适合水利工程水土保持工作的科学道路，帮助其工作者在应用中少走弯路，运用科学方法，提高效率。对生态修复技术的应用创新有一定的借鉴意义。

　　本书在写作过程中参阅了相关教材、专著、规范和论文，对相关作者和单位在此一并致谢。由于作者水平及时间所限，书中难免存在不足之处，恳请读者提出宝贵意见。

# 目　录

# 第一章 水土保持的基础论述

## 第一节 基本概念及相关术语

### 一、土壤

不同学科对土壤的定义不同，土壤学家和农学家把土壤定义为：发育于地球陆地表面能生长绿色植物的疏松多孔的结构表层。这个概念阐述了土壤的功能、所处的位置和物理状态。土壤是一个在生物、气候、母质、地形、时间等自然因素和人类活动综合作用下形成的独立的历史自然体。土壤间存在的性质变异，是在不同的时间和空间位置上由于成土因子的差异导致的。由成土作用形成的层次称为土层（土壤发生层），完整的垂直土层分为三个基本层：处于地表最上端，有腐殖质聚积的这层为 A 层；接下来黏粒淀积的一层为 B 层，又称为淀积层或过渡层；B 层之下为 C 层，由不同风化物构成，是 A、B 层发育的母质。土壤一般由固相、液相（水分）和气相（空气）三相物质组成，三相之间是一个相互制约、相互作用的有机整体。

### 二、土壤侵蚀

土壤侵蚀是土壤或者其他地面组成物质在水力、风力、冻融、重力和人为活动等外营力的综合作用下，被剥蚀、破坏、分离、搬运和沉积的过程。

### 三、水土流失

水土流失是指在水力、风力、重力及冻融等自然营力和人类活动作用下，水土资源和土地生产力遭受破坏和损失，又称为水土损失。狭义的水土流失专指水蚀区域的土壤侵蚀，即由水力和重力造成水土资源的破坏和运移。广义上讲，水的损失包括植物截留损失、地面及睡眠蒸发损失、植物蒸腾损失、深层渗透损失和坡径流损失等；但在我国水土保持界，水的损失主要是指坡地径流损失。

## 四、水土保持

水土保持是指防治水土流失，保护、改良与合理利用水土资源，维护和提高土地生产力，减轻洪水、干旱和风沙灾害，以利于充分发挥水土资源的生态效益、经济效益和社会效益，建立良好生态环境支撑可持续发展的生产活动和社会公益事业，其定义与水土流失或土壤侵蚀含义相反。水土保持不仅指土地资源的保护，而且还包括水资源的保护。

## 五、土壤侵蚀量及土壤侵蚀强度

通常把土壤、母质及地表疏松物质在外营力的破坏、剥蚀作用下产生分离和位移的物质量，称为土壤侵蚀量，通常以吨或立方米表示。土壤侵蚀强度是以单位时间、单位面积发生土壤侵蚀量为指标划分的土壤侵蚀等级。通常用每年每平方千米的土壤侵蚀量（土壤侵蚀模数）或者每年土层受侵蚀剥离的厚度来表示。

## 六、土壤侵蚀程度

土壤侵蚀程度是以原生剖面已被侵蚀状态为指标划分的土壤侵蚀等级。它是反映土壤被侵蚀总的结果、目前发展阶段和土壤肥力水平的土壤侵蚀指标。一般可分为轻度、中度、强度、极强度和剧烈五个级别。土壤侵蚀程度是土壤分级的主要依据，决定着土壤的利用方向。

## 七、允许土壤流失量

允许土壤流失量是指在长时期内能保持土壤的肥力和维持土地生产力基本稳定的最大土壤流失量，即在一个较长的时期内不至于导致土地生产力降低而允许的年最大土壤流失量。一般用成土速率和流失速率的比较或者土壤养分流失对作物生长是否产生影响来衡量。

## 八、土壤侵蚀、水土流失、水土保持的关系

前面对这三个概念有介绍，对比土壤侵蚀与水土流失两个概念，土壤侵蚀反映的是土壤及其母质被破坏、剥蚀、搬运和沉积的地质过程，而水土流失则更强调人为、加速土壤侵蚀的后果——水土资源的损失。土壤侵蚀塑造形成了千沟万

壑、崎岖起伏的地形，促进了地表产流，也加剧了地下水的水平排泄，在造成下游地区洪涝灾害的同时，水土流失区一般地表水短缺，地下水埋藏深，水资源短缺，大雨大灾，小雨小灾，无雨旱灾。同时，土壤侵蚀造成坡面土层变薄、土质粗化，导致土壤保水性能下降，也加剧了水土流失区干旱发生的频率。由于上游地区保持水土、涵养水源的能力下降，河流下游洪水增加，洪枯比加大，降低了河流水资源的可利用性，也加剧了水旱灾害。同时严重的水土流失形成了高含沙水流，极易淤积水库、渠道，从而难以利用，为了将河流泥沙输送入海，还需要占用大量的河流水资源。土壤侵蚀不仅造成坡面土层变薄、土质粗化，导致土壤肥力下降，而且沟壑的发育还切割、蚕食大量的平坦土地。同时洪水、泥石流携带的固体碎屑物质也可能占压、沙埋破坏土地资源，特别是耕地和建设用地，甚至造成严重损害，崩塌、滑坡等也大量破坏土地资源。

　　可见，水土流失与土壤侵蚀在定义上存在着明显差别。水土流失一词在中国早已广泛使用，而土壤侵蚀一词为传入我国的外来词，从广义理解常被用作水土流失的同义语。目前对土壤侵蚀的理解，与水土流失的含义基本相同，土壤侵蚀也叫水土流失。但因各地具体条件相差悬殊，研究的目的和范围也不尽相同，作为同义语使用时应注意其异同。

　　同时，水土流失的概念与土壤侵蚀又有联系。狭义的水土流失与水力侵蚀的内涵基本一致。广义的水土流失指在水力、重力、风力等外营力作用下，水土资源和土地生产力的破坏和损失，包括土地表层侵蚀及水的损失。一般而言，水土流失专指水力和重力等外营力的侵蚀作用引起的水土资源破坏和流失。这里的水资源包括地表水资源、地下水资源和土壤水资源，土资源包括土壤资源和土地资源。水土保持是相对于水土流失而言的概念，即防治水土流失，保护、改良与合理利用水土资源，维护和提高土地生产力，减轻洪水、干旱和风沙灾害，以利于充分发挥水土资源的生态效益、经济效益和社会效益，建立良好的生态环境，支撑可持续发展的生产活动和社会公益事业。水土保持的概念说明，水土保持既是一种生产活动也是一种社会事业，目的是防治水土流失，保护、改良与合理利用水土资源。

# 九、控制水土流失的途径与措施

　　水土保持的目的是通过控制土壤侵蚀，减轻水力、重力侵蚀及化学溶蚀对土地、土壤及水资源的破坏；充分利用山丘区水土资源，提高资源利用率和利用效率；避免上游土壤侵蚀和水土流失对下游的危害，控制洪水，涵养水源，实现河流泥沙输移动态平衡，避免大量泥沙淤积到河湖水库中；稳定河道，防止河岸崩塌、破坏土地资源；使泥沙顺利输移入海造陆，使得三角洲和海滩免受海浪侵蚀。

因此，根据土壤侵蚀的作用机理和水土保持的目的，主要可以采用以下措施控制水土流失并提高山区水土资源利用效率和效益。

### （一）消减土壤侵蚀营力

水土流失的主要根源是水力侵蚀、重力侵蚀、化学溶蚀以及三者的混合形式。水蚀、重力侵蚀、化学溶蚀、混合侵蚀的主要侵蚀力包括降雨及其产生的径流以及地球引力。降雨的大小和强度是一种地带性的自然因素，除了可以通过植被层拦蓄一部分降水外，人力目前无法改变，因此消除降水及其产流侵蚀营力的主要途径是：消除超渗产流条件、增加降水入渗，如植被措施、梯田工程、蓄水保土耕作措施等都具有拦蓄降水、促进入渗、减少产流的作用；通过蓄排水措施，防止坡面径流汇集形成冲刷。重力侵蚀和混合侵蚀的主要营力是地球引力（重力），这也是无法消除的，但是可以通过减少坡度等措施，减弱重力的作用强度。

### （二）提高土壤及其母质的抗蚀性

土壤质地过于疏松，虽然透水性能良好，发生产流、侵蚀的临界雨强较高，但土壤结构性差，虽然具有较强的渗透性能，但一旦产生地面径流，则土壤大量侵蚀。而黏土则相反，黏重的土壤质地虽然具有较强的对抗径流侵蚀的能力，但黏土渗透性差，相同情况下，土壤有机质可以促进土壤形成良好的团粒结构。改良土壤质地和孔隙结构，不仅可以提高土壤的透水、持水性能，也可以提高土壤的抗蚀性。植物根系也有固结土壤，提高土壤抗蚀性的作用，甚至可以起到锚固浅层滑坡、防止崩塌的作用。但对于深层滑坡、崩塌，则需要通过工程措施锚固。

### （三）隔绝侵蚀营力与土壤的直接作用

隔绝降雨与其产生的径流对土壤及母质的作用，是最直接有效的控制水力侵蚀的手段，如植被的地表枯落物、覆盖措施、护坡和护岸工程等，都可以起到隔绝侵蚀营力与土壤的直接作用的效果。

### （四）预防、治理水土流失造成的危害，并充分利用山区水土资源

水土保持的根本目的是消除土壤侵蚀的危害，并充分利用山丘区的水土资源。水土流失的主要危害是破坏土壤肥力，切割、蚕食土地资源，造成泥沙淤积。因此，水土保持措施必须因害设防，达到变"水害"为"水利"的目的。梯田工

程能够消除坡面产流条件，达到控制土壤侵蚀的目的。拦沙坝可以控制进入下游河流的泥沙，减轻泥沙淤积危害，而且某些情况下，坝后淤成的平坦土地还可以作为农业生产用地或用于其他用途，是山丘区的人造小平原，达到了充分利用水土流失区水土资源的目的。引洪漫灌工程、治河造地工程等措施也都有消除水土流失工程危害，并充分利用山区水土资源的目的。

# 第二节　水土流失现状及其危害

## 一、我国水土流失演变历程及水土流失现状

### （一）我国水土流失演变历程

我国是世界上水土流失极为严重的国家之一，这不仅与我国强烈的新构造运动、多山的地形特点和降水不稳定等诸多自然因素有关，更与我国农业开发历史悠久、人口众多等诸多人文因素密切相关。以西汉、唐宋、清中叶和中华人民共和国成立后等水土流失发生转折的时间点为界线，可以将我国水土流失的历史划分为五个阶段，其中第一阶段主要发生在原始农业时期，基本维持自然侵蚀；第二至第四阶段发生在传统农业时期，人为导致的水土流失首先于西汉凸显在北方地区，至唐宋扩展到南方地区，到清中叶随着山地的开发而普遍加重；第五阶段发生在现代农业时期水土保持措施初见成效。

1. 原始农业时期

中国史前时期（公元前 2000 年）的原始农业按起源和生产方式可明显地区分为南北两大系统：南方以长江中下游为重心的稻作农业系统和北方以黄河中下游为重心的粟作农业系统。这些农业活动不仅破坏了原始植被，也对土壤造成扰动，但总体上，人类活动引起的土壤侵蚀仍十分有限，水土流失基本属于自然侵蚀的范畴。

西周以前，我国的农业主要采用游耕方法，西周时期采用休耕方法，通过土地的自然恢复解决地力耗竭问题。但到战国时期，铁器使用普遍，加之牛耕技术的推广，人类改造自然的能力增强。战国时期还发展了自流灌溉和汲水灌溉农业。这时期的水土流失问题虽已显现，但尚不严重。

2. 西汉前后

西汉的 200 年间人口增加迅速，增加近 10 倍，达到 5900 万人，是我国历史

上人口第一次快速增长时期。扩大土地开垦面积是我国历史上解决人口增长问题的主要手段。

北方地区农业区域的扩展，使一部分草地和林地受到人为干扰的破坏，其中原始生态环境被破坏最为严重的是关中和河套地区。人类的开垦无疑加剧了黄土高原的自然侵蚀过程。《汉书·沟池志》上曾记载有"泾水一石，其泥数斗""河水重浊，号为一石水而六斗泥"，表明至少从西汉时期黄河泥沙含量高的特点就已经出现，黄土高原等北方地区农业开垦引起的水土流失已经较为明显。

对于东汉时期黄河流域的土壤侵蚀状况尚有不同的看法。一种认为，从东汉时期开始，北方的游牧民族南迁而逐渐由农业转为牧业，草原植被得以恢复，降低了土壤侵蚀量。但相反的观点认为，晋陕峡谷区畜牧业的发展不是减少水土流失，而是加剧了水土流失。公元47～220年的173年间，原始游牧对草坡的压力越来越大，天然植被完全没有休养生息和自行恢复的条件，水土流失越来越严重，导致东汉黄河水患严重，大水记载不绝于史。

3. 唐宋之际

东汉以后，北方地区人类活动对自然环境的影响因人口的锐减而减弱，但进入唐宋时期以后，植被破坏重新加剧。目前，关于自然因素和人文因素对黄土高原地区水土流失影响的估计存在分歧，按以自然侵蚀为主观点的估计，公元前1020～公元1194年，黄土高原的年侵蚀量为 $1.16 \times 10^9 t$，较以前增长7.9%，但仍以自然侵蚀为主。黄河下游沉积速率2300多年以来的变化显示，从战国到南北朝时期，黄河下游沉积速率较低，为2～4mm/a；但从隋唐开始，沉积速率发生阶梯式跃升，达到2.0cm/a，并持续到清代中期，表明7世纪以后水土流失明显增加。

在南方地区，水土流失的加剧主要起因于人类对丘陵山地植被的破坏。自东汉后期至宋元时期，大批中原士民为避灾荒战乱迁移至南，加上铁制农具的普遍使用，南方地区农田的开辟扩大也出现了新的形式，山泽地逐步被开发。移民开发主要以麦、粟等旱粮作物在丘陵山区的广泛种植、茶树种植和商业采伐林木三种方式造成南方低山丘陵地区植被的破坏，加剧水土流失。

4. 清中叶以后

在经历明清之际的人口减少之后，清康熙至乾隆的100多年间，全国人口由不足亿人骤然增至3亿人，约50年后的1840年突破4亿大关，是历史上人口的第二个快速增长期。在巨大的人口压力下，全国各地都加大了对山地的开发强度，尤其是自16世纪适于山地种植的玉米、花生、甘薯、马铃薯等外来旱地农作物传入我国，并在清中期普遍推广后，山地开发明显加速，逐步形成了以旱地垦殖为主的经济格局。除毁林开荒外，伐木烧炭、经营木材、采矿冶炼也是森林破坏、土壤侵蚀加重的重要原因。进入 20 世纪上半叶，社会矛盾激化，政局动荡变革，水旱灾害频繁，致使土壤侵蚀进一步加剧，到中华人民共和国成立前，我国水力侵蚀面积大致在 $1.5 \times 10^6 km^2$。

5. 中华人民共和国成立以后

中华人民共和国成立后，土壤侵蚀防治工作受到重视，国家有计划地开展了土壤侵蚀治理，水土保持工作不断取得成效，土壤侵蚀恶化的趋势得到初步遏制。但是，由于对人与自然关系认识的不足，加之受自然、经济、社会等多方面因素的影响，多年来我国水土流失防治工作经历了一个非常曲折的发展过程。

（1）20 世纪 50 ~ 70 年代，开垦荒地和森林砍伐使水土流失加剧。中华人民共和国成立以后，人口进入中国历史上的第三个快速增长期。50 年代后实现国家工业化、发展经济、解决人民群众的基本生活问题等被放在特别优先的位置，环境意识薄弱，为满足粮食需求的耕地开垦和工业化的森林采伐，以前所未有的速度迅速地改变了自然环境。由于某些原因，出现了严重的滥垦、滥牧、滥樵、滥伐现象，我国农区的土壤侵蚀加剧，很多林区、牧区相继成为新的水土流失区。

（2）20 世纪 80 年代至 90 年代中期，土壤侵蚀恶化趋势得到遏制，但出现新型的侵蚀。进入 20 世纪 80 年代后，六七十年代实施的农田基本建设工程相继发挥作用，同时国家开始重视生态环境保护问题，水土保持工作得到了恢复和加强。在小流域综合治理试点工作的基础上，从 1983 年开始，国家有计划、有组织地开展了土壤侵蚀严重区的防治工作，加大了水土保持的投入。从总体来看，这一时期我国水土资源和生态环境仍然体现为"一边治理，一边破坏"的特点，而大规模工程建设和矿产资源开发产生了新的土壤侵蚀，城市发展对土壤侵蚀的影响也不容忽视。

（3）20 世纪 90 年代末至今，水土保持措施初见成效。随着国家经济建设规模扩大，各种资源日益紧缺，水土保持观念越来越深入人心，水土保持越来越受到重视，不仅水土保持方面的法律法规建设得到了进一步发展，而且全面加大了生态治理与保护投入，启动实施了退耕还林、退牧还草、能源替代、生态移民等一大批有利于生态改善的工程，并逐步增加了防治水土流失方面的直接投入，在长江、黄河上中游、东北黑土区、珠江上游等土壤侵蚀严重地区开展了重点治理，水土保持与生态治理保护工作进入了前所未有的快速发展时期。

值得注意的是，随着我国经济建设不断发展，城镇建设、矿产资源开发、公路铁路建设及山丘区农林开发等工程建设，已成为新增土壤侵蚀的最重要的动力。

## （二）我国水土保持发展历程

我国是一个历史悠久的农业大国，也是世界上水土流失最严重的国家之一，在长期的历史实践中，我国劳动人民积累了丰富的水土治理经验。从西周到晚清，广大劳动人民创造、发展了保土耕作、造林种草、打坝淤地等一系列水土保持措施。当代的水土保持理论方法，很多都是我国历史上水土流失防治实践的延续与发展。从近现代开始，受西方科学传入的影响，国内一批科学工作者相继投身治理水土流失、改变人民贫困生活的行动中，他们做了大量科学研究工作，并最终提出"水土保持"这门学科，水土保持也从自发阶段进入到自觉阶段。中华人民共和国成立以后，在党和政府的重视与关怀下，水土保持事业进入到一个全新的历史时期。

1. 古代水土保持

水土保持自古有之，据《尚书》所记，"帝（舜）曰，俞咨禹，汝平水土"，言平治水土，人得安居也。《吕刑》有"禹平水土，主名山川"的记载。《诗经》中有"原隰既平，泉流既清"的描述。从"平治水土"的传说开始，伴随着农业生产发展的需要，我国劳动人民创造了一系列蓄水保土的水土保持措施，同时在长期生产实践以及对自然现象的观察中，提出了诸如沟洫治水治田、任地待役、法自然等有利于水土保持的思想，这些重要的思想及保持水土的发明创造，是留给子孙后代的宝贵财富。

2. 萌芽阶段

19 世纪 40 年代以后，毁林开荒使一些地区森林草原资源遭到很大破坏，黄河水患频发，水土流失加剧。在一些有识之士的奔走呼吁下，水土保持逐渐被提上议事日程，建立了相对专职的机构，并结合西方现代科学技术，开展了科学实验工作，使水土保持这门学科最终得以建立。虽然一些有远见的主张因历史条件所限未能付诸实施，所开展的工作成效也相当有限，但这些具有开创性的工作对中华人民共和国成立以后的水土保持事业具有启蒙和奠基作用。

3. 示范推广阶段（20 世纪 50 ～ 70 年代）

围绕发展山区生产和治理江河等需要，党和政府很快就将水土保持作为一项重要工作来抓，并大力号召开展水土保持工作。在经过一段时间的试验试办及推广后，伴随着农业合作化的高潮，水土保持工作迎来了一段全面推广发展的黄金时期，并迎来了水土保持发展的高潮。总体上来讲，20 世纪 50 ~ 70 年代水土保持事业伴随着新中国社会主义建设不断成长发展，虽有停顿反复，但总体上仍取得了巨大成就，并为 80 年代以后更好地开展水土保持工作奠定了基础。

4. 小流域综合治理阶段（20 世纪 80 年代）

20 世纪 80 年代，随着国家将经济建设作为工作重点并实行改革开放政策，水土保持工作得以恢复并加强，同时由基本农田建设为主转入以小流域为单元进行综合治理的轨道。八片国家水土流失重点治理工程、长江上游水土保持重点防治工程等重点工程的实施，推动了水土流失严重地区治理和国家水土保持重点工程相继实施；家庭联产承包责任制在农村普遍实行，促进了户包治理小流域的发生发展，调动了千家万户治理水土流失的积极性；80 年代后期在晋陕蒙接壤地区首先开展的水土保持监督执法工作，则为《中华人民共和国水土保持法》（以下简称《水土保持法》）的制定颁布做了必要的前期探索和实践工作。

5. 依法防治阶段（20 世纪 90 年代）

20 世纪 90 年代，《水土保持法》正式颁布实施，水土保持工作由此走上依法防治的轨道。各级水土保持部门认真履行《水土保持法》赋予的神圣职责，依法开展水土保持各项工作：法律法规体系建设逐步完善，预防监督工作逐步开展；水土保持重点工程得到加强，治理范围覆盖到全国主要流域，水土流失治理速度大大加快；水土保持改革深入进行，促进了小流域经济的发展，调动了社会力量治理水土流失的积极性。

6. 全面发展阶段（21 世纪以后）

21 世纪以后，水土保持生态环境建设工作得到国家前所未有的重视以及全社会的广泛关注。党中央、国务院审时度势，从我国社会经济可持续发展的高度，从国家生态安全的高度，从中华民族生存与发展的高度，把水土保持生态建设摆在突出的位置，并作出一系列重要决定，大力加强生态环境的建设与保护。各级水利水保部门抓住难得的发展机遇，加快治理步伐，强化监督管理，水土保持事业大力发展。

新的历史时期，水土保持既有大好的发展机遇，也面临着新的挑战。科学发展观的提出、新农村建设以及党和国家的高度重视等都为水土保持提供了新的发展动力，同时大面积的水土流失亟待治理、人为水土流失尚未有效遏制以及人们对生态环境要求的普遍提高，对水土保持提出了更为紧迫和更高的要求，水土保持需要在新的历史时期做出新的回应。

### （三）我国水土流失面积、强度及其分布现状

全国现有土壤侵蚀面积达到 357 万 km²，占国土面积的 37.2%。水土流失不仅广泛发生在农村，而且发生在城镇和工矿区，几乎每个流域、每个省份都有。

从各省（自治区、直辖市）的水土流失分布看，水蚀主要集中在黄河中游地区的山西、陕西、甘肃、内蒙古、宁夏和长江上游的四川、重庆、贵州和云南等省（自治区、直辖市）；风蚀主要集中在西部地区的新疆、内蒙古、青海、甘肃和西藏 5 省（自治区）。

## 二、水土流失的危害

从我国水土流失的现状来看，土壤侵蚀的影响范围之大、程度之深，已经成为阻碍我国经济发展的因素之一。其危害主要表现为以下几个方面。

第一，导致土地退化，毁坏耕地，威胁国家粮食安全。

第二，导致江河湖库淤积，加剧洪涝灾害，对我国防洪安全构成巨大威胁。由于大量泥沙下泄，淤积江、河、湖、库，降低了水利设施的调蓄功能和天然河道的泄洪能力，加剧了下游的洪涝灾害。

第三，恶化生存环境，加剧贫困，成为制约山丘地区经济社会发展的重要因素。水土流失与贫困互为因果、相互影响。植被破坏，造成水源涵养能力减弱，土壤大量"石化""沙化"，沙尘暴加剧。同时，由于土层变薄，地力下降，群众贫困程度加大。

第四，影响水资源的有效利用，加剧了干旱的发展。黄河流域 3/5 ~ 3/4 的雨水资源消耗于水土流失和无效蒸发。为了减轻泥沙淤积造成的库容损失，部分黄河干支流水库不得不采用蓄清排浑的方式运行，使大量宝贵的水资源随着泥沙下泄。

此外，水土流失还削弱了生态系统的调节功能，加重旱灾损失和面源污染，对我国生态安全和饮水安全构成严重威胁。

## 第三节　水土保持的重要意义

水是生命之源，土是生存之本，水土是人类赖以生存和发展的基本条件，是不可替代的基础资源。土壤基本上是一种不可再生的自然资源，在自然条件下，生成 1cm 厚的土层平均需要 120 ~ 400 年的时间；而在水土流失严重地区，每

年流失的土层厚度均在 1cm 以上。水土流失问题已引起了世界各国的普遍关注，联合国也将水土流失列为全球三大环境问题之一。

由于水土流失和土壤退化日趋严重，人类及生物的生存空间也日益缩小，严重地破坏了自然生态环境的平衡，严重威胁着人类的生存和发展。"民以食为天""有土则有粮"，拥有丰富的水土资源是立国富民的基础。希腊人、小亚细亚人毁林开荒，造成原本森林茂密的地方严重水土流失，最终成为不毛之地；古罗马帝国、古巴比伦王国衰亡的历史证明，水土流失导致生态环境恶化，致使民不聊生，是其亡国的重要原因之一。因此，做好水土保持工作，防止人为造成新的水土流失，保护和合理利用水土资源，关系着国计民生，具有重要的意义。

## 一、水土保持是可持续发展的重要保障

水土资源和生态环境是人类繁衍生息的根基，是社会发展进步过程中不可替代的物质基础和条件。实现水土保持的可持续利用和生态环境的可持续维护，是经济社会可持续发展的客观要求。

水土流失既涉及资源，又涉及环境，是我国重大的生态与环境问题。严重的水土流失导致资源破坏、生态环境恶化，加剧自然灾害和贫困，危及国土和国家生态安全，严重制约着经济社会的可持续发展。水土资源和生态环境作为可持续发展不可替代的基础性资源和重要的先决条件，是我国实施可持续发展战略急需破解的两大制约因素。水土保持与人类生存和发展有着十分密切的联系。实践证明，水土保持所具有的防灾减灾，保护和培育资源，恢复、调节与改善生态，推动经济发展，促进社会进步等功能，使其在促进生态、经济与社会的可持续发展中具有独特优势和重要地位。搞好水土保持，防治水土流失，是保护和合理利用水土资源、维护和改善生态环境不可或缺的有效手段，是可持续发展的重要保证。

## 二、水土保持是实现人与自然和谐的重要手段

水土保持是人类在不断追求人与水土和谐的基础上产生的一门科学，可以说，水土保持的发展史就是一部人类积极探索与自然和谐相处的历史。

水土流失是一个古老的自然现象。一方面，水土流失是人与自然失于和谐的重要表现，是人类不合理开发水土资源或者滥用水土资源产生的严重后果。另一方面，由于水土流失具有较大的破坏性，即破坏土地资源，导致生态环境恶化，引起江河湖库泥沙淤积，加剧自然灾害，因此水土流失的进一步发展又会引发和

加剧人与自然之间更加尖锐的矛盾和冲突。

人与水土和谐不仅是人与自然和谐的前提和必然要求，也是人与自然和谐的重要内容。只有实现人与自然在水土层面的和谐互动，才有可能进一步实现人与自然全面的和谐。水土保持不仅是促进人与水土和谐的重要手段，也是实现人与自然和谐的必然选择，在推动人与自然实现和谐的过程中具有特殊的重要作用。

## 三、水土保持是中华民族生存发展的长远大计

纵观历史，人类在经历了原始的采猎文明、传统的农业文明和近代的工业文明之后，进入生态文明是社会发展的必由之路。土是基础，水是命脉，水土保持是治理江河、根除水患的治本之策，是国土整治、粮食安全的重要保证，是解决饮水安全和实现水资源可持续利用的有效途径，是中华民族走向生态文明、确保生存发展的长远大计。

## 四、水土保持有利于乡村振兴

### （一）水土保持是提升农业发展质量的重要前提

水土资源是农业生产的基本要素。因此，加强乡村水土流失治理，是守住耕地红线、保证农业用地的第一道防线，是夯实农业生产能力基础的重要前提。同时，通过坡改梯、淤地坝等水土保持工程可以使沟坡变良田，增加耕地面积；通过土地整治等水土保持工作，可以改善土壤生态、增强土地生产力，提升耕地质量；通过对农村零散、破碎的土地进行整治，可以在增加土地面积的同时推动农业集约化经营，提升农业发展质量。

### （二）水土保持是推进乡村绿色发展的重要基础

良好生态环境是农村的最大优势和宝贵财富。水土生态是生态环境的基础，是农村生态环境的核心组成。看得见山，望得见水，记得住乡愁，这是人们对乡村最朴素最美好的印象。对乡村水土流失进行综合治理，可推进农村生态环境改善，为维护农村生态安全和乡村田园风光提供基本保障，同时为推动乡村旅游、生态观光等乡村绿色产业发展提供重要基础。

### （三）水土保持是促进乡风文明和农村民主管理的重要平台

乡村振兴，乡风文明是保障，治理有效是基础。水土保持工作在乡风文明建设和农村民主管理方面也能起到很好的促进作用。一方面，通过水保宣传，水保

生态工程及文化广场、水景观等配套设施建设，可以唤起村民热爱生态、热爱生活、建设生态宜居家园的意识和热情，帮助村民改变传统的生活观念和生活方式，有效推进农村乡风文明建设；另一方面，在投劳投资、土地整治、退耕还林、大户经营等水保工程实施的各个环节中，都需要村民的积极参与，通过加强对村民参与水保工程建设的管理和引导，能够有效促进农村的民主管理建设进程。

### （四）水土保持是塑造美丽乡村，带动村民脱贫致富的重要途径

加强乡村水土保持生态建设，可为乡村百姓脱贫致富提供非常重要的途径。一方面，可以通过整修农田水利工程、建设乡村道路、布设雨水蓄排设施等治理水土流失，加快乡村的基础设施建设步伐，助力贫困地区精准脱贫；另一方面，可以通过水土保持工作塑造美丽乡村，将乡村生态环境优势转化为发展生态经济的优势，带动村民脱贫致富。

## 五、水土保持是生态环境保护的重要手段

### （一）有利于保障民生，保障基础事业安全性

我国土地资源丰富，人口基数大，人均土地资源占有量较低，部分山地、丘陵成为农业用地的主要开发对象，部分自然土地资源被开垦为农业用地，但由于缺少环保意识，开垦农田过程中，自然生态环境并没有得到相应的治理，水土流失引发的自然环境问题愈发明显，自然灾害频发，对人民生命、财产安全造成了严重威胁。我国对水土保持工作日益重视，大部分地区开展了对农业用地的治理，大力推行退耕还林政策，使得当地自然生态环境得到了有效改善。因此，有效开展水土保持工作，是保障民生和基础事业安全性的重要举措。

### （二）减少自然灾害发生，保护人民生命财产安全

水土流失是由于地表植被减少，导致土壤中的水分越来越少，土壤结构稳定性变得越来越差，在雨季暴雨频发的季节，土壤受到雨水冲刷形成泥沙，堆积到地势较低的区域，形成山体滑坡、泥石流等自然灾害，对处于较低地势的人员、房屋、农田等造成毁灭性的破坏。加强水土保持，增加植被覆盖率，不仅可有效改善土壤环境，提高土壤结构的稳定性，还可有效减轻雨水对土壤结构的破坏，减少泥石流等自然灾害的发生，保持生态系统平衡，保护人民生命财产安全。

### （三）促进可持续发展，有利于生态文明建设

随着全球气候整体变暖，无论是可利用的水资源，还是土壤结构都在不断发

生改变，导致干旱、洪涝等自然灾害频发，严重影响了农业经济发展。水土资源是人类生存发展的重要基础，人口密度不断增加，对水土资源的需求也在不断增加，为了满足社会发展对水土资源的需求，充分落实可持续发展目标，应做好水土保持工作，重视生态环境建设，加强水土保持工作质效，对水土流失进行有效预防与治理，促进我国生态文明建设，实现人与自然和谐发展。

### （四）涵养水源，保持水土

水土保持、水源涵养是生态系统运行的重要基础，针对生态系统的水土保持工程，其目的是实现土壤下渗力的有效提高，对降水进行有效拦截，发挥补充水源、缓解地表径流的作用。面对洪水或降水，生态系统能够缓解一定的洪水流速、流量，避免灾害引发的严重后果。在干旱季节，林草可对地表径流进行及时蓄积，达到涵养水源的目的，合理调节河流水位。林草蓄积的水分通过蒸发作用可再次循环进入大气，确保水分形成良性循环，为生态系统平衡发展提供了可靠保障。水土保持可使土壤固结力得到明显提高，避免土壤受到严重侵蚀。林草树冠能够对部分雨水进行有效拦截，以防地面部分受到雨水的巨大冲击和严重侵蚀，避免土壤表面受到雨水冲刷。土壤中含有的腐殖质具有良好的透水性及蓄水性，能有效预防水土流失。林草树根能够使土壤形成有效固结，避免发生泥石流、滑坡等灾害问题。

# 第四节　我国水土保持工作概况

## 一、我国水土保持的总体布局

我国地域辽阔，地区间自然条件和经济发展状况差异很大。水土保持工作要根据不同地区之间自然条件和水土流失状况，立足当地生态建设和经济发展的主要矛盾和问题，结合国家区域发展规划，谋划总体布局。根据我国水土流失现状和经济社会发展需要，水土保持工作必须立足于区域经济社会的总体发展战略，结合我国西部、东北、中部和东部的区域发展格局进行布置。

西部地区生态经济环境建设是一项长期艰巨的工程，水土保持工作在总体布局上必须集中力量，突出重点，以点带面，分层推进；东北地区水土保持工作布局的重点是突出坡耕地综合治理，加大侵蚀沟治理力度；中部地区水土保持工作的重点是加强生产建设活动造成水土流失的预防监督，加强水土保持法治建设，加大执法和监管的力度，切实落实"三同时"原则，遏制人为水土流失，对严重水土流失区尽快开展治理，提高人口环境容量，促进生态经济良性循环；东部地区水土保持工作的重点是巩固已有治理成果，提高水土资源利用效率，加强生态环境的保护。

## 二、我国水土流失治理的主要模式

由于我国各区域的自然和经济社会发展状况差异较大，水土流失的主要成因、产生的危害、治理的重点各有不同。针对不同的侵蚀特征，其治理模式也不同。

### （一）东北黑土区治理模式

东北黑土分布于黑龙江、吉林、辽宁及内蒙古等省区，为世界三大黑土区之一。这一地区水土流失主要发生在坡耕地上；其地形多为漫岗长坡，在顺坡耕作的情况下，水土流失不断加剧。根据不同水土流失类型区的特点，该区采用"宜林则林，宜牧则牧，因地制宜，因害设防"等措施，探索出以下典型治理模式。

1. 漫川漫岗区的"三道防线"治理模式

这一治理模式即坡顶建设农田防护林；坡面采取改垄耕作，修筑地埂植物带、坡式梯田和水平梯田等水土保持措施；侵蚀沟采取沟头修跌水、沟底建谷坊、沟坡削坡插柳、育林封沟等措施。

2. 丘陵沟壑区小流域"金字塔"综合治理模式

这一模式可概括为"一林戴帽，二林围顶，果牧拦腰，两田穿靴，一龙座底"，即山顶营造防护林；坡上部布设截流沟、营造水土保持涵养林；坡中部修筑果树台田或水平槽，发展特色经济林果；坡下部通过改垄、修筑地埂植物带、梯田改造坡耕地，建设旱涝保收的稳产农田。坡底的沟川地则是配套完善灌排水利设施，建设高标准的稳产高产良田，提高抗灾能力。

### （二）北方土石山区治理模式

北方土石山区分布于北京、河北、山东、辽宁、山西、河南、安徽等省市。大部分地区土层浅薄，岩石裸露。该区的治理模式如下：

第一，封禁为主，抚育为辅。轻度流失区内，在建设基本农田保障最低粮食需求的基础上，再建设一定数量的经济林，其余以自然封育为主，人工造林种草为辅，尽快恢复区域生态。

第二，治理与开发结合。将水土流失治理与新农村建设、城镇化建设融为一体，以坡改梯和经济林建设为保障措施，大力推广自然封禁，适度营造生态林。

## （三）黄土高原区治理模式

黄土高原区分布于陕西、山西、甘肃、内蒙古、宁夏、河南及青海等省区。该区土层深厚疏松、沟壑纵横、植被稀少，降水时空分布不均，是我国土壤侵蚀量最高的区域。由于黄土高原区的坡耕地是水土流失最为严重的区域，治理好坡耕地是防治水土流失的关键。该区主要采用以下几种模式进行综合治理。

1. 梯田工程为主的坡耕地综合治理模式

实施坡改梯工程，建设高质量旱涝保收基本农田，是合理利用水土资源、提高粮食产量、解决当地群众吃饭问题、确保山丘区粮食安全的一项重大举措。

2. 经济林为主的坡耕地综合治理模式

在黄土高原地区不少流域，由于其特殊的地理位置适宜于经济树种生长，因此在搞好水土流失防治的前提下，坡耕地上应多发展经济林。

3. 集雨耕地为主的坡耕地综合治理模式

黄土高原农业生产最主要的限制因子就是水分。因此，要在集水、蓄水、用水方面下功夫，在坡面上建设集雨场进行集水，建设旱井、涝池、蓄水池等蓄水，采用节水灌溉方式用水。

4. 封禁舍饲为主的坡耕地综合治理模式

放牧式的畜牧业一定程度上是造成水土流失和生态环境恶化的主要原因之一，解决这种矛盾的办法是采用封禁舍饲措施，即封山轮牧禁牧，改良天然牧草，种植优良牧草，建设牲畜棚舍，推广舍饲技术，发展舍饲养殖。

## （四）北方农牧交错区治理模式

北方农牧交错区是指长城沿线的内蒙古、河北、陕西、宁夏、甘肃等省区。由于过度开垦和超载放牧，植被覆盖度低，因此风力侵蚀和水力侵蚀交替发生。该区主要的治理模式如下：

第一，一退两还，是指在一些生态脆弱区内，退耕还林还草，同时减少人为干扰，恢复生态脆弱区的功能。

第二，适度放牧，根据区域内的草地资源所能承载的牲畜量进行合理放牧，保证草地资源的可持续利用。

### （五）长江上游及西南诸河区治理模式

长江上游及西南诸河区是指四川、云南、贵州、湖北、重庆、陕西、甘肃及西藏等省区市。该地区地质构造复杂而活跃，山高坡陡，人地矛盾突出，坡耕地比重大。由于复杂的地质条件和强降雨作用，滑坡、泥石流多发。该区治理模式主要有如下几种。

1. 分片、分区防治

将区域内水土流失严重的地区进行划片，分为金沙江下游及毕节地区、嘉陵江中下游、陇南陕南地区、三峡库区等四大片区，实施水土保持重点防治工程。每片区内再将水土流失划分为重点预防保护区、重点监督区和重点治理区三个区域。不同的区域采取不同侧重点的防治对策。

2. 防治结合

只治理不预防，社会责任不明确，治理成果得不到有效保护，造成新的人为水土流失，不能从根本上治理水土流失。在治理中必须做到"有防有治，防治结合"。通过防治结合，形成一种"在治理中开发利用资源，在开发中保护生态环境"的良性循环。

3. 治理与开发利用相结合

治理水土流失的目的就是改善生态环境，保护水土资源，提高土地产出率和利用率，所以在治理过程中必须与土地的开发利用相结合。通过治理水土流失，充分利用水土资源，发展名、优、特等经济植物，形成水土保持支柱产业，带动治理区群众脱贫致富，搞活区域经济；以经济效益为中心，通过建设基地，实行开发式治理，将治理与致富相结合。

### （六）西南岩溶石漠化区治理模式

西南岩溶石漠化区分布于贵州、云南、广西等省区。该地区土层瘠薄，降雨强度大，坡耕地普遍，有的地区土层甚至消失殆尽。该区治理模式主要有如下几种：

第一，以地下河开发利用为主的小流域综合治理模式，利用碎屑岩隔水层阻挡的水文地质条件，构建地表、地下联合水库，保证了下游的灌溉和上游的排水，提高水分利用率，产生了良好的生态、经济效益。

第二，以地表水开发利用为主的小流域综合治理模式。根据地表小流域的特点、水土流失规律，因地制宜，因害设防，采取了山、水、田、林、路综合治理的方式。从上游到下游、从山上到山下、从坡面到沟谷，合理布设各种水土保持措施，使之形成立体的、相互联系、协调一致的综合水土保持防护体系。

第三，表层岩溶泉开发配合生态建设的综合治理模式。实施封育、补育，提高植被覆盖率，提高了岩溶表层带对水循环的调蓄功能，解决了中低产耕地的灌溉用水和饮用水问题。封山育林、植树造林，尤其是果树、中草药和牧草，在提高植被覆盖率的同时，增加当地居民的收入。

## （七）南方红壤区治理模式

南方红壤区主要分布在江西、湖南、福建、广东、广西、海南等南方 8 省区。该区水土流失状况总的趋势是，整体好转，局部恶化。同时由于早期治理过程主要以种植马尾松等纯林为主，造成林下水土流失现象十分严重。经过几十年的治理，累积了大量的治理经验，该区的主要治理措施为封禁治理和造林种草相结合。植物措施与工程措施并举，采用上拦、下堵、中间封的方法治理崩岗，改造中低产田，提高粮食产量，为退耕还林还草创造条件。因地制宜地采取多种能源互补的措施，除栽植薪炭林草外，修建沼气池，发展小水电，推广节柴灶和以煤代柴等，解决农村能源问题，保护现有植被，促进封禁治理。充分利用丘陵山区水土资源优势，种植经济林果，发展商品经济，把资源优势转化为商品优势，增加农民收入。

# 第二章　土壤侵蚀

## 第一节　土壤侵蚀概述

### 一、土壤侵蚀的含义

土壤侵蚀也叫水土流失，二者可以作为同义语来使用。这是因为各国的专家学者根据各自的国情，最初从不同的角度提出不同的见解，到目前研究的方向和发展的结果已趋于一致。

土壤侵蚀是指在风和水的作用下，地面土壤被剥蚀、运转和沉积的整个过程。在风的作用下发生的土壤侵蚀，叫风蚀。在水的作用下发生的土壤侵蚀，叫水蚀。诚然，在一种作用力作用下发生的土壤侵蚀，应该说是狭义的概念。当然，有些地区侵蚀土壤的两种作用力同时或交替存在，这叫复合侵蚀。我国广大地区土壤侵蚀主要是水蚀。

由于科学技术的发展，水土保持工作者对土壤侵蚀内容所涉及的范围及深度有了进一步的研究。当土体不发生位移时，其结构在水的作用下而坍散，土体解体，即遭到机械破坏，其所载的养分溶解于水中而流失，构成土壤场势所产生的各种能也遭到破坏，其结果和土体移动造成的水土资源的破坏是一样的。在土壤不发生任何物理位移的情况下，包括任何使生长作物的能力下降的土壤退化，从最广义上讲，也应该叫土壤侵蚀。这种土壤侵蚀是土壤不发生任何位移，从外表看不出任何迹象，而内部养分流失，物理结构遭到破坏，像受到"传染病毒"的侵害腐蚀作用似的，所以这种现象也应该叫土壤侵蚀。

总之，土壤侵蚀的含义，从最广义上讲应包括地面土壤发生位移、土体遭到机械破坏和土壤退化。凡是发生上述三种或其中一种现象，都叫作水土流失或土壤侵蚀。

## 二、土壤侵蚀的类别

### （一）按侵蚀时代分

1. 古代土壤侵蚀

由于古代侵蚀的结果，在原有地形的基础上，形成现代地形轮廓和现代侵蚀的基地，所以研究现代侵蚀之前，有必要了解古代侵蚀。最早的古代侵蚀在人类出现以前，常因造山运动和海陆变更的缘故，地势高差悬殊，流水把高地土壤侵蚀搬运到低处沉积。如此每经一次变动，包括地形剧变及剧变后土壤侵蚀过程，到地形再度剧变，称为"地质侵蚀轮回的周期"，这种地形剧变包括剧变中土壤侵蚀的过程，叫作地貌循环。每一周期地貌循环由于是剧烈的变动所致，破坏前期必然存在侵蚀痕迹。

2. 现代土壤侵蚀

现代土壤侵蚀是人类出现以后，地表物质在各种自然因素和人为活动影响下发生的土壤侵蚀。在人类出现的初期，由于社会生产力低下，这种侵蚀以自然影响为主，其侵蚀速度较为缓慢，且恢复机会也多，对人类生产活动影响不大。到奴隶社会以后，人为影响越来越大，人为因素逐渐成为影响土壤侵蚀的主导因素，因此为现代土壤侵蚀增添了新的内容和含义。

### （二）按侵蚀强度分

1. 正常土壤侵蚀

正常土壤侵蚀，有的学者称作地质侵蚀或自然侵蚀。据土壤学家估计，在不扰动条件下，每300年可形成25mm厚的表层土壤。在通透性良好，淋溶和耕作加剧时，则30年可形成25mm厚的表层土。土壤侵蚀速度（侵蚀速率）小于土壤形成速度，称为正常土壤侵蚀。正常侵蚀有利于土壤更新，不影响植物的正常生长和发育。

2. 加速土壤侵蚀

土壤侵蚀速度大于土壤形成的速度，称为加速土壤侵蚀。在古代，土壤的加速侵蚀是由于剧烈的造山运动和地形变化而引起。喜马拉雅山剥蚀强度为每千年10 000～140 000mm，这不但与海拔高程较高有很大关系，而且与自然因素相互间的综合作用密切相关。现代的加速土壤侵蚀是人类不适当的经济活动，如滥伐森林、垦坡烧山、过度放牧及不合理耕作方式等人为主导作用而引起的。

水土保持工作者对上述土壤侵蚀的四大类别都要加以研究，而且重点要放在现代加速土壤侵蚀的研究。我们不仅仅要预防现代加速土壤侵蚀现象的发生和发展，而且必须积极地采取有效步骤和综合措施，制止现代加速土壤侵蚀现象及其所造成的后果。

## （三）按土壤侵蚀发生的速率划分

按土壤侵蚀发生的速率大小和是否对土地资源造成破坏，将土壤侵蚀划分为自然侵蚀和加速侵蚀。

土壤侵蚀是动态地、永恒地发生着的。在不受人为影响的自然环境中发生的土壤侵蚀称之为自然侵蚀，亦称之为正常侵蚀。这种侵蚀不易被人们察觉，实际上也不会对土地资源造成危害，它的发生发展完全取决于自然环境因素的变化，例如地质构造运动、地震、冰川及生物、气候变化等。自然侵蚀过程及其强弱变化呈明显的时空分异。新构造运动活跃和地震发生频繁地区，自然侵蚀相对强烈；干旱、半干旱时期的自然侵蚀强度显然大于植被丰茂的湿润时期。在地质时期，尽管没有人类对植被的破坏，自然植被也不是一成不变的，随着气候的恶化和植被的自然稀疏和退化，自然侵蚀进程相应强化。人力无法消除自然侵蚀，自然侵蚀过程也如同雕塑家手中的刻刀一样，塑造着地球表面的形态。

随着人类的出现，人类活动逐渐破坏了陆地表面的自然状态，如陡坡开荒、乱砍滥伐、过度放牧等，加快和扩大了某些自然因素的作用，引起地表土壤破坏和移动，使土壤侵蚀速率大于土壤形成速率，导致土壤肥力下降、理化性质恶化，甚至使土壤遭到严重破坏，这种侵蚀过程称为加速侵蚀。这种由人类活动，如开矿、修路、工程建设以及滥伐、滥垦、滥牧、不合理耕作等，引起的土壤侵蚀也被称为人为侵蚀。

一般情况下所指的土壤侵蚀，就是指由于人类活动影响所造成的加速侵蚀。防治土壤侵蚀，进行水土保持，也就是指防治加速侵蚀。

## （四）按引起土壤侵蚀的外营力种类划分

国内外关于土壤侵蚀多以导致土壤侵蚀的主要外营力为依据进行分类。

一种土壤侵蚀类型的发生往往主要是由一种或两种外营力导致的，因此这种分类方法就是依据引起土壤侵蚀的外营力种类划分出不同的土壤侵蚀类型。按导致土壤侵蚀的外营力种类进行土壤侵蚀类型的划分，是土壤侵蚀研究和土壤侵蚀防治等工作中最常用的一种方法。

在我国，引起土壤侵蚀的外营力主要有水力、风力、重力、水力和重力的综合作用力，温度作用力（由冻融作用而产生的作用力），冰川作用力，化学作用力等，因此土壤侵蚀类型就有水力侵蚀类型、风力侵蚀类型、重力侵蚀类型、混合侵蚀类型、冻融侵蚀类型、冰川侵蚀类型和化学侵蚀类型等。

另外，还有一类土壤侵蚀类型称为生物侵蚀，它是指动、植物在生命过程中引起的土壤肥力降低和土壤颗粒迁移的一系列现象。一般植物在防蚀固土方面有着特殊的作用，但人为活动不当会发生植物侵蚀，如部分针叶纯林可恶化林地土壤的通透性及其结构等物理性状。

# 第二节　土壤侵蚀的形式

土壤侵蚀在自然界分布十分广泛，它受各种因素的综合作用，由于自然因素在时间和空间上的不断变化而形成的自然条件的差异，土壤侵蚀也因此具有区域性和时间上的特点，其形式多种多样。我国地域辽阔，各地自然条件及社会生产方式有显著的差别，不同地区往往具有不同的土壤侵蚀形式，即使同一地区也会同时或交替发生不同形式的侵蚀。它们之间相互作用、相互影响，互为因果关系。从分类的角度研究，土壤被侵蚀后表现的多种形式，大致可划分为以下几种。

## 一、土壤结构的破坏及土壤水分的失散

具有一定结构的土壤团聚体是养分和水分的载体，团聚体与水分含量是相辅相成的关系。团聚体被破坏，养分和水分失去载体后就会散失。由于雨滴击溅，地表径流的冲刷使土壤遭到机械破坏，由水的浸泡和化学性反应所导致的土体结构解体，都属于土壤侵蚀现象范畴。解体后的土壤分散为颗粒矿物质或粉末状。这种被分散为颗粒矿物质或粉末状的土壤，其比重增加，土壤结构密度增加，容重变大，孔隙率降低，透水性能缩小，容水量（保墒性）减少，这一切都促进了降水中构成地表径流的增大。而土壤结构一经破坏，其蒸发量也会提高。

土壤具有一定的结构，也含有一定的水分。水分是土壤形成和发育必备条件之一。在一定的土壤含水量范围内，水分含量越高，土壤理化性及发育越好，土壤结构越好，其含水量越高，这就是土壤结构与含水量相辅相成的关系。但含水量超出范围，两者之间就会出现负相关。

在土壤侵蚀区，由于水、肥、土大量流失，土壤不可能形成良好的结构，即使有良好的土壤结构，也会因水的侵蚀而解体。所以，在水土流失地区，土壤结

构不良是造成土壤干旱的主要原因。尤其干旱地区受到强侵蚀的黑钙土、栗钙土、灰钙土及其他无淤积层土壤持水性均较低。

　　渗入土壤当中的水分，植物也不能全部吸收。因为水分在土壤中以五种形态出现。其中气态水，生物必须具有特殊的生理功能才能吸收。吸湿水，生物必须具有强大的根压才能吸收，一般植物不具如此的根压（即使人为地把它从土壤中分离，也得加温到105℃，需4h以上才能收到效果）；只有薄膜水以及部分毛管水和重力水才可以被植物吸收。通常，把植物可以吸收和能利用的土壤水分叫有效水。结构和发育良好的土壤，有效水含量可达50%～70%。但在结构不良的土壤中，有效水分含量很少，即使有一部分水分，也首先处于吸湿水和部分毛管水的形态，多余的水分才处于非毛管水、重力水和薄膜水的形态。但后者是降雨后暂时出现的情况。所以一般情况下，土壤侵蚀地区土壤干旱与土壤结构本身有很大关系。

　　在土壤侵蚀地区土壤干旱还有另一个主要原因，即大部分降雨量变成地表径流而流失。我国每年平均降雨量的56%渗入土壤，44%变成地表径流而流失。在降雨量不多的土壤侵蚀区，入渗量较少，其入渗率往往低于20%，因而土壤水分得到降雨的补给很少。

　　土壤侵蚀地区，由于地形切割严重，如黄土丘陵沟壑区，侵蚀沟深达200m以上，随之地下水也被下切200m以下。有的地区侵蚀沟不深，但侵蚀沟密度大，造成整个沟壑区水位全面下降。地下水的下降，使地表土壤得不到地下水的补给，是土壤侵蚀区土壤干旱的重要原因。甚至，连人畜饮水也感到困难，不得不拦截地表径流储蓄在旱井、水窖内以备人畜饮水之用。

　　地形严重切割，增加了地表皱褶程度，扩大了土壤蒸发面积，尤其在两沟中间夹的一条较窄的梁顶，土壤含水量比平坦土地明显降低。沟壑密度大的侵蚀区，由于地形复杂，使空气流通加快，尤其侵蚀沟大的地区，沟内会形成强大的空气流，促使土壤水分加速散失。

　　总之，从土壤本身特性结构破坏使土壤干旱，到降雨量、入渗量、保存量、蒸发量，以及地形切割加剧、土壤水分散失等原因，使土壤侵蚀地区土壤含水量极低。根据澳大利亚新南威尔土壤保持局研究，历经旱灾后的土地其土壤严重退化，将加速土壤进一步干旱的恶性循环的进程，最终使土地生产力遭到彻底破坏。

## 二、垂直侵蚀

土壤水分随着多种因素的变化不停地运动，包括水分下渗和上升，同时伴随着土壤中可溶性矿物、细小颗粒及微粒在土壤中做上下垂直移动。这个过程在土壤形成、发育时有提高土壤肥力的作用，但在大多数情况下，往往破坏土壤，使其肥力下降。这个过程称之为垂直侵蚀。

我国南方温热多雨，土壤的淋溶作用很强，钙、镁、铁、锰常常被淋溶至土壤深层，导致表层土壤酸化，深层矿物质或黏粒聚集很多，形成铁锰结核或铁盘。对于大孔性而结构疏松的黄土，虽然降雨不太多，但长年淋溶作用也相当强烈，使钙、镁及微粒、黏粒淋溶到一定深度，一般离地表 10 ~ 50cm，多数为 30cm 深，形成钙积层，或者叫石灰结核层。这会造成三种后果：一是钙积层以上土层由于失去部分黏结物而疏松，而且靠近地表，在风和水的作用下很容易吹失或流失。二是钙积层聚积大量多余的黏结物和矿物质，形成大面积层状或结核状积层。因离地表很近，严重影响植物根系生长和发育。三是积层上下土壤的水分和养分不能良好循环和相互补充，使土地肥力衰竭。

黄土地区，石灰结核出露在地表，说明该地区积层上部的 30cm 以上土壤已全部流失，土壤侵蚀达到了很严重的程度。

土壤次生盐渍化是土壤垂直侵蚀的又一种形式。主要原因是地下水位高，离地表 1m 左右，当春夏之际来临时，气温高、风速大，土壤蒸发量随之增大。地下水在毛管作用下，上升至地表面，随之地下水所含的可溶性盐分也上升到地表土壤中，地表水分不停地蒸发，使盐分停留在地表土壤当中，这个过程不停地进行，土壤含盐量超过一定的标准而成为盐渍化土壤。

## 三、面蚀

在水的作用下，地表土壤被冲走或解体的现象称为面蚀。面蚀主要发生在没有植被的坡面上和坡耕地上。面蚀因地形地质条件不同及侵蚀力对土壤侵蚀的方式不同，又可分层状面蚀、细沟状面蚀、沙砾化面蚀等。

### （一）层状面蚀

降雨超过渗透、蒸发、洼蓄以后，地表分布着薄厚不均层状水流，没有固定流路，形成流速不均匀的慢流，对地表发生侵蚀而出现层状面蚀，所以层状面蚀多发生在侵蚀的开始阶段。

裸露的坡面一遇暴雨，表层土壤受到雨滴的击溅和浸润，并被雨水所饱和。由于雨滴击溅，土体解体成粉末或颗粒状，雨水的浸润和饱和使解体后土壤形成泥浆，在重力作用下开始向下流失。另外，除去泥浆向坡下流动外，还有漫流，在向坡下汇流时，同样会携带或冲刷一定量的泥土颗粒。层状面蚀的大小和厚度，取决于地形、地质及土壤结构、径流等条件。尤其在地形平直的坡面，土壤结构不良而渗透能力低的情况下，还要求有一定的雨强。所以，可想而知，层状面蚀多出现在丘陵地和雨季刚开始的坡耕地上，它不会大面积发生。

### （二）细沟状面蚀

自然界中平直的坡面很少，大地面或微地形总是起伏不平。当坡面漫流形成初期，因其流量小和流速低，漫流总是避高就低并逐步汇成小股。凡是坡面有小股流流过的地表，总会有更多的土粒被携带或冲走，进而形成细毛沟。当股流进一步集中，将会有较大的团聚体被冲走，并形成细沟，为坡面漫流和股流汇集提供条件，细沟内会有更多的水流，可搬运更多的物质。这些细小沟基本上沿着流线方向平行分布，并相互株连串通，但细沟面积占坡面总面积较小，而坡面大面积表层受到雨滴击溅，将解体后的粉末或颗粒溅散到上述细沟内被运走，这样细沟内搬运物质量大增。即使雨滴打击在细沟的水面上，因扰动作用而使沟内水流流速增加，使细沟内水流接触的界面上的大土粒也会被冲走，这样细沟会进一步加宽加深。所以在有细沟形成的坡面上，降雨时整个坡面在雨滴打击和沟内不停运输的情况下，表层土壤都处于运动状态。雨后经过人为耕作，将坡面表土填平细沟后又恢复到坡面原状，其结果是表土比较均匀地流失一层，所以仍属面蚀范畴。如此反复，多次在细沟形成基础上进行侵蚀，所以称之为细沟状面蚀。由于经过人为耕作填平细沟，所以细沟深度不能超过 20 cm。

### （三）沙砾化面蚀

石质山地或石灰结核严重的坡面上，在股流或风蚀的单一或共同作用下，表土中细粒、黏粒或具有一定结构的团聚体流失，粗骨质物和粗砂、沙砾、结核因股流或风力无力搬运而被残存在原地面，经过耕作又被翻入土中。再次重复上述侵蚀过程后又露在地表，如此多次反复，表层细粒、黏粒、团聚体越来越少，砂砾越来越多，直到不能再耕作和栽植作物为止。

### （四）鱼鳞状面蚀

在非农业用地的坡面上，由于不合理的采樵和放牧，使植被种类减少，生长不良、草群退化、覆盖度降低。经过羊群践踏的路线，植被很少或没有；没有遭践踏的地方，植被稠密，这样有植被处和无植被处经过雨滴击溅和径流冲刷后，形成明显的差别，从外表看像鱼鳞状，亦称鱼鳞状面蚀。这种侵蚀形式在北方山地和黄土高原的牧荒地上最为常见。内蒙古西部风沙地区这种侵蚀分布较广。

总之，面蚀是大面积上发生，从量上分析其侵蚀数量不严重，但侵蚀的都是土壤中的黏粒、细粒、微粒或团聚体，这些都是土壤中的精华。所以，一旦面蚀发生，虽然不易引起人们注意，但已经影响到土壤肥力状况和土壤良好结构的形成。面蚀的发生是长期不合理利用土地的结果，包括无植被的荒芜土地。只要合理利用土地，增加植被的覆盖度，完全可以消除面蚀。如果面蚀不加治理或预防，就会发展成为沟蚀。

## 四、沟蚀

在面蚀发生的基础上，尤其细沟状面蚀进一步发展，就会出现沟蚀。细沟或毛沟是细沟状面蚀的主要特征，由于它们的存在，为地表径流的集中提供了地形条件。在地形和降雨等条件适宜的情况下，细沟就会向长、宽、深发展，直至耕作不能平复或者连耕作也不能进行，这时面蚀发展为沟蚀。

沟蚀是集中的股流冲刷土壤及其母质并切入地面形成沟壑。它是沟状侵蚀，也称线状侵蚀。由沟蚀而形成的沟壑称为侵蚀沟，它包括浅沟、切沟、冲沟、河沟、荒沟等。

### （一）浅沟侵蚀

在土层深厚的坡面上，如黄土高原的梁峁坡面，随着坡面径流由小股流集中为较大股流，因为冲刷力增加，侵蚀由耕作层发展到切入心土，形成横断面为宽浅槽形的浅沟，深度一般在 0.1 ~ 1m，宽度比深度大。它在深厚土层上是一个过渡阶段，在薄土层上发生就形成了另一种冲刷类型。之后它继续发展，加深加宽，一面坡上一般有几条到十多条排列。我国南方花岗岩风化壳丘陵上，当地面土质为红土层时，沟蚀沿红土层龟裂纹方向发展。所以，这种沟蚀往往以匙形浅沟开始。它可以由 1 ~ 2 次暴雨形成。

### （二）切沟侵蚀

坡面沟蚀进一步加强，特别是凹形坡面上，细浅沟径流在流动中向中间集中而形成大浅沟，下切力量增大，沟身切入母质或风化基岩，并且有明显沟头，这叫切沟侵蚀。初期切沟深度为 1m 以上，随后可发展为 10 ~ 20m，甚至更深。

初期的切沟横断面为 V 字形，随着侵蚀沟的发育，最后呈 U 字形。切沟把坡面割裂成条块状，且日益破碎，不但耕作不能进行，就是放牧、造林也很难进行。在南方花岗岩风化壳丘陵上，切沟具有沟头和沟口堆积锥，沟谷深达 5 ~ 6m，但地面上沟的宽度只有 30 ~ 50cm。

### （三）冲沟侵蚀

切沟进一步发育，水流进一步集中，下切深度越来越大，沟壁向两侧扩展而横断面定型为 U 形，并进一步发展为开阔性的 U 形。沟底上部较陡，下部较缓，沟口已接近平衡断面。在黄土地区，沟深最浅也有数十米，深则百米以上，宽度为几十米，它是侵蚀沟发育的第三阶段，其特点是沟坡扩展处于活跃之中。

### （四）河沟侵蚀

侵蚀沟发育到老年阶段，沟头已接近分水岭，沟口下切已到达沟道汇入河流处的河床高度，由它控制的沟呈自然比降程度，沟坡重力侵蚀已趋缓和。有的沟中已有长流水，这种侵蚀沟北方称"河沟"，南方称"溪"。河沟是河流的主要支流，沟床曲折，这实际是大型侵蚀沟。

### （五）荒沟侵蚀

在土层薄，其下又是各种基岩的土石山区，集中的股流虽然有很大冲刷力，但遇到坚硬的岩石，不能更深地切下去，所以形成宽而浅的侵蚀沟，沟底纵断面与坡面几乎是平行的，又十分陡峭，两侧斜坡堆积了塌落下来的大量沙砾石块。这种在土石山区或石质山地发展起来的侵蚀沟称为荒沟。

### （六）侵蚀沟的外形和组成部分

由于水力冲刷而形成的侵蚀沟有一定外形。每条侵蚀沟可分为沟顶、沟底、水道、沟口、沟沿、沟坡、冲积锥及侵蚀沟岸地带等。

1.沟顶（沟头）

上接集水洼地，是侵蚀沟的起点，呈天然跌水状，跌墙陡峭。一条侵蚀沟往往有几个沟顶，大型侵蚀沟有几十个沟顶，一般以沟道最长而连接的沟顶为主沟顶，它所接的集水面积最大，来水量最多，其余的沟顶称为支沟顶。支沟顶是支沟的起点，而支沟又分几级，所以支沟顶也可以分为若干级。

2.沟底

夹在侵蚀沟两斜坡中间的底部，呈带状，水流沿此底部下泄。沟底具有一定宽度，越近沟口越宽，可以为种植业利用。而侵蚀沟上部呈狭带状，沟顶附近几乎看不出沟底存在。

3. 水道

水道是侵蚀沟底上有地表水流过的地段，即水流部分，在侵蚀沟上部，因沟底呈狭带状，沟底与水道是同一地区，无明显划分界限。而在下部，沟底比水道宽，水道比沟底深，并呈三角形或梯形。它的存在，说明沟底有继续下切的可能，往往水流的冲刷比淤积作用强。

4. 沟口

沟口指侵蚀沟汇入河流的地方。它也是侵蚀沟形成最早的地方。沟口坡度较缓，沟底下切不大，流速也不大。

5. 沟沿

侵蚀沟的外部轮廓线称为沟沿。

6. 沟坡

上部以沟沿为界，下部以沟底为界的中间部分，称为沟坡。从横断看，它与水平线常成一定角度。坡度大小取决于土壤物理性质及侵蚀沟发展时期。每一种土壤，根据其内摩擦力和凝聚力不同，决定其角度大小不同。不同的侵蚀沟发育阶段，角度大小也不同。无论角度多大，即沟坡坡度如何陡，其沟坡发展方向逐步变缓，最后形成的自然角度，叫倾斜角，亦称安息角。即根据土壤物理性质及侵蚀沟发育不同时期要求，沟坡停止坍塌，并被植物所覆盖而形成的角度。

7. 冲积锥

冲积锥又称冲积圆锥。由于侵蚀沟流水携带大量泥沙出侵蚀沟口，而沟口坡度较缓，沟口外面积变得宽阔，所以流速突然减慢，将携带的大粒沙砾沉积在沟口外河谷中，有时沉积离沟口较远并侵入河谷水道中，往往使河谷水流改变方向而形成沙洲或浅滩。由于沉积物大部分是沙砾，其形状像扇状锥体，所以亦称砂砾圆锥。

8. 沟岸地带

沟头以上及沟沿以外连接的地带称为侵蚀沟的沟岸地带。此沟岸地带应有一定宽度，要求宽度可能在 20 ~ 50m。计算方法要根据不同土壤物质决定其倾斜角大小，从沟底按倾斜角斜边引向沟岸的点，再向外沿延长 2m，则此宽度为沟岸地带。此带内禁止耕作放牧，最好作为林业用地，用树木根系固定沟坡的沟岸。

一旦侵蚀沟形成，水土保持就必须采用综合措施，只靠生物措施不能根治水土流失，效果也不佳。在疏松的土质山丘地区，侵蚀沟以千沟万壑的状态出现，整个坡面被切得支离破碎，变成一小条一小块单独存在的地貌，使土地很难被利用。侵蚀沟总长度在单位面积上往往很大，它标志着沟蚀的严重程度。所以，我们把每平方千米土地上侵蚀沟总长度叫作沟壑密度，单位以 km/km² 计。在黄土丘陵沟壑区，沟壑密度可达到 5km/km² 以上。因为沟壑是具有一定宽度的带状分布，所以它也占有一定面积，这个面积占总土地面积之比，以百分数计，称为沟壑面积。有的学者称为切割裂度，以小数点计。它是沟蚀严重程度的又一个重要标志。在黄土丘陵沟壑区，沟壑面积可达 40% 以上，西北水保所徐国礼等研究杏子河流域切割裂度为 0.63。沟壑面积往往与沟壑密度有一定相关性，如果相关性较差，说明这个地区沟蚀还会严重发展。由于侵蚀沟在坡面上是带状发生，沟内集中的径流量很大，冲力大，同时因侧蚀使沟坡崩塌，所以大量的泥沙被冲走。

### （七）流域与沟道之间的关系

所谓流域就是河流的集水区域（或受水面积）。凡是地面径流汇集到同一河流（或侵蚀沟）的区域，便是该河的流域。水文学上称分水线包围的区域为一条河流或水系的流域。该河实际为河沟，是流域的一级侵蚀沟，凡是流水汇入一级侵蚀沟的沟道为二级侵蚀沟，流水汇入二级侵蚀沟的沟道称为三级侵蚀沟，依此类推，可以将侵蚀沟分成若干级。但是，这种侵蚀沟分类法，说明不了各级沟道特点，其中各级沟道数量、沟道平均长度、沟道总长度、沟道纵比降等与沟道级别之间没有任何关系。

将最小没有分支的沟称为一级沟，一级汇入二级，二级汇入三级，直到最高级水道，符合这种图式的水道称为基本水道。第一级直接进入三级、四级或五级，甚至更高级水道都称为附加沟道。基本水道与附加沟道（或叫附加水道）组成流域内的总沟道网，是侵蚀沟系发育完整的，也是沟网密度很大的完整排水系统。其沟道级别比，可称为分支比。

关于沟蚀，在我国黄土地区非常严重，就是在未胶结岩或有深厚风化母质地方，一旦出现沟蚀，也会严重地发展下去。内蒙古西部和东部均有较厚的黄土分布，所以沟蚀严重。这是黄河粗泥沙的主要来源之一。所以内蒙古是全国水土流失严重的省区之一。

## 五、重力侵蚀

由纯重力作用引起的侵蚀现象是很少的。所谓重力侵蚀，其实是在其他作用力，特别是水力侵蚀共同作用下，以重力为其直接原因所引起的地面物质崩塌或移动形式。它常常为山洪、泥石流提供大量泥土沙石。

变陡的侵蚀沟的沟坡，其坡度超过土壤倾斜角，当下雨后，下渗水增加了上方土体重量，降低了下方土体的抗剪力，在重力作用下侵蚀沟的沟坡往往是整体或一部分坍塌。另外，地质构造、温度等也是构成重力侵蚀作用力的一部分。

重力侵蚀根据其发生的原因及形成后果又分为多种形式。

## （一）陷穴

我国黄土地区，在侵蚀沟附近塌洼地、沟掌地、沟坡及沟岸地带等地出现近于圆柱形土体垂直向下滑落的现象，地面呈穴状陷坑，称为陷穴。虽然目前对该现象的原因尚未定论，但这与外部条件、黄土本身特性及其发展过程有一定的关系。外部条件有地形、降雨及沟蚀发育状况。内部条件由疏松度、垂直节理发育、崩解性、湿陷性而决定。

根据观察，陷穴发生的地表成一坑状洼地，其容积大小是定量的，所以一旦降雨（能产生地表径流的暴雨），其坑内蓄满水，就开始渗透。开始因有积水是有压渗透，到后来是无压渗透，又因容积不变，所以每次降雨后，渗透过程都在同一地发生，下渗峰面下移位置相同。渗透时所携带可溶性物质、黏粒、微粒，渗透深度一致并形成积层。

陷穴发生的地点一般离侵蚀沟的沟头、沟沿较近。据西北水保研究所王斌科观察，多在沟沿 2 ~ 10m 处。这是地形上第二个条件。当积层出现以后，再次降雨下渗后，积层上部出现超饱和泥浆，因重力沿积层底部向四周产生压力渗透。一旦离沟沿很近的一侧出现渗透，其速度远比其他方向要快，在沟沿下方可能出现渗流，这样降雨通过一段垂直渗透，遇积层后又改变为水平渗透（也有较小的坡度）。降雨、地形是陷穴及其发生过程的外部条件。

黄土是疏松土壤，渗透性强，所以水在渗透过程中，可携带一定量黏粒、细粒下渗到一定深度。另外，由于黄土崩解性强，遇水后膨胀，但水蒸发后，尤其长期不下雨，该土体脱水而干缩。所以一旦积层以上因水平渗透（甚至产生渗流）把下方土掏空，干缩时土体失去顶托力，又因黄土有湿陷性，所以突然陷落，即形成陷穴。陷穴内土体有时分几次陷落，最后完全形成底部为积层的洞穴。有时条件具备，一场暴雨或几场历时长的降雨后，也可以在较短时间内发生陷穴。根据条件所定，陷穴有单个出现的，也有串珠状同时出现几个的。这时陷穴与陷穴中间可以通行过人，黄土地区的农民把它叫"天桥"。

## （二）滑坡

坡面整体或部分向坡下滑动称为滑坡，古代称"地移"，有些地方叫"地滑""垮山""走山"等。滑坡原因很多，有气象、地表径流、下渗水、地下水、岩层走向、土壤质地（黄土、砂土、淤积土、软黏土及过密实的黏土等），还有人为不合理经营土地（砍伐森林、超量灌溉等）而引发。一般坡面内部有一层抗剪力差的地质条件时，最易发生滑坡。所以，滑坡具有明显的滑落面。在滑动过程中，坡面地物地貌受到一定程度的扰动，但坡位的相对位置不会发生大的变动。例如，纯云杉林而且是同龄林，其根系分布坡面同一层次内，在不透水的基岩上，遇融雪或暴雨后，很容易向下滑动。在滑动过程中，云杉林左右摇摆，像喝醉似的，这种滑坡叫"醉林"。

### （三）泻溜

泻溜亦称撒落。在石质山区，由于风化、温度、风力等原因，山地表层岩石疏松破碎，岩屑在重力作用下不时地沿坡面撒落下来，形成陡峭的溜沙锥。在黄土地区，耕地坡度超过35°时，也会发生耕土泻溜，有明显的溜土痕迹。在陡坡砂石坡面上放牧，因牧畜踩踏也会发生泻溜。在红色黏土出露的坡面上，因表层黏质土遇水、遇热膨胀、脱水、遇冷收缩，而深层土壤很难渗透，导热率很差。上述现象反复发生，使表层红黏土与深层红黏土物理性质形成明显的界限。在重力作用以及外界条件影响下，表层红黏土以小片状不断地撒落到沟中，叫泻溜。泻溜块最大直径不足8cm，最小的仅几毫米，以黏土的黏结力大小而定。

### （四）山剥皮

山剥皮常发生在土石山区。由于小地形或微地形陡峻，在风化母质层内或土层坡积较厚，降雨或融冰渗透后而破坏其稳定，使土层和母质层剥落的现象称为山剥皮。山剥皮开始时规模较小，因植物根系相互纠缠，剥落的那部分开始向四周扩大，尤其在遇暴雨后规模迅速扩大。但总体来说规模不大，速度不快。

### （五）山崩

山体一部分突然向下崩塌的现象称为山崩。崩塌物包括山体崩塌部分所有的土砂、石块和植被。山崩多发生在陡峭的山腹。崩塌后，地面地物发生明显变化，相对位置往往会颠倒，这与滑坡有明显的区别。崩塌物以土石锥或塌积物形式堆在坡脚。

因重力侵蚀而发生的形式很多，如黄土区沟岸因水冲其底部而失去支持力时，像墙倒塌一样，可称为塌岸等。总之，重力侵蚀的发生形式因不同的地质、土壤质地、气象条件等不同而异，但大多数是地表径流、下渗水的作用，最后因重力作用而产生的侵蚀。所以凡属此类均属重力侵蚀之列。

重力侵蚀多为局部发生，往往不引起人们的注意，其实它是河流泥沙的主要来源之一。以重力侵蚀为主的黄土沟坡地区，其侵蚀模数在 2 万 t 以上。据估计，黄土丘陵区，重力侵蚀的直接或间接产沙可能占黄河入黄泥沙的一半。

# 六、山洪

山洪是较大的地表径流经过沟网向河沟集中后形成，并从坡面挟带大量固体物泻入沟道或河沟之中，亦称为高含沙水流，使沟道水流骤然高涨，水头高达数米，汹涌奔流。它具有很大的冲击力和负荷能力，可将沿途因重力侵蚀而造成的沟道侵蚀物一并挟带移动，所含物质容重小于 $1.3t/m^3$。所以，山洪以流动冲力为主。在上述被挟带和移动的固体物质冲出沟口后，因沟口平缓、沟口外部开阔，其流速大大下降，逐渐将固体物沉积，并形成冲积圆锥。

山洪的发生，流径沟网有一个汇集过程。以河沟主沟道为准，可分为上游、中游、下游。

在上游径流量小，但沟两侧坡面较陡，汇流速度快，沟底纵比降大，流速更大。所以在上游产生的径流是冲力为主。

中游由于汇水面积扩大，有较多支流的径流汇集于主沟道，不但流量增加，而且因支沟汇流与主沟道径流流向不一致，产生一定的角度，迫使主沟径流向彼岸流去，形成偏态流动，产生侧蚀，冲淘河岸。

下游段，坡降缓，但流量更为集中，因下游支流汇入主沟道时，同样影响主沟道径流流向；如果与中游汇流时影响方向一致，使下游洪水更进一步改变流向，于是下游便出现曲流。由于冲向对岸后水流很快改变方向，当有向相反方向发展的条件时，洪水又向此岸流来，这就是"水性"之一。河流是蛇形运动，不停地冲淘两岸。

在冲淘两岸时，由于侧蚀和曲流运动的扩大，被冲淘的下游河岸往往形成凹岸；凹岸不断地坍塌后退，而相对的凸岸边滩不断淤积延伸。凸淤、凹淘是相对应的关系。当凹岸冲淘不停地进行，会形成大型弯曲河流。但凹岸冲淘发展到一定地质条件时，比如坚硬的石质山地，河流将向相反方面流去；而凸岸可能被冲淘，凹岸可能被淤积，这就是"三十年河东，三十年河西"的道理。但大多数河流不可能正好是 30 年，也不一定改变方向。尤其在石质山区，河沟不容易改变河槽。

上游因其流量小，可以扎沟垫地或打淤地坝进行淤地，在中游因其流量增大，横沟打坝要有相应的放水排洪设施。必须具有更大的经济意义，因为横沟打坝不容易形成。在侧蚀对岸条件下，此岸淤澄沟条地还是可以安排的。下游凸岸出现的边滩可以淤澄大面积高产稳产田。不论上、中、下游布设什么措施，只要能预防一定标准洪水，如山洪超越预防标准，不是破坏各种措施，就是对各种农田一冲而光。严重时上、中、下游农田全部被冲，为泥石流提供物质基础。所以山洪经常发生的沟道，如果利用，要根据其流域大小、地质构造、植被覆盖度、地貌地形等条件来决定，不可轻率实施。

# 第三节　土壤侵蚀的规律

土壤发育过程中，水是提高土壤肥力不可缺少的物质。水分是土壤发育和营养物质循环最基本的、不可缺少的因素。但土壤中水分应是适量的，过多或过少都会影响土壤发育和肥力的提高。尤其水分过多，对土壤就会产生侵蚀作用，形成水害，导致土地生产力下降。

即使适量的水分，也要知道水分是如何参与到土壤当中去的，以什么样形式参与，参与的过程又如何进行，这是本节研究的重点，即研究水对土壤侵蚀的机制。

人类对于水对土壤的侵蚀作用的认识是由浅入深的，最初认为"水冲土跑"就是土壤侵蚀。当水的作用力（即侵蚀力）大于土的抵抗力（即抗蚀力），土就会被水冲跑，这是简单的力学道理，随着认识深化和生产问题的提出，人们逐步认识到跑水、跑土必跑肥的"三跑"概念，这样水土流失概念就扩大了。

随着科学技术的发展，人们发现水对土壤的侵蚀不只是以冲力导致的土体移动，而且更广泛地以冲击、溅散、振荡、浸泡、溶解、淋洗、重力、下坠、输送、冻胀、润滑等形式侵蚀土壤，使土体遭到破坏。相对于地表径流的作用来说，人类较早地认识坡面上地表径流的搬运能力。对雨滴击溅作用的认识目前虽有较大进展，但对此还远未完全搞清楚。现在没有人再怀疑雨滴击溅对封堵土地表面，从而减少土壤渗透量和增加地表径流的作用。学界对雨滴击溅直接或间接地增加地表径流搬运能力的认识虽趋一致，但对搬运物质数量之间的相对关系，还有很大争议。目前水土保持学科对下渗水增加重力侵蚀、融冻而发生滑坡等等，均有较充分的认识和研究。但不管什么形态，均属于水的三种性质：力学性、物理性和化学性。上述三种性质，以不同的条件参与，都会决定水对土壤侵蚀的方式及大小。上述三种性质，有时单独作用，有时其中两种综合作用，有时三者共同作用。这是造成同一地区土壤侵蚀形式多种多样的主要原因之一。

下面将水的三种性质以不同形态和不同方式对土壤的侵蚀介绍如下，包括雨滴击溅、地表径流、下渗水、融冻及水的化学侵蚀等。

## 一、雨滴击溅

雨滴的运动形式是自由落体，虽然受到空气阻力，当到达地面时，具有一定的速度，最大速度可达 9.8m/s。雨滴的最大直径，大多数学者认为不超过 5.5 ~ 6mm。超过这个直径的雨滴，由于大气扰动而不稳定发生破裂。雨滴的动量等于速度乘以质量，所以每滴雨具有一定的动能，更何况每次降雨的雨滴数目相当大，这里同样存在量变到质变的关系。因此，一场雨，尤其是暴雨的侵蚀力就相当可观了。

在两块条件相同的地块上都除去杂草，其中一块地上悬吊一金属网，以消除雨滴冲击力，保证雨水从一个低高度降落到地表，如同喷雾。经 6 年的观察，裸露地年平均土壤流失量为 141.3m³/hm²。可见一场雨或一年几场雨的能量对土壤侵蚀是多么严重。

雨滴具有一定质量，而且是自由落体，在空中以加速度降落。雨滴质量与其体积大小有关，而雨滴大小以直径计，也不相同。一般情况，越是暴雨，雨滴直径越大，速度越大。因为空气阻力，雨滴达到最大速度时，不再加速，这个最大速度一直维持到地面，叫作最终速度，或叫终点速度。

如果一滴直径 6mm 的雨滴，除去克服空气阻力，它的能量等于把 46.7g 物体上举 1cm。

裸露的土地上，雨滴直接打击在土壤表层，尤其暴雨降在干燥的土地上，使土壤团聚体解体。英国的柯克比认为，暴雨降落在干燥土壤上引起土壤侵蚀具有特别的意义。这是因为，同一个团聚体可能反复承受雨滴冲击，其破坏能量的积累量很大。所以暴雨后，土壤表层团聚体几乎全都解体。另外，有的雨滴击在团聚体与团聚体之间，产生切割力。首先使团聚体离散，然后雨滴集中某一团聚体垂直冲击，使团聚体解体，地表形成一薄层粉末状土壤。土壤粉末状后，还未及时吸收雨水，由于雨滴的冲击力受到地表反作用，反作用使粉末或土粒被溅离地表，较大粒的落在附近，粉末状的飞散到空气当中，这个过程称为干土溅散过程。

例如，一些干旱区，春旱严重、夏初无雨，雨季开始第一场雨常常以强度较大的暴雨形式出现。暴雨刚开始时，空气不是清新凉爽，而是有阵阵土味，农民叫"土腥味"。这是因为粉末溅散充盈空气当中，形成迷霾现象。这种现象随着降雨的继续进行很快消失。

随着降雨过程继续延长，表层土粒吸收一定水分，形成湿润的土壤，雨滴对其击溅并形成麻坑。这个过程只用 1/70s 完成。当湿润土壤的空隙被水充满时，在雨滴振荡作用下搅拌成稀泥状，再受雨滴冲击，泥浆也会被溅散，称之为泥浆溅散阶段。

不论是干土溅散或湿土溅散，在坡面上溅散能力都会有所加强，尤其向坡的下方溅散的距离比水平面增加两倍。有风时，因有助于雨滴速度的加强和溅入空气中粉末的运输，所以上述两个阶段溅散量都会增加。

虽然溅散或飞扬，对细粒、粉粒、黏粒破坏很严重，但毕竟能力有限，运距较短，对于同一块土地来说，溅散与沉积大体平衡。然而，对土壤表层结构的破坏还是很严重的，并且为层状面蚀、细沟状面蚀形成提供了条件。干土溅散阶段和湿土溅散阶段是构成面蚀的主要原因之一。

泥浆溅散阶段之后，降雨即使停止，有可能形成地表径流，而干后土壤又会板结或龟裂，这是土壤侵蚀的一种形式。

在有坡的土地上，泥浆增厚、变稀的情况下，会形成泥流而流动，从而形成层状面蚀。在降雨初期，这是雨滴击溅引起土壤侵蚀的主要形式。

雨滴冲击地表的过程中，土粒反复受到涮洗和搅拌，会加速土壤中可溶性物质的溶解和转化。溶解数量的大小，取决于时间长短，振荡力大小，溶解质种类、性质和含量。溶解后的养分随着水的流失而流失，造成水跑、土跑、肥也跑的后果。

雨滴击溅产生的振荡力，可以加强坡面径流的携带能力；有的学者认为还可以增加河流表面携带能力 20 倍。

雨滴对土壤的冲击、溅散、振荡和溶解作用的过程总称为雨滴溅蚀，是土壤侵蚀的主要规律之一。

有人指出，300mm 等雨线是世界上水蚀最严重的地带。当然从水热条件、植被覆盖度、降雨特性分析，可以说大体上符合事实。因为 300mm 等雨线左右的地带，降雨有几个特征：年内和年际分配不均，年内以 7～9 月的降雨最为集中，称为雨季；雨季初期多以暴雨形式出现，以至于一年生植物还未建立和覆盖地表之前就发生暴雨，等等，这都是半干旱地区的特征。对于水热条件不足、植被生长不良的干旱半干旱地带，有时甚至在缓坡条件下也能造成大灾害，这些情况在半干旱地区最普遍。这是因为，天然植被覆盖的半干旱地区，与环境条件相比，侵蚀率随降雨变化的幅度大一些（也有特殊情况），因此半干旱地区，气象方面小的变化，对土壤侵蚀率影响十分敏感。雨滴溅蚀尤其严重，可想而知，往往溅蚀和不毛之地在干旱和半干旱地区，形成恶性关系。

黄土地区是溅蚀严重的地区，这是由黄土的特性所决定了的。黄土粉粒（粒径 0.1～0.01mm）含量常在 50% 以上，而黏粒含量却在 20% 以下。其中粉粒最容易在雨滴的冲击下脱离土体。另外，黄土有机质含量多在 1% 以下，所以黄土发育结构不良。这是黄土地区溅蚀严重的主要原因。

雨滴对地表土壤溅蚀，最主要的形式是冲击、溅散，使具有结构的土壤成为粉末状，接着就是振荡，使土体解体并溶解可溶性物质。当泥浆堵塞土壤孔隙后，地表径流很快产生，将粉末状土粒进行搬运。实质是雨滴溅蚀减去了相当一部分土体的抗冲力，增加地表径流的冲刷力。另外，雨滴冲击对地表径流有扰动作用，同样增加地表径流冲刷力。所以，从理论上和相关试验结果上分析，雨滴击溅对土壤的侵蚀是相当严重的，也是我们水土保持工作者目前研究的重点内容之一。

当然，为了防止雨滴对地表土壤的溅蚀，一般改变地形的工程措施效果不显著，而通过增加地面植被覆盖度就可以完全解决这个问题。既能防止雨滴溅蚀，又可以发挥土地生产潜力，增加有机质，还可以解决"燃料、肥料"问题。

降雨溅蚀的面积广大，凡是裸露的土地都是雨滴溅蚀的基地。它不但使大量土壤流失，更主要的是被破坏损失的恰恰是土壤中具有一定结构的肥沃的表层，这对土地生产能力有明显的降低作用，尤其对农业生产影响更大，故应引起格外注意。但它毕竟是水对土壤侵蚀的初期，所以只要结合生产需要，采用简单而合理的措施就可收到良好的治理效果。否则，在雨滴与地表径流交互作用下，会增加地表的冲刷能力。

## 二、地表径流

地表径流侵蚀是流水做功的过程，也是地貌循环运动过程中不可缺少的一部分。地表径流主要来源于降水。

地表径流是降水量超过渗透与蒸发的水量时，受重力作用而沿地表流动的水流。从广义上讲，降水、冰雪融化或来自地下的水流，在重力作用下，从高处向低处沿地面流动都会形成地表径流。

雨降到坡面后形成地表径流有一个发生发展的过程。降雨不直接产生地表径流，而是首先损耗于植物截留、下渗、填洼、蒸发，其中大部分耗于下渗。由于这个过程不产生径流，所以称为降雨损失过程，也称径流蓄渗阶段。这个过程损耗的降雨量是相当大的。

### （一）坡面产流侵蚀阶段

坡面产流是由漫流到股流，由股流到径流集聚的过程。降雨满足流域的蓄渗之后开始产生地表径流，称为产流。产流过程由分散到集中，流量由小到大，流速由慢到快。产流开始时，坡面上形成小膜状缓慢流动的水流，称为坡面漫流阶段，或叫坡面汇流过程。

流域内各坡面及各坡位产生漫流的时间是不一致的。首先从满足蓄渗量的地方开始，如渗水性较低的地方或雨前土壤湿润的地段，及坡陡的地方。然后，随着满足蓄渗量面积增大，坡面漫流的范围扩大，直至扩展到全坡面、全流域。漫流是由无数股彼此时合时分的小水流组成，没有明显的固定槽形，这样的漫流避高就低，分布很密，流向不一，相互珠联。径流深因微地形及地面粗糙度变化很大，由不足 1mm 到几厘米。超越 1cm 以上的径流深，实际变成条条束流，或者叫漫流汇成股流。在坡度很陡和降雨强度增大时，这些束流在坡面上形成小的沟槽。在大暴雨的情况下，也可能发展为片流，尤其在坡面比较平整的情况下更是如此，是产生层状侵蚀的原因之一。

漫流，一般情况下在降雨初期是在坡面中下部产生，到降雨中期发生在分水岭附近。而坡面中部径流由于坡面上部径流汇流而加深，往往产生沟槽状股流，所以，在分水岭附近，由于径流小，具有的动能小，冲刷强度弱，甚至不出现冲刷，称（漫流）不侵蚀带。当径流离开分水岭一定距离，流量增加，冲刷力增强，称侵蚀带或叫侵蚀增强带。

漫流具有一定水深，也具有一定流速。在缓坡上流速大于 0.5m/s，一般坡面上水流速度为 1 ~ 2m/s。当漫流沿坡面向下流动进入侵蚀带时，流速加大、流量增加，冲刷力增强，故开始侵蚀地表，搬运泥沙。最初的侵蚀是以斑状或不连续侵蚀点出现，以后串通成沟槽，有的书中把它叫纹细沟或细沟。

坡地漫流冲动并携带固体颗粒的能力，在其他条件相同情况下，主要取决于流速、水深和紊动性。如果把影响坡面漫流冲动并携带固体颗粒的所有因素考虑在内，这一过程具有随机性质。因为固体颗粒具有大小及其相互凝聚力的多样性，同时，冲动并携带它们的水流无规则性（时分时合）都影响漫流的冲刷能力。如分散的粉砂颗粒，当径流超过 0.3 ~ 0.45m/s 时即可被冲动，具有一定结构性者即使小于粉砂也可以抵抗 1.0m/s 流速的冲刷。不仅如此，侵蚀过程的强度还受到许多其他因素制约，如影响土壤渗透性能因素，以及别的一些侵蚀因素（包括降雨雨滴对漫流的扰动）。

坡面地表径流就是因重力作用，沿坡面向下流动的集中股流。作为一个坡面整体，往往是上部分为漫流，中部为股流（束流），下部为径流。侵蚀状况也明显不同。有的学者把漫流、股流、坡面径流统称为坡面径流。它们所引起的不同地形部位土壤侵蚀主要是面蚀，上部为溅蚀或层状面蚀，中部为层状面蚀或细沟状面蚀，下部为细沟状面蚀或沟蚀。它们侵蚀的都是土壤的微粒、黏粒或腐殖质，这是土壤中的精华。由于坡面产流处于相对分散状态，冲力不大，人力易于防治，主要是采用吸收、分散或增加土壤渗透的方法，同时增加土壤抗冲和抗蚀能力等。最直接的措施就是增加坡面植被覆盖度，即增加一定比例的林地和草地。工程措施是修一些截流沟、导流沟，农业用地最好把坡地改造成梯田等。只要把坡面产流加以控制和分散，将为减少沟道径流和治理沟蚀打下良好基础，这就是"沟坡兼治、治坡为主"的道理所在。

## （二）沟壑径流侵蚀阶段

坡面地表径流产生的冲刷力大于地表土体和母质抵抗力而冲刷成的沟壑称为侵蚀沟。沟壑是一种地貌侵蚀形态，它与地表径流的作用有很大的关系。

地面径流之所以能把平整坡面冲刷成沟，并且切入母质，与径流的流动过程产生的作用力（做功）点有很大关系。在冲刷过程中，坡面径流与坡面平行，产生冲力，径流流动过程产生重力，两者合力，正好作用在土块上。所以，当土体抗冲力低于合力时，被搬运而崩塌，并导致周围其他土体处于不稳定状态，如此不断地进行，就形成侵蚀沟。

根据侵蚀沟形成和各个发展时期的特征，以及径流集中规律与地形地质条件，它可分为四个阶段，即向长、向深、向宽、停止阶段。

第一阶段称为沟头前进阶段：是侵蚀沟形成的开始。其特点就是向长发展最迅猛。主要原因是某一频率的一次降雨，使整个坡面产生径流很多，基本上通过同一地点流出，将第 1 块土体冲刷后，接着其周围的第 2 块、3 块、4 块……在土体抗冲力同样低于径流的冲刷力的情况下，直至 n 块土体被冲为止。某一频率降雨产生的径流再不能把地表的 n+1 土块冲刷时，冲刷停止。但下次降雨甚至暴雨又会出现。所以当沟前进到天然跌水墙时，再加上径流在沟头的渗透及径流在沟头底部冲刷作用，使沟头崩塌的速度就越来越快，沟头前进达到惊人的速度。沟头前进的方向，由坡面下部开始，向径流汇流的地方即坡面上部前进，而径流是由上部产生流向坡面下部。所以沟壑发展方向与径流的流向正好相反，故称为溯源侵蚀。这个阶段同样有向深、向宽发展，宽深之比近于 1。但宽深发展速度处于从属地位，沟底崎岖不平且狭窄，横断面为 V 字形，这一阶段侵蚀量不大，规模较小。所以，及时进行治理，所付出的代价小，效率高。否则进入第二阶段，就会付出几倍代价。

第二阶段称为沟底下切阶段：当沟头前进从坡脚到达一定坡面高度时，或者在一个流域内，沟头由沟口开始前进到一定长度时，整个坡面或整个流域的径流量大部分不能进入沟头，所以沟头前进的速度明显下降。当然进入沟头的流量还相当大，这样大的流量，加上形成天然跌水墙，因此，对沟头底部的冲淘还是相当严重的，因其径流能量远未消失，会在整个上游段底部进行下切。

在侵蚀沟的中下游段，因沟两侧的径流从沟沿两侧以跌水形式进入侵蚀沟，所以沟沿两侧出现支沟沟头。它不但增加沟底（由主沟顶进入的）径流冲刷的能量，而且扰动径流为紊流，所以对中下游沟底的冲刷力加强。因重力作用，对沟底进行重力下切。下切的另一个原因是中下游支沟沟头的崩塌或部分沟壁崩塌在沟底产生堵墙，当径流超过天然堵墙时，溢流并摧垮堵墙，这时的水流以 10 倍的速度下泄，产生射流效应。这时沟底冲淘更为严重。在冲淘之中，是消能之时，水流会趋于平缓，以正常的重力作用下切沟底，前进中又遇堵墙或跌坎时，严重冲刷再次发生。如此反复，直到把沟底下切平直为止。这个阶段以沟底下切为主，所以也叫纵向侵蚀。通过上述沟内径流活动规律分析，可知侵蚀沟中下游沟底显然比上游平直。而且在下切过程中，径流也产生侧向冲刷，使侵蚀沟沟坡下部被侧蚀，所以，侵蚀沟断面形成 U 字形。

沟底下切不是无限发展，其限度以侵蚀沟汇入更高级河沟为准，即侵蚀沟纵断面最低点称之为侵蚀基准，亦称侵蚀基准面。

第二阶段的侵蚀以下切为主，沟头前进与沟岸扩张处于从属地位，所以，沟壁直立，沟深往往大于沟宽，尤其在垂直节理发育的黄土地区更是如此。这是第二阶段的一个特点，虽然说这个阶段未达到侵蚀量最高峰，但它为沟岸崩塌的发生提供了前提条件。就侵蚀沟系整体而言，这已进入侵蚀最剧烈的阶段，治理也很不容易，必须用筑坝工程措施和坡面治理相结合的办法，但投资很大。

侵蚀沟沟沿不断流入径流，使支沟沟头出现，后发展为支沟。全流域的径流量由于进入每个沟头的流量相对来说很少，因而沟头前进十分缓慢，依照原有洼地以陷穴崩塌形式相对缓慢地前进。这时主沟顶大都已进入分水岭附近，而纵向侵蚀由于侵蚀基准限制，下游沟底下切停止。沟口附近开始出现淤积现象，这时侵蚀沟已向第三阶段过渡。

第三阶段是沟岸扩张阶段。在第二阶段侵蚀的基础上，沟岸陡峭，沟坡坡脚处于重力作用下，其倾斜角较大，沟沿附近的沟岸地带可能出现裂缝。当坡面径流通过沟沿进入侵蚀沟时，其中部分水分渗入裂缝或疏松结合土层之中，使沟坡上部因渗水多而加重，沟坡底部因渗水多，支承力降低而坍塌，这样沟坡不是直接塌入沟底，就是滑入沟底。这种沟岸崩塌，因沟底曲流左右冲淘而加强，直到沟坡稳定为止，即沟坡坡角达到自然倾斜角，并有植被固定，沟岸扩张才停止发展。

这个阶段是以沟岸扩张为主，也叫横向侵蚀。沟头前进十分缓慢，沟底下切已基本停止，横断面呈开阔的 U 字形，沟系已经形成，外貌十分庞大而惊人。由于沟岸的扩张，成为河沟泥沙的主要来源。有的学者认为，泥沙输移量的 1/3 来源于侵蚀沟自己。所以，第三阶段的土壤侵蚀，就侵蚀沟整体而言，是侵蚀量最大的阶段。因此，它的沟壑面积比第二阶段扩大 2 倍以上。在黄土丘陵沟壑区、沟壑面积可达 40% 以上，相对坡面面积减少，有农耕价值的面积更少。在这一阶段，虽然沟壑外观巨大，但已属强弩之末，除去坍塌部分之外，沟系再没有发展的余地。到第三阶段末期，泥沙流失量减少，但总径流量不会减少，因沟系形成，即排水系统完善，径流系数反而增加。

因为此阶段沟系庞大，要想全面治理必须付出更大代价。如沟沿可设置蓄水沟或导流沟工程，以植被固定沟坡的生物措施等。但不论怎样，其投资也比第一阶段开始治理要大几倍。

第四阶段称为侵蚀沟停止发展阶段。一般情况下不需要治理，只要加以利用即可。如何借着因侵蚀沟系形成的地貌，加以合理地利用，是水土保持工作者研究的重点。特别是预防更大频率暴雨出现后，侵蚀沟发生新的侵蚀的可能。如因沟内径流猛然增加而沟底又发生侵蚀沟，叫次生侵蚀沟。这是我们水土保持工作者最不愿看到的情况。

我们把侵蚀沟划分为四个阶段，是以侵蚀沟的主沟为准而划分的。一般情况下，侵蚀沟是按上述四个阶段发生发展的。

短坡沟比长坡沟的沟体扩展稍快些，到后来，发展速度发生相反的变化，长坡沟比短波沟发展要快。在不同的时段，坡度越陡，其沟体扩展的速度越快，在沟壑产生的最初一段时间内（以5%的时序计），沟体扩展在陡坡上比缓坡上快2～3倍，而其余时间内，可达到10～15倍，在30%的时段时，几乎高出40倍。在荒沟侵蚀中，几乎分不出发展阶段，也区分不开不同时段纵横断面的形状。

不管外部形态如何变化，沟长和沟体在不同时段发展不可能统一，但侵蚀沟从发生开始，到缓慢、停止的整个过程是一致的。所以，将其分为四个阶段是有一定道理的，而且在生产实践中有它的指导意义。诚然，在自然界把四个阶段明显地区分，并找出分界线标志，目前还有一定困难。常常是第一阶段的末期，即沟长速度低于平均增长最大值，沟底下切速度高于或等于平均值时，正是第二阶段的开始。依此类推，这只有做大量的试验才能计算出不同类型侵蚀沟的发展标准。西北大学地理系的学者认为，侵蚀沟发生、发展和稳定的过程，实质上还是集中股流的侵蚀能力与沟道物质抵抗力之间相互转化的过程。当侵蚀沟处于初期阶段，沟内径流冲刷力小，沟内堆积物质数量更少。随着径流增加，增加了侵蚀力，沟内物质堆积增加，即使径流进一步增加把沟内物质全部运走，仍属剧烈发展的第二阶段。当径流冲刷力减小时，沟内反而出现了堆积物，并有所存蓄，则侵蚀沟进入第三阶段，当沟坡坡脚塌积物大量堆存，逐保持其稳定，则进入第四阶段。

### （三）荒沟径流侵蚀阶段

在土石山区，其特点是坡陡、土薄、石头多、沟道底部多为坚硬的基岩，制约着沟底下切速度，所以沟长、沟深、沟宽的发展相当缓慢，沟的形成需要相当长的时间。两岸塌落在沟道中的固体物质多以土、砂、石、砾为主，其中土细砂被水冲走，粗砂、块石多留在沟道中，形成具有特殊外貌的荒沟。

荒沟中的径流具有动能，对荒沟沟道有侵蚀和切割作用，侵蚀切割作用分为侧蚀和下切（称底蚀）两种。在上游地区以底蚀为主，在下游往往侧蚀大于底蚀。荒沟中径流侵蚀沟道是荒沟砂石的主要来源，荒沟中径流侵蚀对象是大小不同的土砂石砾，在被侵蚀、搬运和沉积的过程中土砂石砾有明显的分选作用和交换作用。

由于土、砂、石、砾各有不同的抗冲力，在搬运过程中，较大石砾沿沟底滚动，砂石因其颗粒大小的不同而发生分异，细小者在前，重而大的则殿后，这种运动过程称为土砂石砾的分选作用。当流量和流速逐渐减少时，大石砾沉积在上游，而小粒径泥沙沉积在下游。当径流流量及流速进一步减小直至消失时，上游所产细颗粒砂粒来不及搬运而沉积在上游。所以，在土石山区独具特色的荒沟，处处是沙砾堆积和沉积。

当下次径流发生时，将上游沉积的细小沙粒又冲到下游，而上游又沉积较大沙砾的过程，叫交换作用。交换作用反复进行，荒沟由土砂沟道变成沙砾沟道，进而形成砾石或卵石沟道。分选作用和交换作用在荒沟中同时进行，在洪水季节发生大洪水时常常把荒沟边滩边岸肥沃土地中的细泥沙冲走，而后沉积大量粗砂或石砾，称为水冲砂压，是荒沟中土壤侵蚀对农田破坏的一种形式。

土石山区一般坡陡土层薄，不宜农田耕作，可用作草地或林地，以发挥吸收、分散和调节径流的作用，防止坡面发生土壤侵蚀。如果土石山区的植被被破坏后，一旦发生土壤侵蚀，仅有的薄层土也被冲光，就会形成光山秃岭的景观。所以，对土石山区的水土保持工作应防重于治。因为光山秃岭其侵蚀模数无从计起，治理中生物措施无法实施，又因工程措施投资比较大，最积极的办法只能是封山育草育林，但在北方水热条件不足的干旱半干旱地区，其效果缓慢，在相当长的时间内仍将发生水土流失现象。

沟道径流含沙的多少，除与沟道环境条件有关外，还与沟道径流自身规律有关。固体含量多，径流流速小，冲刷能力弱；反之，冲刷能力强。当流速正好等于被冲物的抵抗力，这时的流速称为临界流速。当流速低于临界流速时，部分固体沉积，促使径流流速加快、侵蚀力增加，含沙量增加。如此反复就形成径流的脉动性。固体物质含量越高，脉动性越强烈，因而泥石流的脉动性最明显。

荒沟和侵蚀沟一样，分上游、中游、下游段，从上到下明显地划分为侵蚀区、过渡区和沉积区。在侵蚀区从坡面开始考虑减小流量、流速和增加抵抗力，沟底可筑石谷坊；过渡区是不冲不淤区，可利用工程措施缓洪截淤；而在沉积区，要规整流路，改造和扩大耕地面积。上述分区是大体轮廓，由于每次径流流量不同，沟道纵断面外貌不具规律性，侵蚀区与沉积区就很难截然分开。三个区的划分是根据荒沟径流总规律决定的，它对荒沟的防治、改造和利用有指导意义。

## （四）河道径流侵蚀阶段

就一条河流而言，是由众多侵蚀沟或荒沟的常流水汇积而成。沟广成涧，聚涧为溪，汇溪则河。河流通常分为河源、上游、中游、下游和河口五个部分，但它们之间没有明显界限。

河源是河流的开始，较大河流的河源都发源于深山地区。上游段紧接河源，一般流经山地高原，具有山区河道的特性。其下为中游段，多在丘陵地区，但也有部分处于平原区，是山区河道与平原河道的过渡段。下游是河流最下段，通常处于平原区，具有平原河道特性，河口是河流终点，较大河流都流入海洋，较小河流流入湖泊或流入较大河流，有的河流消失在沙漠之中，没有河口。

上述河流为一般环境条件下发源的河流。如果是大河流，往往是流经山区、丘陵、平原等交替出现的地形，不是有规律地分布，如黄河流经河套平原、黄土丘陵地区、吕梁山区、华北平原后才流入渤海。

## 三、下渗水

雨水降落在干燥的土壤表面上后，在分子力、毛管力和重力作用下，进入土壤孔隙，被土壤吸收，补充土壤水分，这个过程叫下渗。下渗水首先满足土壤最大持水量，多余的水在重力作用下沿着土壤孔隙向下运动，最后达到潜水面，补给地下水，这种现象叫渗透。

土壤中的水沿着土壤孔隙的稀薄气体扩散的势能差，导致了水在土壤中的水平运动。在水分饱和地带由位置水头差提供势能，而孔隙结构反而形成运动阻力。地面不同透水性浅层地下水，流速变化范围是 1 年 2m 到 1 日 2m。

下渗水可以减少地表径流，有助于减小因地表径流对土壤的侵蚀。同时，适度的下渗水对土壤发育、提高土壤肥力、增加有机物含量都有好处。渗透可以补给地下水，改善河川水文状况。

但是不适当的下渗水及下渗过程，会破坏土壤结构，降低土体抗剪力，形成有害的侵蚀作用。这里水力侵蚀的化学机理也起不少作用。

下渗水的侵蚀十分严重，而且面积广阔，使土地生产力下降。这种作用在可溶性物质含量较多时，如以石膏和硫酸镁为主的地区，由于淋溶作用，常常形成"苦水区"。还有岩溶侵蚀，因水沿石灰岩裂缝渗流，对岩石产生溶蚀，形成岩溶地貌。它可以造就神态万千、景象迷人的景观，但却给生产带来特殊困难，甚至给人畜饮水都带来严重问题。

在自然界中，由厚度不同的土体组成的地表斜坡的稳定性，是由土体的摩擦阻力、土粒间凝聚力和其上生长的植物根系的固持土壤作用来维持的。一旦受到外力作用，打破这种土体间的平衡，在重力作用下，就会引起土体或基岩的滑塌。这里所说的外力就是地震和下渗水的作用。地震使土体摇动而处于不稳定状态，下渗水则使土体间摩擦阻力和凝聚力减小，同时增加上部土体的重量，减小土体抗滑能力等。这是重力侵蚀发生的主要原因之一，又是通常发生重力侵蚀的最一般的原因。

因下渗水破坏土体稳定，在重力作用下发生的土壤侵蚀叫重力侵蚀。重力侵蚀形式很多，我们在前面已基本说明，这里不再重复。

土体中黏粒含量较少，以粗颗粒为主的松散土，内摩擦阻力的大小取决于内摩擦角的大小，而内摩擦角的大小，又取决于土体含水量和土体水动压力。当土体干燥时内摩擦角最大，当被下渗水浸湿后，内摩擦角骤减。当土体处于斜坡上，下部为不透水层时，上部土体为滑动层，二者之间存有大量积水，水中含有大量黏粒，这样水对滑动层产生扬压力，大量黏粒起到润滑剂作用，抗滑力大减。这种情况，内摩擦角稍微减小，滑动层在重力作用下也会滑塌。所以下渗水越多，内摩擦阻力越小。同时下渗水越多，产生土体不稳定力也越大。

土体内摩擦阻力大小还取决于土体结构、粒级大小和配比。一般而言，颗粒越粗的松散土，摩擦阻力越大。颗粒越粗吸收下渗水越快，但是持水能力很差，即土壤含水量小，所以下渗水对以粗颗粒为主的松散土摩擦阻力的影响不大，相对来说，黏土和砂质黏土虽然吸收下渗水很慢，但其持水能力很强。所以，下渗水对细颗粒为主的松散土摩擦阻力的影响很大。在以纯细粒组成的土体中，含水量在塑限以上时，内摩擦阻力接近于零。因此，内摩擦阻力在比较均质的细粒土体中作用力不大显著。

凝聚力是土粒间相互作用力，包括土粒间化学力、吸附力、电磁力以及热力等，并可在一定距离之间形成场势，在有机物分泌及参与下，还有阳离子交换过程产生的特殊的化学力，由于振动的偶极结合，即所谓的范德华力使细胶粒迅速被吸收而引起的机械作用力。

当含水量一定时，上述所有的力都在起作用，土粒间聚合倾向并耦合为一个整体力，使场势能量增加，塑性很强。但超过塑限含水量，上述所有的力会被水的化学性、物理性所隔离或破坏。这个凝聚力对土壤增加抗蚀能力有很大影响。

下渗水破坏土体下部的内摩擦阻力和凝聚力，同时下渗水增加土体上部的重量，使其重力侵蚀加速发生。当下部土体内摩擦阻力及凝聚力减小后，支承力下降，加之黄土地区垂直节理比较发育，容易形成垂直陡壁，在重力侵蚀作用下，往往大块大块地崩解塌落。尤其是侵蚀沟沟头前进，基本上属于垂直侵蚀的一种形式。

沟头前进的开始，往往形成微型天然跌水，出现天然跌墙。径流再次流入沟头时，对沟头底部进行冲击，对天然跌墙进行溅湿，并且侵淘，使跌墙跌落一层到沟头底部，被后来水携带，进而使天然墙又跌落一层。如此反复，最后被浸淘的跌墙空竭。当上部土体有裂缝渗流后重量增加，失去支承力的情况下陡然崩塌，又形成直立天然跌墙，变成原来的样子，这时沟头已前进了许多。这样，新的溅湿冲淘作用又开始进行。如此下去，沟头每年前进约 3 ~ 5m，剧烈地区每年前进 10m 以上。这就是黄土地区沟头前进的机理。

由于渗透水而产生的重力侵蚀，是土体中水分积聚的结果，所以，排出土体中过多的水分是防治滑塌的有效措施，水土保持工作中，大坡面全面地采用的排水措施，主要是利用森林的固土和强大的蒸腾作用，使水分循环加快，作用十分明显。

## 四、融冻、冰冻侵蚀和生物侵蚀

融冻侵蚀活跃于现代冰川地区。现代冰川是指在雪线以上的积雪，经过一系列的外力作用，转化为有层次的厚达数十米至数百米的冰川，它可沿着冰床缓慢地塑性流动和块体滑动，伸展到雪线以下形成冰舌，冰舌下降愈低，消融愈强，最后冰川冰停滞和消失，冰川在运动过程中配合寒冻风化、雪崩、融冻泥流等作用产生刨蚀、搬运和堆积。

在持续多年的冻土地带，因先融后冻而发生的侵蚀，叫融冻侵蚀。融冻侵蚀主要发生在高寒冻土地带，环境条件是低温偏湿，年温差 40 ~ 50℃，有冻土分布，在短暂的夏季有融雪水而产生的地表径流。处于永冻层以上的融化的物质发生流动时，固体物质含量很高，水与泥沙颗粒浑然一体，常常以泥流状形式出现。

短暂的夏季，因温度回升，在冻层上部的雪融化发生径流，同时降雨因在永冻层（地貌学冻结层）上渗透不良也发生径流。据内蒙古呼伦贝尔市甘河气象站观察，融雪径流和降雨径流同时发生在 5 ~ 10 月，使融冻侵蚀的泥流加剧发生。

高寒冻土地带，活动层上往往有一定的植物生长，由于人为活动量小，为天然次生林生长的林区，夏季地表消融几十厘米，所以根系分布在表层。当融雪径流和降水产生的径流在林内出现时，往往加重表层土体重量，加之林木本身的重量，其又处于冻结层上，因重力作用可在斜坡上发生滑动，造成所谓的醉林，即滑坡的一种形式。

高寒林区的不合理采伐，造成砍伐地成为裸地，在陡坡山脊上容易发生融冻径流侵蚀，采伐时不注意积材道的植被保护，形成裸地。在夏季由于太阳直射地面，使地面温度迅速回升并传入深层，形成的消融层比有林覆盖地区的要深，发生沉陷，在陡坡继而流动。顺坡的积材道上往往形成融冻侵蚀槽乃至侵蚀沟。冬季因冻结使融冻泥流停止发展，而冻胀侵蚀随即发生，使地表抬升，毁坏根系和土体结构，甚至沿床底塑性大块状移动，为第二年融冻径流侵蚀创造条件。如此反复消融—泥流—冻胀作用下，基岩裸露，地质时期形成下伏碎石又开始活化。

在季节性冻结地带，因季节性变化，冰冻与融化过程对土壤产生物理性侵蚀，叫冰冻侵蚀。冰冻产生膨胀（隆起）和收缩交替作用，可以破坏土体甚至岩石的结构，或者使土体内含水量增加，破坏其平衡和稳定，在重力的作用下，发生滑动或散落。如泻溜在初春发生最严重，就是由冰冻侵蚀所造成。

就地质侵蚀而言，短时间内很难被人觉察到，但经过长时间之后，即使微小或极其缓慢的变化也会引起惊人的后果。如岩石因温差变化而碎裂或剥落，就是因为温差变化可以使岩石内部裂缝，降雨后渗流其缝内，当温度降低结冰时，因冰的反膨胀而加速岩石内部碎裂。吸水率很高的岩石，如砂岩就更容易因冻胀而破裂。岩石的碎裂、剥落、风化为土壤侵蚀提供物质来源。

冰冻侵蚀可以使坡面上大块石向下移动坠落，叫坠石。当岩石与地面之间有很厚的土层时，若土层中又有大量水分，冬天来临时因冰冻而隆起，使块石与地面间的距离增大，块石沿隆起方向抬升。当夏季来临时，因冰消岩石沿重力方向下沉，下降方向不是与地面垂直，所以岩石向前移动。如此年复一年，石块逐渐移向沟沿，最终落入沟内。冰冻侵蚀在我国北方广阔地区普遍存在，也比较严重，南方凡是冬季结冰地区也会发生，但不严重。

生物侵蚀大部分属于正常侵蚀之列，如地衣与苔藓对岩石表面的破坏，可以风化岩石为土壤。低等动物或昆虫在土中扰动，增加土壤通透性，变地表径流为地下潜流。树根可以对周围岩石产生 $10 \sim 15 \mathrm{kg/cm^2}$ 的压力，起到楔子作用，加速岩石风化。但动物活动，往往造成大量的土壤侵蚀，如我们所说的"千里之堤毁于蚁穴"。

# 第四节　土壤侵蚀的影响因素

## 一、气象因素

气象因素中所有的因子都从不同方面或不同程度上影响土壤侵蚀。其中有影响关系密切的，如降水与风的作用，尤其是降雨中的雨强、雨量、雨滴大小、季节分布等，与土壤侵蚀有直接关系；还有降雪、温度、日照等与土壤侵蚀有间接关系，主要通过植物生长、岩石风化、成土过程或发育状况反映。

## （一）降水

从气象学观点看，降水包括降雪与降雨。它们都是引起土壤侵蚀的直接因子。因为降水直接产生雨滴击溅、地表径流和下渗水，因此它是土壤侵蚀过程的基础。

### 1.降雨量

一般来说，降雨量多的地区，发生土壤侵蚀的潜在危险就大，反之则小。分析年平均降雨量资料对研究该地区土壤侵蚀发生发展规律具有十分重要的意义。

就气象因素而言，降雨量大的地区，热量及其他环境因素也较好。而良好的水热条件可以为植被生长创造条件。所以我国南方地区降雨量虽比黄土地区大，但土壤侵蚀量比黄土地区小，所以降雨量与侵蚀量在一定条件下关系并不密切。同一数量的降雨，在不同时期和不同地区，侵蚀量都不相同。这都是因降雨量不同，而导致其他因素相应改变，从而改变了土壤侵蚀的严重程度。在水热条件不良的地区，即使年平均降雨只有300mm，由于环境因素及降雨特征的原因，反而会引起较严重的土壤侵蚀。因此，单纯以降雨量来说明该地区土壤侵蚀是否严重是不够的，还要看其他因素和因子的状况如何。

### 2.一次降雨

不是所有的降雨量都会引起土壤侵蚀，而是一次降雨量多少，对土壤的侵蚀量有显著的影响。一次降雨量愈多，雨滴击溅能愈大，产生地表径流的可能性越大，下渗水越少，土壤侵蚀量自然而然越大，这是显而易见的。反之土壤侵蚀量较小。

### 3.雨强

雨强即降雨强度，就是单位时间内的降雨量。一般用1min、3min、5min、10min、30min、60min、12h、24h、72h为单位时间计算。

暴雨是造成严重土壤侵蚀的主要因子。这是因为暴雨量往往超过土壤渗透量，容易产生地表径流，而且暴雨雨滴大，动能也大，击溅作用强，往往造成土壤侵蚀的突出的因子，常常会造成巨量的水土流失。

降雨强度的大小是影响土壤侵蚀的重要因子，10～30min最大降雨强度是产生土壤流失最重要的参数指标（西北水保所）。但在降雨强度相等的情况下，还取决于雨滴大小。

### 4.雨滴

下落的雨滴具有一定的动能，雨滴越大动能越大。通常以暴雨形式出现的雨滴直径较大。在前面雨滴击溅中已清楚地说明，雨滴溅散土粒是面蚀的主要机理之一。

雨滴与降雨强度有密切关系。一般暴雨其雨滴也大。在雨强为每小时50 ~ 100mm 和超过每小时 200mm 时，直径 4mm 以上的雨滴占较大的比例，在其他雨强时，小雨滴（< 0.25mm）则较多，说明雨强在 100 ~ 200mm 的雨滴直径较小，所以雨滴动能不是随雨滴直线上升的而是呈波状。

5. 前期降雨与降雨季节分布

前期降雨与降雨季节分布是影响土壤侵蚀的重要因子。充分的前期降雨，使土壤含水量达到饱和状态，再遇暴雨就会产生强大的地表径流，则可能发生最严重的泥石流，或者山洪暴发，从而给人民生命财产带来严重危害。这在我国各地都有过惨痛的教训。

降雨的季节性分布，影响降雨量且控制着该地区植被生长状况和土壤水分消耗，所以降雨季节性分布有着重要意义。有较多的地区，年内降雨分布不均，存在集中降雨季节，叫雨季。它往往集中全年降雨量的 50% 以上，有的地区可达 70%，雨季一般分布在 7、8、9 三个月，这之前是旱季，之后降雨稀少。降雨量集中的季节，土壤侵蚀量最多。据天水水土保持试验站观测，4 ~ 8 月降雨量占全年降雨量 59.1%，而这期间径流量及侵蚀量分别占全年的 96.8% 和 94.4%。雨季前水土保持工作应以预防为主，雨季后应以治理为主，所采取措施也不尽相同。水土保持工作者应根据降雨规律采取相应的对策，亦即因时制宜。

6. 降雪

降雪对土壤侵蚀影响较大。尤其在北方和高山冬季积雪多的地方，由融雪水形成地表径流取决于积雪与融雪的过程和性质。

降雪或积雪受到风力吹蚀（不同的地形条件起再分配的作用），尤其在凹地和背风坡常有很厚积雪。到了春季，气温回升很快，上层积雪融化为径流，而下层还处于干冻结状态，径流无法渗透，以很快流速沿冰雪层向下流动，含泥沙较多时，往往形成严重泥流。

## （二）风

风是形成土壤风蚀和风沙流动的动力。这个问题在有关专业书籍已有详细的介绍，这里主要介绍与水蚀有关的风的作用。

风对岩石起风化作用，在其他气候因子配合下，可以强烈地剥蚀岩石表层，为地表径流提供物质来源。风还对降雪起再分配作用。更主要的是风对降雨有非常大的影响：其一，加速雨滴末速度，增加溅散能力；其二，增加溅散土壤搬运距离；其三，当风速达 16km/h，降雨减少 16%，风速达 48km/h，减少降雨60%。主要是因风力有破碎雨滴，使雨滴随风长距离飘荡的作用造成的。

由上可知，风对土壤的侵蚀（指水蚀）一般起间接作用，而且对土壤的侵蚀量因风的存在有增有减。即使对土壤侵蚀量有所增加，幅度也不会太大，因此风对土壤的侵蚀，作为风蚀问题另有专门研究。至于风通过水蚀对土壤的侵蚀是否应该当作主要因子来加以考虑，还要看今后的发展来定。

### （三）其他气候因子

温度变化可以影响岩石风化，融化雪水形成地表径流。温度对土壤侵蚀的直接作用是参与重力侵蚀，当土体和基岩中含有一定的水分，温度又反复在 0℃附近变化时，影响更明显。春季回暖前后，是泻溜、崩塌最活跃的时期，而温度是重要的诱因。水温对径流有很大影响，是多种激发力之一。

湿度包括土壤湿度和空气湿度，同样对土壤侵蚀有影响。它对土壤发育、结构、岩石风化，植物生长等有直接或间接的关系，总的趋势是促进土壤侵蚀，但作用不大明显。最直接的影响就是泻溜，没有湿度参与，不可能形成片状散落。

总的来讲，湿度不是影响土壤侵蚀的主要因子，不如温度影响强烈，但比起降水，温度也不是主要因子。所以，从气候条件分析，降水中降雨是最重要的侵蚀因子，它在风、温度、湿度等参与下，对土壤侵蚀更为强烈。降雨除去击溅发生土壤侵蚀外，还取决于可能发生径流和下渗状况，而降雨发生径流或下渗还需由地形、土壤、植被等因素来决定。

## 二、地形因素

地球表面高低起伏的总和，称为地形。若从发生学的观点看，探求地形成因、发展和分布规律所研究的地形称为地貌。

地球表面在内外营力的作用下，始终不停地变化，虽然变化的过程一般较为缓慢，但在悠长的地质时期中将形成造山成海、海陆变迁等巨大的变化。陆地表面的起伏不平也正是此种作用的结果。

在地貌形成的外营力中，水的作用是非常显著的。早在人类出现以前，降落在地面上多余的水总是由高就低汇流而下，最后流入海洋或湖泊，每当地球气候由冷变暖时，陆地上的冰雪大量融化，于是产生了现代难以想象的巨量流水。上述两种情况下产生的径流必然产生冲刷，并造成十分严重的土壤流失。当然这种巨量的水蚀在发生土壤侵蚀的过程中，对塑造地形起着很重要的作用，如广大的冲积平原就是土壤侵蚀的历史功绩。这种对原有地形巨大的塑造，为人类社会生产、生活乃至于生存产生了深刻的影响。

现在地球的地形轮廓是最后一次冰期之后大量融雪水的侵蚀而塑造的，其后逐渐生长繁殖了植物和其他生物。当人类在地球上出现之后，长期形成的原始地形就成为人类赖以生存的基地，同时也是土壤侵蚀发生和发展的基地。

原始地形是比较复杂的，就陆地而言，有高原、山地、平原、盆地等；就山地而言，有高山、中山、低山，还有丘陵。地形的变化反映在高程上。它的复杂程度也影响了土壤侵蚀的复杂程度，但还是有一定的规律可循，地形总是由分水线、斜坡和水文网系统三部分组成。

由相反方向倾斜的两块地面之间的最高点是分水点，联结分水点的线叫分水线。分水线附近地段有时有面积很大的平坦地面（如平原和高原），但更多的是突起的峰顶和鞍部相互交替的地形，成为山区和丘陵。

分水线是地表径流集中的边界，决定着承受雨水或汇集地表径流的面积。分水线附近除受雨滴的击溅在一定条件下可以发生土壤板结和层状面蚀外，主要是水分保蓄不易，加上风蚀严重，土薄干旱较为突出，还有霜冻及其他灾害，一般不宜作为农业用地。尤其是尖削的分水岭，灾害更为突出。水土保持工作也很难实施。

斜坡有时叫坡面，它和水文网的结合，是形成该地区土壤侵蚀的关键地形。其中斜坡是处于分水线以下和水文网以上的中间地段，所占面积最大，而且绝大部分起伏不平，是山丘地区生产活动的基地，也正是土壤侵蚀发生发展的基地。

在较为平坦的土地上，土壤在水蚀作用下，容易因淋溶引起结构破坏或土壤退化，而土粒发生位移尚不容易，但在风蚀的情况下，土粒位移是显而易见的。所以，比较平坦的土地发生土壤侵蚀，从广义上讲，是完全可能的。但斜坡地形肯定有一定坡度，有坡度就要发生地表径流，土壤侵蚀随之发生，这要由坡度大小而定。有些学者提出，在黏质土的坡度达到 $0.5° \sim 1°$ 时，砂质土的坡度达 $1° \sim 2°$ 时，土壤侵蚀就可发生。陆地上小于上述坡度的斜面很少，所以，凡是斜面，以地形而论，就要发生土壤侵蚀，这几乎是一条规律。另外，斜坡地形所占面积很大，所以斜面是我们研究影响土壤侵蚀的主要地区。其中地表形态中的坡度、坡长、坡向、坡形、基准面、沟壑密度、微地形、流域形状、流域面积等，在土壤侵蚀过程中起着相当重要的作用。尤其坡度是地形因素中影响土壤侵蚀最突出的因子。

# 三、土壤因素

土壤在侵蚀过程中是被破坏的对象。土壤侵蚀首先是在地壳最表层土壤层中进行的，然后切入其母质或基岩。

土壤被侵蚀的严重程度，首先取决于土体所处的环境条件。例如，前面讲过一粒粉砂，在平地上要把它冲刷，需要 0.35m/s 以上的径流流速。而同样一粒粉砂，在有 30° 坡度的斜坡上，从理论上讲只需 0.18m/s 的径流流速就可以把它推移。因此前面所讲的气候、地形因素的所有因子，都与土壤抵抗能力有直接的关系。其次，土壤侵蚀严重程度还与土壤经营状况有密切关系。根据中国地理研究所陈永宗对黄土高原的调查，土地利用方式不同，其水土流失量差别很大，在同地区同流域内，以农业用地的水土流失量最大，一般比林地、牧地和天然荒坡大1 ~ 3 倍。究其原因，不同的经营条件，土壤发育状况相差很大。多数学者研究证明，森林土壤处于胶体状态，形成所谓水、肥、土交融体，抗蚀能力最大。交融土抵抗能力大，是由其土壤本身特性决定了的。所以，目前中外许多学者对土壤本身特性与土壤侵蚀的关系研究得很多，也很深刻。

土壤的特征包括土壤颗粒大小和团粒结构、透水性等。

## （一）土壤颗粒大小和团粒结构

土壤颗粒大小是影响侵蚀的重要因子。从单粒直径大小去研究，砂土和粗壤砂质土具有较高渗透率，如果砂粒直径超过 0.3mm，它们就不易被流水（尤其是漫流）侵蚀或遭受雨滴击溅。

土壤颗粒越小，它们的化学力、亲和力、电磁力、热力等表现得越好。土壤胶体之间有着很强的结合力。黏粒含量越大，形成水稳性团粒结构的可能性越大。小于 0.5mm 的团粒结构比例越大，土壤的可蚀性越大。由于砂土中的团粒结构很容易水解，所以模拟降雨试验中，砂质土比黏质土更容易侵蚀。

土壤黏粒含量与土壤侵蚀总量之间存在一种直接关系。土壤侵蚀量随着黏粒含量增加而增大。黏粒或胶体含量高，土壤发育得好，形成团粒结构的比例越大。团粒结构具有较大直径单粒、渗透率高的特点，而且团粒间有很好的结合力，不易被冲蚀。

土壤颗粒大小和团粒结构还影响土壤透水性、抗蚀性、抗冲性。所以，研究土壤的机械组成是有重要意义的。

## （二）土壤透水性

土壤之所以能被地表径流冲蚀，主要是因为地表径流具有动能，动能大小与流速的平方和流量的一次方有关。而流量的大小，除去降雨、地形因素影响外，与土壤本身透水性有很大关系。因此，土壤透水性是影响土壤侵蚀的主要因子之一。土壤透水性强弱主要取决于土壤的机械组成、结构性、孔隙率、土壤湿度、土壤剖面和土地利用状况等。

# 四、地质因素

地质因素中，岩性、构造运动和基岩参与侵蚀的形式对土壤侵蚀影响最大。据水利部黄河中游治理局统计的资料表明：黄土高原中游地区有 20% 左右的泥沙来自岩石风化产物和悬崖陡壁。

## （一）岩性

由于岩石的基本特性，风化过程及其产物形成的土壤类型对抗蚀能力影响很大，从而与形成各种侵蚀形式及活动也有密切关系。岩石的特性很多，其中岩石的风化性、岩石的坚硬性、岩石的透水性与土壤侵蚀有直接关系。

1.岩石的风化性

岩石的种类不同，风化换质的难易程度大不一样。因岩石的形成过程及其矿物组成不同，有的属于物理风化，有的为化学风化。如花岗岩和花岗片麻岩等结晶岩，主要矿物是石英和长石，其结晶颗粒大，节理发育，在温度变化的影响下，由于各种矿物的膨胀系数不同，易于发生相对错动和碎裂，促进风化作用。风化层较厚，我国南方花岗岩风化壳一般厚 10 ~ 20m，主要含石英、黏粒少、结构松散、抗蚀能力弱。而含硅酸盐多的岩石物理风化很难。

化学风化难易主要取决于胶结物质。以钙质胶结的易风化，硅质胶结的难风化，沉积岩石含铁较多，节理发达的易风化。易风化也易侵蚀，难风化也不易被侵蚀。根据江西修水县水土保持局调查，沉积性质的岩类水土流失面积占基岩面积的比率比岩浆岩和变质岩都大，说明沉积岩类易风化，土壤侵蚀也严重。

2.岩石的坚硬性

坚硬的岩石可以抵抗很大的冲刷力，阻止沟壁扩张、沟底下切和沟头前进，并延缓沟头以上坡面的侵蚀。纵然形成沟，其沟身狭小，沟床跌水很多。而岩体松软的黄土、红土，抗侵蚀能力较差，抵抗不了较大径流的冲刷，沟道形成速度很快，可以把黄土坡面切割得支离破碎。红土比黄土黏重紧实，其沟蚀比黄土要缓慢，但往往有特殊形式的土壤侵蚀发生，如泻溜、滑坡等。

我国还分布有较大面积的未胶结岩石，如内蒙古敖汉旗境内的疏松砂岩、准格尔旗境内的砒砂岩等。它们易风化或极易风化，硬度很低，分别是辽河和黄河粗泥沙的主要来源区。岩石的坚硬性不同，其形成的侵蚀沟横断面区别很大。

3. 岩石的透水性

这一特性对于降水的渗透、地表径流和地下潜水的形成及其作用影响很大。例如，把黄土作为土状岩石来研究，其孔隙度大，透水性最强。还有裂隙发育的岩石，透水性较强。而红黏土是透水性最差的岩石，还有四川的红色泥岩，龙门山的千杖岩、板岩等，都属弱透水岩石。不透水岩石是造成很高径流系数的主要原因，容易形成光山秃岭。

## （二）新构造运动

新构造运动是指喜马拉雅运动中主要褶皱期第三纪中期以后的运动，特别是指第四纪与现代的地壳运动而言。它的作用：一方面可以使侵蚀基准发生变化；另一方面可以使岩石层次发生倾斜。

1. 侵蚀基准变化

一般是土壤侵蚀严重的地区，地面上升运动比较显著，如黄土高原应当是其中一例。显然，侵蚀基准下降，就会引起这个地区侵蚀的复活或加剧。也有的地区在下降，如内蒙古的河套地区，侵蚀基准相对抬高，土壤流失量显著减少。但由于该地区排水不良，地下水上升，盐渍化严重，造成土地生产能力下降，土壤退化，同样属土壤侵蚀范畴之内。所以，新构造运动是造成土壤侵蚀加剧的主要根源之一。

2. 岩层倾斜

新构造运动，可以使地表层次发生明显变化，也可以使岩层倾斜，从而导致土壤侵蚀程度有显著的差别。当岩层倾斜与山腹倾斜方向一致时，在倾斜角度较大的情况下，随层次变化而有利于崩塌和滑坡的形成。尤其表层为易风化岩石时，可能发生严重的土壤侵蚀。当岩层倾斜方向与山腹倾斜方向垂直时，则节理起主要作用，也可能发生崩塌，但规模不大，常以坠石、土溜发生为主。

上下两岩层呈不整合接触，而且下层岩层表面不平，层间摩擦阻力很大，就不会形成上述泥石流的发生。

上下岩层成整合接触，岩层与山腹倾斜方向一致，而且岩层倾斜与地面构成的倾斜角很大，当下伏基岩为不透水层，下渗水在两层间形成水动压力，甚至两层中间有大量黏性胶结物，遇水软化而形成润滑剂，上述几个条件全部具备，严重的甚至剧烈的土壤侵蚀定然发生。

### （三）基岩参与侵蚀和形式

1. 直接参与侵蚀

直接参与侵蚀指不同的岩石被侵蚀的过程、形式及其特征。不同特性的岩石，侵蚀状况不同。它们被侵蚀的形式通常有五种。

第一，土状岩石与一般土壤侵蚀的形式一致。

第二，致密泥质岩，以泻溜形式为主，如红土。

第三，未胶结层状岩石多以沟蚀为主。

第四，坚硬岩石主要是以风化剥蚀和山体崩塌形式出现。

第五，上下两层岩石处于整合接触，通过表层风化速率、土力学结构、层界面透水性等方面表现出来。它们最严重的土壤侵蚀，一般以滑坡形式为主。

2. 间接参与侵蚀

由于下伏基岩的影响导致表层物质被侵蚀的过程，视为间接参与侵蚀。间接参与也有五种表现形式。

第一，通过岩石长期的风化剥蚀过程影响坡面地形状况的变化，而地形因素又是影响土壤侵蚀发生发展的关键。

第二，岩石风化产物的性质决定其抗蚀能力及其植被生长发育条件，而风化产物及其植被因素又是影响土壤侵蚀严重程度的关键。

第三，岩石本身的微结构决定其产流能力大小。

第四，上下两层岩石整合接触，导致上层发生土壤侵蚀，也可以视为间接参与侵蚀的过程。

第五，下伏基岩不断被侵蚀，使上覆物悬空而崩塌，是地质间接参与土壤侵蚀的一种形式。

关于地质因素影响土壤侵蚀的问题，是比较复杂的，有待进一步深入研究。例如，南方的崩岗侵蚀、岩溶侵蚀等，如果细致分析，可谓情形各异，成因复杂。还有地质因素影响的个别地区，土壤侵蚀形成的"砂垒子""鸡窝土"等，也是我们水土保持工作者研究的对象，应给予重视。

# 第五节 我国土壤侵蚀类型分区

我国地质地貌及气候特点构成了各种类型土壤侵蚀发生的基本条件。由于各地自然条件和人为活动不同，形成了许多具有不同特点的土壤侵蚀类型区域。根据我国的地貌特点和自然界某一外营力（如水力、风力等）在较大区域起主导作用的原则，我国的土壤侵蚀类型区主要分三大类，即水力侵蚀为主的类型区、风力侵蚀为主的类型区和冻融侵蚀为主的类型区。

## 一、以水力侵蚀为主的类型区

这类土壤侵蚀类型区内，从高原、山地、丘陵连同其附近的平原，是我国目前工农业生产的主要地区。认识并掌握它们的自然概况及土壤侵蚀特征，因地制宜地进行水土保持治理，有着重大的政治和经济意义。

按照自然环境和水土流失特点，将水力侵蚀类型区分为东北黑土区、北方土石山区、西北黄土区、南方红壤区、西南岩溶石漠化区、北方农牧交错区和长江上游及西南诸河区 7 个片区。

### （一）东北黑土区

东北黑土区位于我国东北地区的松花江、辽河两大流域中上游，土地面积 $10^3 \times 10^4 \text{km}^2$，涉及黑龙江、吉林、辽宁和内蒙古 4 个省（自治区），是大兴安岭向平原过渡的山前波状起伏台地，我国主要的商品粮生产基地之一。

这个地区内除大小兴安岭林区以及三江平原外，其余均有不同程度的土壤侵蚀（包括风蚀）。这一类地区，又可分为低山丘陵和漫岗丘陵两类。还有个别地区出现沙地，如嫩江和乌裕河下游是由高低河漫滩沙质沉积物而形成。

1. 低山丘陵

主要分布在小兴安岭南部的汤旺河，完达山西侧的倭肯河上游，牡丹江上游，张广才岭西部的蚂蚁河、阿什河、拉林河等流域，吉林中东部的低山丘陵也属此类。这一带已开垦超过百年，坡耕地较多，大于 10° 以上的坡耕地也有，加之该地区雨量大，故有很大的侵蚀危险性。但由于植被覆盖率高，次生林较多，土壤侵蚀多属轻度和中度的面蚀和沟蚀，局部地区则侵蚀较为严重。例如，牡丹江地区，原有森林暗棕色土深 50cm 以上，腐殖质含量在 5% 以上，但侵蚀后土层显著下降，腐殖质含量也降低，表土每年流失深度 0.5 cm，每平方千米每年流失量 3000 ~ 5000 t。就吉林市所属各县，明显受侵蚀的土地占总土地面积的42.5%，遭受侵蚀的耕地占总耕地的 23.2%。根据辽源水土保持站观测，7° 的坡耕地每年流失量为 3300t/km²；坡度 12° 的为 4550 t/km²。总之，这一地区降雨量大，一旦植被破坏，就会造成严重的土壤侵蚀。因不合理利用土地，该地区曾发生过严重的泥石流，当地叫啸山。

2. 漫岗丘陵

漫岗丘陵为小兴安岭山前冲积洪积台地，是波状起伏地形。海拔低，相对高差在 10 ~ 40m，丘陵与山地界线明显。这一带原是繁茂的草甸草原，经人类的开垦，垦植指数达 70% 以上，土壤侵蚀面积大，分布多达 20 多个县，是我国东北黑土侵蚀有代表性的类型，其中以嫩江支流乌裕尔河、雅鲁江及松花江支流呼兰河流域最为严重，如克山、拜泉、克东、望奎、北安、依安、海伦、龙江等县土壤侵蚀面积较广。

黑土漫岗地区，坡度较缓，多数在 2° ~ 4°，一般在 7° 以下。但坡面长，多为 1000 ~ 2000m，最长达 4000m，汇水面积大，往往使流量流速增大。原来的黑土理化性质远比现在好，现在受多年耕作影响，耕层以下形成 5 ~ 6cm 的犁底层。此层异常坚实，容重 1.5 ~ 1.6N/m³，透水速度 2.5 ~ 2.8mm/h，是原来渗透速率的 2.6% ~ 9%。黑土中的心土及母质层是黄土性黏土，透水缓慢。因此，在春季雪水及夏季大暴雨（最大日降雨量达 120 ~ 160mm，最大降雨强度为 1.6mm/s）影响下，加速了黑土漫岗地的侵蚀速率，尤其容易发生面蚀和沟蚀。沟蚀严重程度随着开垦时间延长而增加，沟谷密度一般为 0.5 ~ 1.2km/km²，沟头前进速度每年达 1m 左右，最快为 4 ~ 5m。

黑土经严冬干旱冰冻之后，更为细碎，甚至土细如面，所以春天最易风蚀，一次大风可吹蚀 1 ~ 2cm。所以，有许多地方，表层黑土已经流失殆尽，心土露出地表，称为"破皮黄"。因其理化性质相当差，促使土壤侵蚀进一步发展。这些地方，垦种十几年以后就要撂荒，如克山县以北古北乡因土壤侵蚀而弃耕约57 公顷，平均年弃耕约 7 公顷。

## （二）北方土石山区

北方土石山区主要分布在松辽、海河、淮河、黄河四大流域的干流或支流的发源地，共有土石山区面积约 7.5 × 10⁵km²，其中水土流失（主要是水蚀）面积 4.8 × 10⁵km²。本区暴雨集中，山丘高原侵蚀面积大（50% 以上），高差在500 ~ 800m，植被盖度低。地表组成物质石多土少，石厚土薄，岩石出露多结构松散，土壤主要有黄土、棕壤和褐土，结构松散，沙性强，有机质含量低，土层薄（小于 50 cm）。本区土壤侵蚀类型复杂，水蚀、重力侵蚀和风蚀交错进行，相间分布。侵蚀强度大，每年平均流失土壤厚度 1.0 ~ 3.0cm。土壤侵蚀的分选性强，即细粒流失，粒径小于 0.5 mm 的细粒损失大，形成山丘侵蚀、平原淤积的现象。

由于土层薄，裸岩多，坡度陡，沟底比降大，暴雨中地表径流量大，流速快，冲刷力和挟运力强，经常形成突发性"山洪"，致使大量泥沙砾石堆积在沟道下游和沟外河床、农地，冲毁村庄，埋压农田，淤塞河道危害十分严重。由于水土流失，坡耕地和荒地中土壤细粒被冲走，剩下粗粒和石砾，造成土质"粗化"，有的甚至岩石裸露，不能利用（石化）。

### （三）西北黄土区

西北黄土区指黄河上中游黄土高原地区，西起日月山，东至太行山，南靠秦岭，北抵阴山，总面积 $6.4 \times 10^5 km^2$，包括青海、甘肃、宁夏、内蒙古、陕西、山西、河南 7 省（自治区）50 个地（市），水蚀面积约 $4.5 \times 10^5 km^2$。本区黄土土质疏松，垂直节理发育，地形破碎坡陡沟深，沟谷密度大，降水集中，植被稀少，坡耕地面积大，耕作粗放。

西北黄土区水蚀类型全，面蚀、沟蚀严重，重力侵蚀活跃，全年的土壤侵蚀集中在几场暴雨期间。河流含沙量高，侵蚀输沙十分强烈，一般土壤侵蚀模数为 5000 ~ 10 000t/km²·a，有的甚至高达 20 000 ~ 30 000t/km²·a。多年平均输入黄河的泥沙量达 $1.6 \times 10^9 t$。水土流失面积之广、强度之大、流失量之多堪称世界之最。该区水土流失最为严重的为多沙区，面积 $2.12 \times 10^5 km^2$，多年平均输入黄河的泥沙量为 $1.4 \times 10^9 t$，占黄河总输沙量的 87.5%。其中，多沙粗沙区面积为 $7.86 \times 10^4 km^2$，多年平均输沙量 $1.182 \times 10^9 t$，占黄河同期总输沙量的 62.8%，粗泥沙输沙量为 $3.19 \times 10^8 t$，占同期黄河粗泥沙总量的 72.5%；粗泥沙集中来源区面积约 $1.88 \times 10^4 km^2$，年均输入黄河的粗泥沙达 $1.52 \times 10^8 t$，对黄河下游的危害最大。

### （四）南方红壤区

南方红壤区主要分布在长江中下游和珠江中下游以及福建、浙江、海南、台湾等省。红壤总的分布面积约 $2 \times 10^6 km^2$，其中丘陵山地约 $1 \times 10^6 km^2$，水蚀面积约 $5 \times 10^5 km^2$，是我国水土流失程度较高而且分布范围最广的地类。

本区红壤黏粒含量高，渗透及抗蚀性强，以山地丘陵为主体，降水多，暴雨大，径流强，冲刷大，降雨侵蚀力大，该区植被易恢复。

本区潜在侵蚀严重，水蚀和泥石流分布广泛，水土流失面积相对较小，花岗岩及红层紫色岩分布区侵蚀严重，形成"崩岗"这种特殊的流失形态。由于树种单一、经济林下耕作扰动，人工林下侵蚀不容忽视。

南方红壤区水土流失淹没土地，淤积河床水库，造成洪涝、泥石流灾害。该区"八山一水半分田，半分道路和庄园"，山高坡陡，土层浅薄，一般坡耕地上的土层只有几十厘米，按照剧烈侵蚀 1.3cm/a 的流失速率，在 10 ~ 50 年，人们赖以生存的土壤资源会流失殆尽，土地将失去生产能力，潜在危险性很大。

## （五）西南岩溶石漠化区

西南岩溶石漠化地区以贵州高原为中心，分布于贵州、云南、广西、湖南、广东、湖北、四川、重庆 8 省（自治区、直辖市），总面积 $1.05 \times 10^5 km^2$，其中贵州、云南东部、广西考察区石漠化面积 $8.81 \times 10^4 km^2$，占石漠化总面积的 83.9%。西南岩溶地区是珠江和流向东南亚诸多国际河流的源头，长江的重要补给区，水土保持的地理位置非常重要。

本区碳酸盐岩出露面积较大（一般为 30% ~ 60%，局地达 80% 以上），气温高，降水多，旱涝交替明显。地势由西向东降低，以高原和熔岩地貌组为主，地形破碎，崎岖不平，坡地比例大，地下河网发育。以红壤、黄壤和石灰土为主，土层薄（20 ~ 30cm），不连续，成土速率慢（形成 1cm 土壤需 2500 年以上），植被盖度低。

西南岩溶石漠化区岩溶与机械侵蚀、地上与地下河侵蚀并存，流失强度大大超过成土速率，水土流失与石漠化区域差异显著。

本区石漠化面积大，可利用土地面积缩小，土层减薄，肥力降低，泥沙淤积地下河，秋季干旱，雨季洪涝水旱灾害同时发生。水利工程淤积严重，生物多样性降低，生态环境脆弱。

## （六）北方农牧交错区

北方农牧交错区包括 76 个县、旗、市，总面积为 $4.35 \times 10^5 km^2$，水土流失总面积为 $3.98 \times 10^5 km^2$。大致可分为西、中、东三段。

西段：北界狼山、乌拉山和大青山；西界贺兰山；南界白于山；东界五台山。因此，西段包括了晋西北和晋北地区。自然单元包括呼包平原、鄂尔多斯高原和晋北高原。

中段：南界大青山、大马群山（河北坝缘）；西界狼山；东界大兴安岭；南深入草原百灵庙—供济堂—敦达浩特（正蓝旗）一线。自然单元包括乌兰察布后山地区、锡林郭勒盟浑善达克沙地以南地区、河北坝上地区。

东段：西以大兴安岭、南以冀辽山地为界；北到洮儿河流域；东深入松辽平原西部。

本区降水稀少，风力较强，以高原丘陵为主，气候、土壤和植被过渡性特征明显。沙土、黄土由西向东组成变细，黄土由南向北为零星覆沙黄土、片状覆沙黄土、盖沙黄土和沙土。

本区植被由东北向西南依次分布有森林草原、典型草原和干草原植被类型；历史时期为纯牧业，逐渐过渡到农牧交错，有些地方甚至出现以农为主的土地利用方式。水力与风力侵蚀共同作用和季节的更替，导致风蚀水蚀交错侵蚀类型由西北向东南，由北向南明显过渡。西北和北部以风蚀为主，水蚀呈斑点状分布；南部以水蚀为主的地区，风蚀风积地貌也很发育，如覆沙黄土区。

水土流失不仅造成表土养分损失，导致土地生产力下降，而且大量洪水下泄和泥沙在江河下游淤积会造成河道、水库淤积，导致平缓地段的河床抬升，形成"悬河"，直接危及两岸人民生命财产安全。十大孔兑各流域均发源于水土流失严重的砒砂岩区，又流经沙漠，常常是水大沙多，一次洪水输沙模数可达 30 000 ~ 40 000t/km$^2$。风水复合蚀区干旱洪涝灾害严重，土地盐碱化、沙化不断扩大，沙尘暴频繁发生。

## （七）长江上游及西南诸河区

长江上游及西南诸河区包括长江上游和中国境内的西南诸河（雅鲁藏布江、怒江、澜沧江、元江和伊洛瓦底江），行政区域包括西藏全境、四川全境、重庆全境、云南非喀斯特区域以及贵州、甘肃、陕西和湖北的部分地区。涉及约 513 个县（市、区），其中西藏 73 个县、云南约 100 个县（不含石漠化区域）、贵州 59 个县、四川 180 个县、重庆 40 个县、甘肃 13 个县、陕西 30 个县、湖北 18 个县，总面积 2.593 6 × 10$^6$km$^2$。

长江上游地处我国一级阶地向二级阶地的过渡地带和青藏高原东南的延伸部分，西部和西北部是广大的高原和高山峡谷，东北部为秦巴山地，东南部为云贵高原，中部为四川盆地。地质构造复杂，晚近期新构造活动强烈，断裂带发育，地形起伏大，山高坡陡，岩层破碎，地势高低悬殊。降雨积雪多，侵蚀力强，土壤、植被类型多，分布差异明显，紫色砂岩抗蚀性弱，自然因素对侵蚀影响显著，人为因素如陡坡开荒和工程破坏等活动造成森林毁坏、植被退化，大大加剧了土壤侵蚀。

　　由于特殊的地质地理环境、复杂的地形地貌格局和气候气象条件，存在导致水土流失和泥石流、滑坡等山地地质灾害易于发生的诸多自然因素。在横断山区深切河谷地带，金沙江下游及嘉陵江上游，由于新构造运动活跃，断裂发育，岩层破碎，谷坡陡峭，加之降水集中，水土流失的一个重要特点是突发性的水土流失灾害，如泥石流、滑坡分布极为普遍，侵蚀量大，危害严重，损失巨大。

## 二、以风力侵蚀为主的类型区

　　据第三次全国土壤侵蚀遥感普查，全国风力侵蚀总面积为 $1.957 \times 10^5 km^2$，占国土总面积的 20.6%，分布在河北、山西、内蒙古、辽宁、吉林、黑龙江、陕西、甘肃、宁夏、青海、新疆、山东、江西、海南、四川和西藏 16 个省（自治区）。轻度、中度、强度、极强度和剧烈侵蚀的面积分别为 $8.089 \times 10^5 km^2$、$2.809 \times 10^5 km^2$、$2.503 \times 10^5 km^2$、$2.648 \times 10^5 km^2$ 和 $3.522 \times 10^5 km^2$，分别占风力侵蚀总面积的 41.3%、14.4%、12.8%、13.5% 和 18.0%。

## 三、以冻融侵蚀为主的类型区

　　根据第三次全国土壤侵蚀遥感普查，全国冻融侵蚀总面积为 $1.2782 \times 10^6 km^2$，占国土总面积的 13.5%，主要分布在内蒙古、甘肃、青海、新疆、四川和西藏 6 省（自治区）。轻度、中度和强度侵蚀面积分别为 $6.216 \times 10^5 km^2$、$3.050 \times 10^5 km^2$ 和 $3.516 \times 10^5 km^2$，分别占冻融侵蚀总面积的 48.6%、23.9% 和 27.5%。

# 第三章 水土保持工程措施

## 第一节 拦渣工程设计

水利水电工程建设项目在基建施工期和生产运行期造成大量弃土、弃石、弃渣和其他废弃固体物质时，必须布置专门的堆放场地，将其集中堆放，并修建拦渣工程。拦渣工程主要包括拦渣坝、挡渣墙、拦渣堤、围渣堰等。弃渣堆置于沟道内，宜修建拦渣坝；弃渣堆置于台地、缓坡地上，易发生滑塌，应修建挡渣墙；弃渣堆置于河道或沟道两岸，受洪水影响，应按防洪要求设置拦渣堤；弃渣堆置于平地上，应设置围渣堰。

## 一、弃渣场设计

### （一）弃渣场分类

弃渣场按堆存材料及弃渣性质划分为弃土场、弃石场、弃砂砾石渣场、弃土石混合渣场等四种类型，同时对不能利用或对环境有污染的建筑垃圾需要单独处理。不同类型的渣场因为弃渣物质组成有所不同而导致渣体物理力学参数不同，但不同弃渣场的稳定分析方法相同。

### （二）弃渣场选址

在主体工程施工组织设计土石方平衡基础上，综合考虑地形、地貌、工程地质和水文地质条件，周边的敏感性因素，占地类型与面积、涉及安置人数与专项设施数量及其投资，弃渣场容量、运距、运渣道路、防护措施及其投资，损坏水土保持设施数量及可能造成的水土流失危害，弃渣场后期利用方向等因素后，进行弃渣场选址。

弃渣场选址主要遵循如下原则。

1.科学布局、减少占地，力求工程建设经济合理

弃渣就近堆放与集中堆放相结合，尽量靠近主体工程布置，缩短运距，减少投资。本着节约耕地的原则，尽可能减少渣场占地，不占或少占耕地，减少损坏

水土保持设施。山区、丘陵区选择在工程地质和水文地质条件相对简单，地形相对平缓的沟谷、凹地、坡台地、滩地等布置渣场；平原区优先选择洼地、取土（采砂）坑，以及裸地空闲地、平滩地等布置渣场；风沙区布置渣场应避开风口和易产生风蚀的地方。

2. 充分调研、科学比选，确保工程本身稳定安全

弃渣场选址应确保主要建（构）筑物地段要具有良好的工程地质、水文地质条件，确保整体结构安全及稳定，避开潜在危害大的泥石流、滑坡等不良地质地段布置弃渣场，如确需布置，应采取相应的防治措施，确保弃渣场的稳定安全。

3. 全面论证、统筹兼顾，保证人民生命财产安全和原有基础设施的正常运行

对重要基础设施、人民群众生命财产安全及行洪安全、环境敏感区有重大影响的区域（如河道、湖泊、已建水库管理范围内等）不布设弃渣场。弃渣场不应影响河道行洪安全以及水库大坝、水利工程取用水建筑物、泄水建筑物、灌（排）干渠（沟）功能；不应影响工矿企业、居民区、交通干线或其他重要基础设施的安全。

若确需在河道管理范围内布置渣场，应根据河道流域规划及防洪行洪的要求，进行必要的分析论证，采取措施保障行洪安全和减少由此可能产生的不利影响，并征得河道管理部门同意。

4. 因地制宜、预防为主，最大限度保护环境

对周围环境影响必须符合现行国家环境保护法规的有关规定，特别对大气环境、地表水、地下水的污染必须有防治措施，并应满足当地环保要求。

5. 超前筹划、兼顾运行，有利于渣场防护及后期恢复

避免在汇水面积和流量较大、沟谷纵坡陡、出口不易拦截的沟道布置弃渣场；如确不能避免，则需经综合分析论证后，并采取安全有效的防护措施。在设计弃渣场时必须考虑复垦造地的可能性，考虑覆土来源。

## （三）弃渣场稳定分析

拦渣工程的首要设计问题，不仅仅是考虑挡墙的稳定性计算，还应考虑渣体本身的稳定性，特别是大型渣场，渣体本身的稳定性远远高于挡墙自身稳定的重要性。

弃渣场稳定分析指堆渣体及其地基的抗滑稳定分析。抗滑稳定计算应根据渣场等级、地形、地质条件，并结合弃渣堆置型式、堆置高度、弃渣组成及物理力学参数等选择有代表性的断面进行。

1. 计算工况

渣体抗滑稳定分析计算可分为正常运用工况和非常运用工况两种。

（1）正常运用工况：指弃渣场在正常和持久的条件下运用。弃渣场处在最终弃渣状态时，需考虑渗流影响。

（2）非常运用工况：指弃渣场在非常或短暂的条件下运用，即渣场在正常工况下遭遇Ⅷ度以上（含Ⅷ度）地震。弃渣完毕后，渣场在连续降雨期，渣体内积水未及时排除时的稳定计算按非常运用工况考虑。

2. 计算方法

弃渣场规模较小时，抗滑稳定计算可采用不计条块间作用力的瑞典圆弧法。但对于规模较大的均质渣体弃渣场，宜采用简化毕肖普法；对有软弱夹层的复杂情况渣场，宜采用满足力和力矩平衡的摩根斯顿 - 普赖斯法进行抗滑稳定计算。

抗滑稳定计算时的渣场基础和弃渣体的物理力学参数，应根据地质勘探资料、弃渣材料组成等，结合相关工程经验确定，对于重要的渣场应开展必要的试验来测定。

### （四）渣场基础处理

对于地表植被较好的渣场，为防止植被腐烂后形成软弱夹层，影响稳定，一般应在弃渣前清除地表植被。

弃渣场应避开大的构造破碎带，同时对小的破碎带和浅的软弱夹层进行必要处理，可采取挖除后堆置块石的方法。对有可能出现滑坡、坍塌的弃渣场，须根据工程地质、水文地质勘察资料，通过边坡稳定分析计算选择合理堆置高度和堆置边坡；对松软潮湿基础或有渗流影响的渣场，宜在堆渣之前挖导渗沟疏干基底，并设置块石或碎石垫层，也可将大块石堆置在最底层，以利排水和增加稳定性。

## 二、拦渣坝设计

### （一）坝址选择

坝址选择需要注意以下方面：

（1）河（沟）谷地形平缓，河（沟）床狭窄，有足够的库容拦挡洪水、泥沙和废弃物。

（2）两岸地质地貌条件适合布置溢洪道、放水设施和施工场地。

（3）坝基为新鲜岩石或紧密的土基，无断层破碎带，无地下水出露。

（4）坝址附近筑坝所需土、石、砂料充足，且取料方便，水源条件能满足施工要求。

（5）排渣距离近，库区淹没损失小，弃渣的堆放不会增加对下游河（沟）道的淤积，不影响河道的行洪能力和上游的防洪。

## （二）坝型选择

根据坝址区地形、地质、水文、施工、运行等条件，结合弃土、弃石、弃渣场的岩性，综合分析确定拦渣坝的坝型。拦渣坝按排洪形式可分溢流坝和非溢流坝；按筑坝材料分为土石坝、浆砌石坝和混凝土坝等。当土、石料来源丰富时，可利用土、石料或弃渣等修建碾压式土石坝。碾压式土石坝是将土石料用分层碾压的方法建成的用于渣体拦挡的坝，其工程造价较低。当渣场受地下水渗流影响时，可采用透水的碾压堆石拦渣坝，在坝体与弃渣之间设反滤层，在拦挡弃土、弃石、弃渣的同时，利用坝体的透水功能把坝前渣体内水通过坝体排出，以降低渣场内的地下水位。石料来源丰富，地基承载力较大时，可选择浆砌石坝或混凝土坝。

不同类型的坝型特点如下。

1.碾压式土石坝

特点：建筑材料来源丰富；可适用于土基在内的多种地基，基础处理工程量较小；配套排水设施投入低；工程适用范围广，后期维护便利；施工简便，投资低。

适用条件：碾压堆石拦渣坝对工程地质条件的适应性较好，对大多数地质条件，经处理后均可采用，但对厚的淤泥、软土、流沙等地基需经过论证。

筑坝材料来源：筑坝材料优先考虑从弃石渣中选取；也可就近开采砂、石料、砾石料。

施工条件：由于该坝型工程量较大，为满足弃渣场"先拦后弃"的水土保持要求，坝体需要在较短的时间内填筑到一定高度，施工强度较大，对机械化施工能力要求较高。

2.浆砌石拦渣坝

特点：坝体断面通常采用重力坝，相对于梯形的碾压式土石坝要小很多，主要建筑材料石料可就地取材或取自弃渣；雨季对施工影响不大，全年有效施工工期较长；施工技术较简单，对施工机械设备要求比较灵活；工程维护较简单。

适用条件：基础承载力较高，一般要求岩石地基。适用于筑坝石料丰富的地区，亦可从弃渣中选取。

坝址选择：坝址选择原则和要求基本与混凝土坝相同，但需考虑筑坝石料来源。

筑坝材料：浆砌石拦渣坝的筑坝材料主要包括石料和胶凝材料。石料要求新鲜、完整、质地坚硬，常用石料有花岗岩、砂岩、石灰岩等。浆砌石坝的胶结材料应采用水泥砂浆和一级配、二级配混凝土。水泥砂浆常用的强度等级为 M7.5、M10、M12.5 三种。

3. 混凝土拦渣坝

特点：混凝土拦渣坝坝型通常采用重力坝，宜修建在岩基上，适用于堆渣量大、基础为岩石的截洪式弃渣场，具有排水设施布设方便、便于机械化施工、运行维护简单的特点，但筑坝造价相对较高。

适用条件：混凝土拦渣坝对地质条件的要求相对较高，一般要求坐落于岩基上，要求坝址处沟道两岸岩体完整、岸坡稳定；对于岩基可能出现的节理、裂隙、夹层、断层或显著的片理等地质缺陷，需采取相应处理措施；对于非岩石基础，需经过专门处理，以满足设计要求。

施工条件：混凝土拦渣坝筑坝所需水泥等原材料一般需外购，需有施工道路；同时为了满足弃渣场"先拦后弃"的水土保持要求，坝体需在较短的时间内完成，施工强度大，对机械化施工能力要求较高。

### （三）防洪标准

项目及工矿企业的拦渣坝，应根据库容或坝高的规模分为五个等级，各等级的防洪标准参照《防洪标准》（GB 50201-2014）的规定选择确定。

拦渣坝一旦失事会对下游的城镇、工矿企业、交通运输等设施造成严重危害，应比规定确定的防洪标准提高一等或二等。对于特别重要的拦渣坝，除采用一等的最高防洪标准外，还应采取专门的防护措施。

沟道中的拦渣坝防洪标准参照水土保持治沟骨干工程的防洪标准。

对于某些水利水电建设项目，可根据本身的重要性，另定较高的标准，使其防洪标准与项目主体工程的防洪标准相适应。

### （四）设计洪水计算

应依据《水利水电工程设计洪水计算规范》（SL44-2006）进行分析计算；对于无资料地区的设计洪水，应依据各省（自治区、直辖市）编制的《暴雨洪水图集》，以及各地编制的《水文手册》所提供的方法进行多种计算，通过分析论证选用合理的成果。

当拟建工程上游无设计标准较高的坝库时，采取单坝调洪演算；当拟建工程上游有设计标准较高的坝库时，采取双坝调洪演算。

## （五）坝高与库容确定

拦渣坝的坝高由总库容确定，拦渣坝总库容由拦渣库容、拦泥库容、滞洪库容三部分组成。

1. 拦渣库容

根据项目区生产运行情况，确定每年的排渣量。根据每年排渣量和拦渣坝的使用年限，确定拦渣库容。若为项目建设施工期一次性排渣，则该排渣总量即为拦渣库容。

2. 拦泥库容

根据每年的来泥量和拦渣坝的使用年限，确定拦泥库容。

拦渣、拦泥经常交错进行，实际拦渣库容与拦泥库容并非截然分开，但确定库容时可分开计算。

3. 滞洪库容设计

滞洪库容设计参照淤地坝的相应设计来进行。

4. 总库容与坝顶高程的确定

坝顶高程为总库容在水位与库容曲线上对应的高程，加上安全超高。

## （六）坝体设计

1. 碾压土石坝

（1）断面尺寸。碾压土石坝宜采用梯形断面，根据坝体型式与结构，可参照《碾压式土石坝设计规范》（SL 274-2020）初步拟定，最终通过坝体边坡稳定计算确定。

（2）坝顶宽度的确定。按不同的坝高和施工方法采取不同的坝顶宽度。当有交通要求时，应按通行车辆的标准确定，一般单车道为5m，双车道为7m。

（3）坝坡。上游坝坡应比下游坝坡缓，坝体高度越大坝坡越缓，水坠坝坝坡应比碾压坝坝坡缓。

（4）边埂。采用水坠法施工的土坝，根据建筑材料与坝高、施工方法不同。一般坝高较小和土料含沙量较大时，边埂宽度可小些；坝高较大、土料含黏量较大时，边埂宽度可大些。

（5）坝体排水。在黏土、岩石地基或有清水的沟道上筑坝，在下游坝坡坡脚应设置排水设施。常用堆石棱体排水、贴坡排水等形式。

（6）稳定与应力计算。根据不同的坝型分别采用不同的坝体稳定分析方法。

2. 重力式浆砌石坝、混凝土坝

（1）断面尺寸。重力式浆砌石坝、混凝土坝宜采用三角形断面，根据坝体型式与结构，可参照《混凝土重力坝设计规范》（SL 319-2018）、《浆砌石坝设计规范》（SL 25-2006）初步拟定，最终通过坝体抗滑稳定计算确定。

（2）坝顶宽度的确定。按不同的坝高和施工方法采取不同的坝顶宽度。当有交通要求时，应按通行车辆的标准确定，一般单车道为5m，双车道为7m。

（3）稳定与应力计算。混凝土坝稳定分析参照规范《混凝土重力坝设计规范》（SL 319-2018）中的计算方法进行稳定分析。

### （七）溢洪道

对于浆砌石坝和混凝土重力坝，可设置溢流坝段来宣泄洪水。对于碾压土石坝，则需要在库旁单独设计河岸式溢洪道。

根据不同条件，分别采取陡坡式或明渠式溢洪道。

陡坡式溢洪道适用于洪水较大的大型、中型坝库。其由进水段、控制段、泄槽段、消能段及尾水段等五部分组成，具体技术要求参照淤地坝设计来执行。

明渠式溢洪道一般适应于洪水较小的小型坝库，具体技术要求参照淤地坝设计来执行。

### （八）放水建筑物设计

根据不同条件，可采取卧管式或竖井式放水工程。卧管式放水工程包括卧管、涵管及消力池设施，具体技术要求参照淤地坝设计来执行，适宜于坝上游岸坡基础较好，坡度为1∶2～1∶3；竖井式放水工程包括竖井、消力井及涵管等设施，具体技术要求参照淤地坝设计来执行，适宜布置在土坝上游坝坡上，且要求坝体基础较好。

### （九）基础处理

根据坝型、坝基的地质条件、筑坝施工方式等，采取相应的基础处理方法。

## 三、挡渣墙设计

### （一）墙址及走向选择

（1）沿弃土、弃石、弃渣坡脚或相对较高的坡面上布置挡渣墙，可有效降低挡渣墙的高度。挡渣墙地基应为新鲜不易风化的岩石或密实土层。

（2）挡渣墙沿线地基土层中的含水量和密度应均匀单一，避免地基不均匀沉陷引起墙基和墙体断裂等形式的变形。

（3）挡渣墙的长度应尽量与水流方向一致，避免截断沟谷和水流。若无法避免则应修建排水建筑物。

（4）挡渣墙线应尽量顺直，转折处采用平滑曲线连接。

## （二）渣体及上方与周边来水处理

（1）当挡渣墙及渣体上游集流面积较小，坡面径流或洪水对渣体及挡渣墙冲刷较轻时，可采取排洪渠、暗管、导洪堤等排洪工程将洪水排泄至挡渣墙下游。

（2）当挡渣墙及渣体土游集流面积较大，坡面径流或洪水对渣体及挡渣墙造成较大冲刷时，应采取引洪渠、拦洪坝等蓄洪引洪工程，将洪水排泄至挡渣墙下游或拦蓄在坝内有控制地下泄。

## （三）墙型选择

### 1.墙型分类

选择墙型应在防止水土流失、保证墙体安全的基础上，按照经济、可靠、合理、美观的原则，进行多种设计方案分析比较，选择确定最佳墙型。

挡渣墙按结构型式分为重力式（包括半重力式、衡重式）、悬臂式和扶臂式、空箱式及板桩式等多种型式。按建筑材料，可分为干砌石、浆砌石、混凝土或钢筋混凝土、格栅石笼等。

重力式挡渣墙常用浆砌石、格栅石笼、混凝土等建筑材料；半重力式、衡重式挡渣墙建筑材料多采用混凝土；悬臂式、扶壁式（支墩式）、空箱式（孔格式）及板桩式挡渣墙常用钢筋混凝土。

### 2.重力式挡渣墙

重力式挡渣墙用浆砌块石砌筑或混凝土浇筑而成，依靠自重与基底摩擦力维持墙身的稳定。一般适用于墙高小于5m，地基土质较好的情况，衡重式挡墙可适用于墙高10m以上。重力式挡渣墙构造包括墙背、墙面、墙顶、护栏等。

（1）墙背

重力式挡渣墙墙背有仰斜式、俯斜式、直立式、凸形折线、衡重式等形式。仰斜式墙背通体与渣体边坡贴合，所受土压力小，开挖回填量较小，故墙身断面面积小。但在设计与施工中应注意仰斜墙背的坡度不得缓于1：0.3，以便于施工。在地面横坡陡峻，俯斜式挡渣墙墙背所受的土压力较大时，俯斜式挡渣墙采用陡直墙面，以减小墙高，俯斜式墙背可砌筑成台阶形，从而增加墙背与渣体间的摩擦力。直立式墙背介于两者之间。凸形折线墙背是仰斜式挡渣墙上部墙背改为俯斜形，以减小上部断面尺寸，多用于较长斜坡坡脚地段的陡坎处，如路堑。衡重式挡渣墙上下墙之间设置衡重台，采用陡直的墙面，适用于山区地形陡峻处的边坡，上墙俯斜式墙背的坡度 1 ： 0.25 ~ 1 ： 0.45，下墙仰斜式墙背坡度 1 ： 0.25，上下墙高之比采用 2 ： 3。

（2）墙面

一般墙面均为平面，其坡度与墙背协调一致，墙面坡度直接影响挡渣墙的高度，因此，在地面横坡较陡时墙面坡度一般为 1 ： 0.05 ~ 1 ： 0.2，矮墙采用陡直墙面，地面平缓时一般采用 1 ： 0.2 ~ 1 ： 0.35。

（3）墙顶

浆砌块石挡墙墙顶宽不小于 0.5m，另需砌筑厚度不小于 0.4m 的顶帽，若不砌筑顶帽，墙顶应以大块石砌筑，并用砂浆勾缝。

（4）护栏

在交通要道、地势陡峻地段的挡渣墙应设置护栏。

3.悬臂式挡渣墙

当墙高超过 5m，地基土质较差，当地石料缺乏，在堆渣体下游有重要工程时，采用悬臂式钢筋混凝土挡渣墙。悬臂式挡渣墙由立墙、趾板组成，具有三个悬壁即立墙、趾板和前趾板。其特点是：主要依靠趾板上的填土重量维持结构稳定性，墙身断面面积小，自重轻，节省材料，适用于墙身较高的情况。

4.扶壁式挡渣墙

扶壁式挡渣墙适用于防护要求高，墙高大于 10m 的情况。扶壁式挡渣墙的主体是悬壁式挡渣墙，沿墙长度方向每隔 0.8 ~ 1.0m 布置一道与墙高等高的扶壁，以保持挡渣墙的整体性，增加挡渣量。墙体为钢筋混凝土结构。扶壁式挡渣墙在维持结构稳定、断面面积等方面与悬臂式挡渣墙基本相似。

## （四）断面设计

挡渣墙的断面尺寸采用试算法确定。根据地形地质条件、拦渣量及渣体高度、弃渣岩性、建筑材料、防冻要求等先初步拟定断面尺寸，然后进行抗滑、抗倾覆和地基承载力稳定验算。当拟定的断面既符合规范规定的抗滑、抗倾覆和地基承载力要求，而断面面积又小时，即为合理的断面尺寸。

经计算得出的合理断面尺寸，应结合排水、沉降、安全防护等要求确定最终断面。

### （五）基础处理及其他

**1. 基础埋置深度**

挡渣墙基底的埋置深度应根据地基地质、冻结深度以及结构稳定要求等确定。当冻结深度小于 1.0m 时，基底应在冻结线以下，且不小于 0.25m，并应符合基底最小埋置深度不小于 1.0m 的要求；当冻结深度大于 1.0m 时，基底最小埋置深度不小于 1.25m，还应将基底到冻结线以下 0.25m 范围的地基土换填为弱冻胀材料。在风化层不厚的硬质岩石地基上，基底宜置于基岩表面风化层以下；在软质岩石地基上，基底最小埋置深度不小于 1.0m。当地质条件复杂时，通过挖探或钻探确定基础埋置深度。

**2. 伸缩沉陷缝**

根据地形地质条件、气候条件、墙高及断面尺寸等，设置伸缩缝和沉陷缝，防止因地基不均匀沉陷和温度变化引起墙体裂缝。设计和施工时，一般将二者合并设置，沿墙线方向每隔 10 ~ 15m 设置一道缝宽 2 ~ 3cm 的伸缩沉陷缝，缝内填塞沥青麻絮、沥青木板、胶泥或其他止水材料。

**3. 清基**

施工过程中必须将基础范围内风化严重的岩石、杂草、树根、表层腐殖土、淤泥等杂物清除。基底应开挖成 1% ~ 2% 的倒坡，以增加基底摩擦力。

**4. 墙后排水**

当墙后地下水位较高时，为将渣体中出露的地下水以及由降水形成的渗透水流及时排除，有效降低墙后水位，减小墙身水压力，增加墙体稳定性，必须在墙身设置排水管等排水设施。排水管孔径 5 ~ 10cm，间距 2 ~ 3m，排水孔出口应高于墙前水位，排水管临渣侧应设置反滤，防止排水管堵塞。

## 四、拦渣堤设计

拦渣堤堤顶高程必须同时满足防洪与拦渣的双重要求，堤顶高程选取两者中的大值。防洪堤高根据设计洪水、风浪爬高、安全超高、拦渣量综合确定。拦渣堤高确定原则：①根据项目基建施工与生产运行中弃土、弃石、弃渣的数量，确定在设计时段内拦渣堤的拦渣总量；②由拦渣总量和堤防长度计算确定堆渣高程，再加上预留的覆土厚度和爬高即为堤顶高程。

拦洪堤防洪标准、堤型选择、堤身断面设计、堤防设计水位线、防渗体设计、堤身安全超高、抗滑稳定安全系数分析、基础处理等内容参照本章第四节中堤防工程设计。

## 五、拦渣围堰设计

对于平地起堆渣场，根据堆置高度、弃土（渣、沙、石、灰）容重和岩性综合分析稳定性，布置拦挡工程和土地整治工程。当堆置高度低于 3m 时，外围修筑拦渣围堰，并平堆覆土改造成为农林牧地。当堆置高度高于 3m 时，外围修筑挡渣墙，内修筑阶式水平梯田等落堆处理工程，并覆土改造成为农林牧地。

### （一）堰型选择

按照筑堰材料分为土围堰、土石围堰、砌石围堰。根据堰外洪水冲刷作用大小，应对土围堰、土石围堰的堰顶和外坡采用块石、混凝土预制块或现浇混凝土护坡。围渣堰断面型式一般采用梯形。根据渣场地形地质、水文、施工条件、筑堰材料、弃渣岩性和数量等选择堰型。

### （二）堰线

堰线是根据堰外河道防洪水位、河槽宽度，并结合围渣堰周边排洪排水系统工程布置等，分析确定围渣堰的平面布置，设在围渣堰河槽、排洪排水系统工程或交通运输线以外。围渣堰纵断面线应尽量采用直线形，即大弯就势、小弯取直，使表面规则平整。

### （三）其他

拦渣围堰的防洪标准、断面设计、稳定分析及基础处理内容可参照本章第一节中拦渣墙工程设计。

# 第二节　斜坡防护工程设计

在水利水电工程建设过程中，开挖、回填、弃土（石、沙、渣）形成的坡面，由于原地表植被遭到破坏，裸露地面在风力、重力或水力等外营力侵蚀作用下，容易产生水土流失，必须采取挡墙、削坡开级、工程护坡、植物护坡、坡面固定、滑坡防治等边坡防护措施。

# 一、斜坡分类与设计

## （一）斜坡分类

斜坡指人工扰动形成的边坡，即人工再塑作用下形成的各种斜坡面，可按照组成物质、形成过程、固结稳定状况分类。

按照组成物质可分为土质边坡、石质边坡、土石混合边坡三类；按照形成过程可分为堆垫边坡、挖损边坡、构筑边坡、滑动体和塌陷边坡等五类；按照固结稳定状况可分为松散非固结不稳定边坡、坚硬固结较稳定边坡和固结非稳定边坡三类。

不同类型的边坡往往适用于不同的边坡防护措施。

## （二）设计原则

（1）水利水电工程因开挖、回填、弃土（石、沙、渣）形成的坡面，应根据地形、地质、水文条件、施工方式等因素，采取较为合理的边坡防护措施，防护措施有挡墙、削坡开级、工程护坡、植物护坡、坡面固定、滑坡防治等。

（2）根据边坡稳定性分析，行业防护要求、技术经济分析等，确定护坡的类型和标准。对于土（沙）质坡面或风化严重的岩石坡面，应保持合理的坡度，并在坡脚设置必要挡墙工程，保证边坡的稳定。对于易风化岩石或泥质岩层坡面，在采用削坡开级工程以保证边坡稳定后，还应采取工程护坡措施如锚喷支护等以固定坡面。对于易发生滑坡的坡面，可采取削坡反压、拦排地表水、排除地下水、滑坡体上造林、抗滑桩、抗滑墙等滑坡防治工程。

（3）大型护坡工程应进行必要的勘探和试验，并采取多种方法进行比较论证，确定合理的护坡工程型式、结构、断面尺寸、基础处理等。

（4）工程措施应力求与植物措施相结合，对经防护达到安全稳定要求的边坡，宜恢复林草植被。有关护坡植物工程设计详见本书植物建设工程有关内容。

## （三）设计要求

根据调查勘测资料，明确护坡工程的任务和规模，进行方案比选，基本确定护坡工程的类型，力求拟定植物护坡与工程护坡的结合方案。

在初步拟定布置、型式、断面后进行稳定性分析，估算工程量。

## 二、挡墙工程

对于开挖、削坡、取土（石）形成的土（沙）质坡面或风化严重的岩石坡面，在降水渗流的渗透、地表径流及沟道洪水的冲刷作用下容易产生湿陷、坍塌、滑坡、岩石风化等边坡失稳现象，必须采取挡墙工程，保证边坡的稳定。

挡墙的型式有浆砌石挡墙、混凝土挡墙、钢筋混凝土挡墙。根据坡面的高度、地层岩性、地质构造、水文条件、施工条件、筑墙材料等条件，综合分析确定。

墙型选择、断面设计、稳定性分析、基础处理等参照本章第一节挡渣墙设计内容。

## 三、削坡开级工程

削坡开级工程的主要作用在于防止中小规模的土质滑坡和岩质斜坡崩塌。对边坡高度大于4m、坡度大于1∶1.5的，应采取削坡开级工程。当斜坡高度较大时，削坡应分级留出平台。在坡面采取削坡工程时，必须布置山坡截水沟、平台截水沟、急流槽、排水边沟等排水系统，防止削坡坡面径流及坡面上方地表径流对坡面的冲刷。

根据岩性削坡开级分为土质边坡削坡开级和石质边坡削坡开级两种类型。

### （一）土质坡面的削坡开级

土质边坡削坡开级主要有直线形、折线形、阶梯形、大平台形等四种形式。阶梯形削坡，根据边坡的土质与暴雨径流条件，确定每一小平台的宽度与两平台间的高差，削坡后必须保证土坡的稳定。一般小平台宽1.5～2m，两平台间高差6～12m。干旱、半干旱地区两平台间高差大些，湿润、半湿润地区两平台间高差小些。

1. 直线形

直线形削坡就是从上到下，整体削成同一坡度，削坡后比原坡度减缓，达到该类土质的稳定坡度。适用于高度小于20m、结构紧密的均质土坡，或高度小于12m的非均质土坡。对有松散夹层的土坡，其松散部分应采取加固措施。

2. 折线形

折线形削坡重点是削缓上部，削坡后保持上部较缓、下部较陡的折线形。适用于高12～20m、结构比较松散的土坡，特别适用于上部结构较松散，下部结构较紧密的土坡。上下部的高度和坡比,根据土坡高度与土质情况具体分析确定,以削坡后能保证稳定安全为原则。

3. 阶梯形

阶梯形削坡就是对非稳定坡面进行开级,使之台坡相间以保证土坡稳定。它适用于高 12m 以上、结构较松散,或高 20m 以上、结构较紧密的均质土坡。每一阶小平台的宽度和两平台间的高差,根据当地土质与暴雨径流情况,具体研究确定。一般小平台宽 1.5 ~ 2.0m,两台间高差 6 ~ 12m。干旱、半干旱地区,两台间高差大些;湿润、半湿润地区,两台间高差小些。对于陡直坡面可先削坡后开级。

4. 大平台形

大平台形是削坡开级的特殊形式,一般开在土坡中部,宽 4m 以上。适用于高度大于 30m,或在 80m 以上高烈度地震区的土坡。平台具体位置与尺寸,需根据《建筑抗震技术规范(2016 年版)》(GB 50011-2010)对土质边坡高度的限制分析确定,并对边坡进行稳定性验算。

## (二)石质坡面的削坡开级

石质边坡削坡适用于坡面陡直或坡型呈凸型,荷载不平衡,或存在软弱岩石夹层,且岩层走向沿坡体下倾的非稳定边坡。除坡面石质坚硬、不易风化外,削坡后的坡比一般缓于 1 : 1。石质坡面削坡,应留出齿槽,齿槽间距 3 ~ 5m,宽度 1 ~ 2m。在齿槽上修筑排水明沟和渗沟,一般深 10 ~ 30cm,宽 20 ~ 50cm。

## (三)坡脚防护

削坡后因土质(或石质)疏松而产生岩屑、碎石滑落或发生局部塌方的坡脚,应修筑挡土墙予以防护。

无论土质削坡还是石质削坡,均需在距坡脚 1m 处,开挖防洪排水沟,深 0.4 ~ 0.6m,上口宽 1.0 ~ 1.2m,底宽 0.4m ~ 0.6m,具体尺寸根据坡面来水量计算确定。

## (四)坡面防护

削坡开级后的坡面,应采取植物护坡措施。在阶梯形的小平台和大平台形的大平台中,宜种植乔木或果树,其余坡面可种植草类、灌木。

### （五）截排水工程

截排水工程设计与施工参照国家标准《水土保持综合治理技术规范》（GB/T 16453.4-2008）及有关规范中的规定执行。

（1）山坡截水沟。在坡面上方距开挖（或填筑）边缘线10m以外布置山坡截水沟工程。

（2）平台截水沟。在阶梯形和大平台形削坡平台布置平台截水沟。

（3）急流槽。顺削坡面或坡面两侧布置急流槽或明（暗）沟工程，将山坡截水沟和平台截水沟中径流排泄至排水边沟。

（4）排水边沟。在削坡坡脚布置排水边沟，将急流槽中的洪水或径流排泄至河道（沟道），以及其他排水系统中。

## 四、植物护坡工程

对于边坡坡度或削坡开级后坡度缓于1∶1.5的土质或沙质坡面，采取植物护坡措施，其类型分为种草护坡和造林护坡两种类型。

### （一）种草护坡

对坡度小于1∶1.5的土层较薄的沙质或土质坡面，采取种草护坡工程。

（1）种草护坡应先将坡面进行整治，并选种生长快的低矮匍伏型草种。

（2）根据坡面的土质状况采取相应的种草护坡方法。一般土质坡面采用直接播种法，密实土质边坡采取坑植法，在风沙坡地先布置沙障固定流沙，再播种草籽。

（3）种草后1～2年内进行必要的封禁和抚育措施。

### （二）造林护坡

在坡度为10°～20°，南方坡面土层厚度15cm以上、北方坡面土层厚40cm以上、立地条件较好的地方，采用造林护坡。

（1）护坡造林采用深根性与浅根性相结合的乔灌混交方式，同时选用适应当地条件、速生乔木与灌木树种。

（2）在地面坡度、坡向和土质较复杂的坡面，将造林护坡与种草护坡相结合，实行乔、灌、草相结合的植物或藤本植物护坡。

（3）坡面采取植苗造林时，苗木宜带土栽植，并适当密植。

# 五、工程护坡

## （一）砌石护坡

砌石护坡有干砌石和浆砌石两种形式，根据不同需要分别采用。

1. 干砌石护坡

（1）对于坡面较缓（1：2.5～1：3.0）、受水流冲刷较轻的坡面，采用单层干砌块石护坡或双层干砌块石护坡。

（2）对于坡度小于1：1，坡体高度小于3m，坡面有涌水现象时，应在护坡层下铺设15cm以上厚度的碎石、粗砂或沙砾作为反滤层。

（3）干砌石护坡的坡度，根据土体的结构性质而定，土质坚实的砌石坡度可陡些，反之则应缓些。一般坡度1：2.5～1：3.0，个别可为1：2.0。

2. 浆砌石护坡

（1）坡度为1：1～1：2，或坡面位于沟岸、河岸，下部可能遭受水流冲刷，且洪水冲击力强的防护地段，宜采用浆砌石护坡。

（2）浆砌石护坡由面层和起反滤层作用的垫层组成。面层铺砌厚度为25～35cm，垫层又分单层和双层两种，单层厚5～15cm，双层厚20～25cm。原坡面如为砂、砾、卵石，可不设垫层。

（3）对长度较大的浆砌石护坡，应沿纵向每隔10～15m设置一道宽约2cm的伸缩缝，缝内填塞沥青麻絮或沥青木条。

## （二）抛石护坡

当边坡坡脚位于河（沟）岸，暴雨条件下可能遭受洪水淘刷作用时，对枯水位以下的部分采取抛石护坡工程。其形式有散抛块石、石笼抛石和草袋抛石三种，根据具体情况选择采用。

## （三）混凝土护坡

混凝土护坡是在边坡坡脚可能遭受强烈洪水冲刷的陡坡段，采取混凝土（或钢筋混凝土）护坡，必要时需加锚固定。

（1）坡度为1：1～1：0.5、高度小于3m边坡，采用混凝土砌预制块护坡，砌块长宽各30～50cm，边坡陡于1：1.5时采用钢筋混凝土护坡。

（2）坡面有涌水时，在砌块与坡面间设置粗砂、碎石、砾石或卵石反滤层。涌水量较大时修筑盲沟排水。在涌水处下端水平设置盲沟，宽20～50cm，深

20 ～ 40cm。

### （四）喷浆护坡

在基岩裂隙不太发育、无大面积崩塌的坡面，采用喷浆机进行喷水泥砂浆或喷混凝土护坡，防止基岩的风化剥落。若能就地取材，用可塑胶泥喷涂则较为经济，可塑胶泥也可作喷浆的垫层。注意不要在涌水和冻胀严重的坡面喷浆或喷混凝土。

（1）喷射水泥砂浆的砂石料最大粒径15mm，水泥和砂石的重量比 1：4 ～ 1：5，砂率为50% ～ 60%，水灰比0.4 ～ 0.5。速凝剂的添加量为水泥重量的3%左右。

（2）喷浆前必须清除坡面活动岩石、废渣、浮土、草根等杂物，填堵大缝隙、大坑洼。

（3）破碎程度较轻的坡段，可根据当地土料情况，就地取材，用胶泥喷涂护坡，或用胶泥作为喷浆的垫层。

### （五）格状框条护坡种草

在路旁或人口聚集地，坡度大于1：1的土质、沙质坡面，可采用格状框条护坡。

用浆砌石在坡面上作成网格状，网格尺寸一般为2m²，或将每格上部作成圆拱形，上下两层网格呈"品"字形排列。浆砌石部分宽0.5m左右。

一般采用混凝土或钢筋混凝土预制构件修筑格式建筑物，预制件规格为宽20 ～ 40cm，长1 ～ 2m。为防止格式建筑物沿坡面向下滑动，必须固定框格交叉点或在坡面深埋横向框条。

### （六）砌石草皮护坡

在坡度小于1：1，高度小于4m，有涌水的坡段采用砌石草皮护坡。

砌石草皮护坡有两种形式，根据具体条件选择采用。坡面下部1/2 ～ 2/3范围内采取浆砌石护坡，上部采取草皮护坡；在坡面从上到下每隔3 ～ 5m，沿等高线修一条宽30 ～ 50cm砌石条带，条带间坡面种植草皮。砌石部位一般在坡面下部的涌水处或松散地层显露处，在涌水较大处设置反滤层。

## 六、坡面固定工程

在易风化岩石或泥质岩层坡面，采用削坡卸荷稳定边坡工程之后，采取锚喷工程支护，使岩石与锚喷支护在共同变形的过程中取得自身的稳定，减少作用于支护上的压力，有效控制岩石变形，部分砂浆渗入岩石的节理、裂隙，重新将松动岩块胶结起来，起到加固岩石的作用，防止岩石风化，堵塞渗水通道，填补缺陷和平整表面。

根据岩石的不同工程地质特征，可分为稳定、基本稳定、稳定性极差、不稳定和极不稳定五类，对于稳定性差的岩石坡面分别采用不同形式的喷锚护坡工程，特别对破碎、软弱、稳定性极差的岩层，应在开挖后立即喷射混凝土，以保证施工安全。

## （一）喷浆固坡

在基岩裂隙细小、岩层较为完整的坡段，采用喷混凝土或砂浆护坡。

（1）喷射水泥砂浆厚度为 5～10cm，喷射混凝土厚度为 10～25cm，在冻融地区喷射厚度最好在 10cm 以上。在地质软弱、温差大的地区，喷射厚度应相应增厚。

（2）喷射水泥砂浆的砂石料最大粒径 15mm，水泥与砂石重量比为 1：4～1：5，砂率为 50%～60%，水灰比为 0.4～0.5。喷射混凝土时，灰砂石比为 1：3：1～1：5：3，水灰比为 0.4～0.5。

（3）在坡面高、压送距离长的坡面上喷射时，采用易于压送的配合比标准，灰砂石比为 1：4：1，水灰比用 0.5。

（4）喷混凝土的力学指标应符合：混凝土标号不低于 C20，抗拉强度不低于 1.5MPa（15kg/cm$^2$），抗渗标号不低于 S8，喷层与岩层的黏结强度在中等以上的岩石中不宜小于 0.5MPa（5kg/cm$^2$）。

## （二）锚杆支护

在有裂隙的坚硬的岩质斜坡上，为了增大抗滑力或固定危岩，可用锚固法，所用材料为锚杆或预应力钢筋。

在节理、裂隙、层理的岩石坡面，根据岩石破坏的可能形态（局部或整体性破坏），采用局部（或对"危石"）锚杆加固，或在整个横断面上系统锚固加固。锚杆应穿过松弱区或塑性区进入岩层或弹性区一定深度，打入楔子并浇水泥混砂浆固定其末端，地面用螺母固定。锚杆杆径为 16～25mm，长 2～4m，间距一般不宜大于锚杆长度的 1/2，对不良岩石边坡应大于 1.25m，锚杆应垂直于主结构面，当结构面不明显时，可与坡面垂直。

锚杆根据加固需要可采用预应力钢筋，将钢筋末端固定后要施加预应力，为了不把滑面以下的稳定岩体拉裂，事先要进行抗拔试验，使锚固末端达滑面以下一定深度，并且相邻锚固孔的深度不同。根据坡体稳定计算求得的所需克服的剩余下滑力来确定预应力大小和锚孔数量。

### （三）喷锚支护

对强度不高或完整性差的岩石坡面，当仅采用锚杆加固难于维持锚杆之间那部分围岩稳定时，常需采用锚杆与喷混凝土联合支护。

### （四）喷锚加筋支护

对软弱、破碎岩层，如锚杆和喷混凝土所提供的支护反力不足时，还可加钢筋网，以提高喷层的整体性和强度并减少温度裂缝。钢筋网一般用 $\varphi6 \sim 12$，网格尺寸为 $20cm \times (20 \sim 30)cm \times 30cm$，距岩面 $3 \sim 5cm$ 与锚杆焊接在一起，钢筋的喷混凝土保护层厚度不应小于 5cm。

## 七、滑坡防治工程

根据滑坡体的岩层构造、地层岩性、塑性滑动层、地表地下分布状况，以及人为开挖情况等造成滑坡的主导因素，采取削坡反压、拦排地表水、排除地下水、滑坡体上造林、抗滑桩、抗滑墙等滑坡整治工程。

### （一）削坡反压

削坡反压工程是在滑坡体前面的阻滑部分堆土加载，以增加抗滑力，填土可筑成抗滑土堤，适用于上陡下缓的移动式滑坡。将上部陡坡削缓，减轻上部荷载，将上部削土反压在下缓坡上，控制上部向下滑动。

削坡反压工程要分层夯实，外露坡面应干砌片石或种植草皮，堤内侧要修渗沟，土堤和老土间要修隔渗层，填土时不能堵住原来的地下水出口。

### （二）截排水工程

在地面径流及渗流、地下水较易导致滑坡的条件下，采取截排水工程。首先在滑坡体外边缘开挖截水沟并布置排水沟，将来自滑坡体外围的地表径流截排到滑坡体下游坡脚以外。同时在滑床面修建纵、横排水系统，排除滑坡体内地下径流，防止进入滑动面引起土体下滑。其设计按防洪排水工程规定执行。

### （三）滑坡体上造林

滑坡体基本稳定、但在人为挖损的条件下，仍有滑坡潜在危险的坡面，在滑坡体上种植深根性乔木和灌木，利用植物根系固定坡面，同时利用植物蒸腾作用，减少地下水对滑坡的促动。

## 八、抗滑桩工程

对建设施工区坡面构造中两种岩层间有塑性滑动层，开挖后易引起上部剧烈滑动位移时，通过在地基内打桩加固滑坡土体稳定坡面，或在滑动层与基岩间打入楔子，阻止滑坡体滑动。

（1）抗滑桩主要适用浅层及中型非塑滑坡前缘，不宜用于塑流状深层滑坡。

（2）根据作用于桩上土体特性、下滑力大小以及施工条件等，确定抗滑桩断面及布设密度。

（3）根据下滑推力、滑床土体物理力学性质，通过桩结构应力分析确定抗滑埋深。

（4）根据滑坡体的具体情况，在抗滑桩间加设挡土墙、支撑等建筑物，与抗滑桩共同作用。

# 第三节　土地整治工程设计

土地整治是指对被破坏或压占土地采取措施，使之恢复到所期望的可利用状态的活动或过程。水利水电建设项目水土保持工程中的土地整治是指对因生产、开发和建设损毁的土地，进行平整、改造、修复，使之达到可开发利用状态的水土保持措施。土地整治的重点是控制水土流失，充分利用土地资源，恢复和改善土地生产力。

## 一、土地整治工程布局

### （一）一般规定

（1）水利水电建设项目在基建施工与生产运行中，应按照"挖填平衡"的设计原则，尽量减少开挖占用的土地以及排弃的弃土、弃石、弃渣等废弃物，将土地整治的面积控制在最小范围以内。

（2）由于采、挖、排、弃等作业形成的废弃土地、排土场、堆渣场、尾矿库等，必须根据当地条件采取相应的土地整治工程，改造成农林牧业用地或其他用地，以及公共用地（公园、旅游、休息场所、广场、停车场、集贸市场等）、居民生活用地。

（3）对基建施工中形成的坑凹地，及时利用废弃土石料回填平整，表层覆熟化土恢复成为可利用地。

（4）弃土、弃石、弃渣应首先利用，如作为建筑、公路及其他建设用料等。

对于无法回填利用的外排弃土（石、沙、渣）等固体物质，必须合理布置排土（石、砂、渣）场，采取挡土（石、沙、渣）墙、拦渣坝、拦渣堤等拦挡工程。应有排水工程（包括地表排水和地下排水工程）、引水工程（包括地表引水和地下引水工程）、上游来水的排导工程。

对于终止使用的弃土（石、沙、渣）场表面，采取平整和覆土措施，改造成为可利用地，并应采取植物措施。

（5）根据整治后土地的立地条件和项目区生产建设或环境绿化需要，采取深耕深松、增施有机肥等土壤改良措施，并配套灌溉设施，分别改造成农林牧业用地、水面养殖利用或其他用地。

## （二）土地整治工程形式

土地整治工程主要有渣场改造、坑凹回填及整治后的土地利用三种形式。渣场改造即对固体废弃物存放地终止使用以后，进行整治利用；坑凹回填是利用废弃土石回填整平，并覆土加以利用；整治后的土地利用根据其土地质量、生产功能和防护要求，确定利用方向，并改造使用。

## （三）土地整治工程布局

1.土地整治与蓄水保土相结合

根据坑凹与弃土（沙、石、渣）场的地形、土壤、降水等立地条件，采取以"坡度越小，地块越大"为原则的土地整治工程。按照立地条件差异，将坑凹地与弃土（沙、石、渣）场分别整治成地块大小不等的平地、平缓坡地、水平梯田、窄条梯田或台田。对于田面采取覆土、田块平整、打畦围堰等蓄水保土工程。

2.土地整治与生态环境建设相协调

土地整治须确定合理的农林牧用地比例，尽量扩大林草面积。在有条件的地方布置农林牧各种生态景点，改善并美化项目区的生态环境，使项目区建设与生态环境有机地融合起来。土地整治必须明确目的，以林草措施为主、改善、优化生态环境，也可以改造成农业用地、生态用地、公共用地、居民生活用地等，并尽量与周边生态环境相协调。

### 3.土地整治与防排水工程相结合

坑凹回填物及弃土（沙、石、渣）场为松散的堆积物，遇降水或地下水渗透容易产生沉陷，并间接增大产流汇流面积，遇暴雨时可能造成剧烈水土流失、滑坡、泥石流等灾害。必须在坑凹回填物、弃土（沙、石、渣）场地、周边或渣体底部布置防排水工程，与土地整治工程相结合。并应对场地上游实施水土流失综合治理。

### （四）土地整治工程设计要求

（1）根据项目开发建设及水土保持要求，按照"挖填平衡"及"合理存放"的原则，合理布局拦渣、围渣及防洪排水工程，并进行多方案比较，确定土地整治工程的总体方案。

（2）比选确定存放弃土、弃石、弃渣等场地及其堆放方式、堆放量、堆放高度、稳定坡度和拦挡防护工程等方案。估测坑凹回填量、物质组成，比选确定平整、覆土的工艺和程序。估算土地整治的工程量。

（3）根据土地整治工艺，估计土地质量，根据生产功能、防护功能和景观美化功能，比选确定土地开发利用方案。

## 二、渣场改造

在排土（石、沙、渣）场、弃土（石、沙、渣）场等场地采取拦渣工程和排水工程的基础上，使用期满后必须采取土地整治和改良措施。对于已有渣场，改造之前首先应确定弃土弃渣堆放场地是否合理，如不符合水土保持法及其他法律的规定，必须进行清理、搬运至规定的合理存放地。对可能造成滑坡、塌方等严重水土流失的渣场，改造之前应考虑修建挡拦建筑物、防排水工程或其他稳定边坡措施。

### （一）平（缓）地渣场改造

平地起堆的渣场，根据堆置高度、弃渣容重及弃渣沉降性能等综合分析其稳定性。一般高度低于3m，外围修筑拦渣围堰，并平整堆渣，然后覆土；高于3m根据稳定性分析设计挡土墙，最好修筑为阶式水平梯田，并覆土。

渣场改造包括土地整治和覆土两部分内容，一般要求如下。

（1）以平地作为渣场且堆渣高度在3m左右时，周围修建的挡渣墙应高出渣面1m。长江流域达到0.3m或0.5m以上，以便覆土利用。

（2）堆渣场应先修筑挡渣墙，然后从墙脚开始逐层向后延伸（每层厚0.5～0.6m），堆渣至最终高度时，渣面应大致平整，以便覆土改造利用。

（3）渣场表面平整后，先铺一层黏土并碾压密实作为防渗层，再覆表土。

（4）一般铺土厚度为：农地0.5～0.8m，林地不小于0.5m，草地不小于0.3m。在土料缺乏的地区，可先铺一层风化岩石碎屑，改造为林草用地。

（5）尽量选择土层深厚处作为渣场改造土料的取土场，取土后及时平整处理，减少新的破坏。长江中下游的取土场，一旦取土后，多数情况会成为低洼地、水塘等。

（6）拦渣坝和拦渣堤内弃土（石、沙、渣）填满后，必须采取渣面平整或覆土措施，按上述方法改造成为可利用地。

## （二）坡地渣场改造

沿斜坡和沟岸倾倒形成的坡地渣场，应根据稳定情况，在坡脚部位修筑挡墙和护坡工程。渣场顶部应平整、覆土改造成为农林草用地或其他用地，外沿修筑截排水工程，内侧修建排水系统，中间作为造林、种草用地。渣场斜坡面根据坡度大小，选择水平梯田、窄条梯田、水平阶及水平沟等多种整治形式，并修建内部排水系统，然后覆土改造成农林草用地或其他用地。

# 三、坑凹回填利用

坑凹是水利水电工程建设过程中挖掘形成的，如取土场、取石场、取沙场等。

## （一）坑凹迹地整治

同坑凹回填成本较低，流域上游地区的坑凹地多数改造成台地（梯地），按梯地建设的要求进行水土流失治理。

坑凹回填成本较高，若有条件可改造为蓄水池、养鱼池，也可结合周围地形、景观综合规划进行人工景观设计，如大型坑凹可设计为人工湖。

## （二）坑凹整治

对坑凹地应采取回填、整平、覆土工程，复垦成为农林牧业用地。

1. 回填工程

回填材料应首先考虑弃土、弃石和弃渣，并力求做到"挖填平衡"。浅坑凹回填，一般采用条带式分条填埋，或任意工作线（面）回填，回填材料尽量利用废弃土（石、沙、渣、灰）。

此类项目的回填工艺设计一般是纳入主体设计之中的，但水土保持应论证其是否符合水土保持要求，并提出修正意见。

2. 整平工程

坑凹回填工程之后，开始对回填场地的整平工程，可分两步进行，一是粗整平，二是细整平。由于坑凹分布的位置、地形不同，整平方式也不同。平地和宽缓平地上的坑凹回填后，堆垫高度基本接近原地面，可全面进行粗整平，在沉降稳定之前，补填沉陷穴、沉陷裂缝，并进行细整平，以待覆土。坡地上的坑凹回填之前，可在坑凹下坡部位修筑必要的挡拦建筑物，采用分阶后退的方法，然后通过粗整平，形成平行于等高线的阶式梯田，之后进一步细整平，并考虑防排水等设施。

3. 覆土工程

土地整平工作结束之后，即可覆盖物料，黄土区或附近有取土条件的地方表层应覆土。覆土厚度依据土地利用方向确定，农业用地 80 ~ 100cm，林业用地 50 ~ 80cm，牧业用地 30 ~ 50cm。取土困难的地方，可覆盖易风化物如页岩、泥岩、泥页岩、污泥等物料。覆盖物顺序倾倒后形成"堆状地面"，若作为农业用地，必须进一步整平；若为林牧业用地，可直接采用"堆状地面"种植，此方法具有自动填补沉陷裂缝，分散贮存地面径流的功能。

## （三）凹形采石（挖砂）场整治

在干旱、半干旱地区，首先利用岩石碎屑整平采石场坑凹，然后铺覆 0.3m 厚的黏土防渗层，在黄土区或有取土条件的地方，对整平土地表面覆土；在土料缺乏的地区，可先铺一层易风化岩石碎屑，改造为林草用地。

在降水量丰沛、地下水出露地区，当凹形取石场（挖砂场）周边有充足土料时，采用岩屑、废沙填平坑凹、表层铺土，将取石场改造为农林用地，种植耐湿耐涝农作物或乔灌木，铺土厚度根据用地需求确定。若缺乏土料则采取坑凹平整和边坡修整加固工程，将其改造成蓄水池（塘）作为水产养殖用地。

## （四）凹形取土场整治

对于凹形取土场，根据地形地质地貌条件、周边地表径流量大小情况，采用边坡防护工程、截排水工程、坡面水系工程和土地整治工程。边坡防护工程、截排水工程、坡面水系工程参照护坡工程与截排水工程规定。

对于干旱、半干旱地区且无地下水出露的凹形取土场，采用生土填平坑凹，表层按农林牧草用地要求铺覆熟化土，覆土厚度同坑凹整治。若取土场周边无熟化土，则采取深耕、深松、增施有机肥、种植有机物含量高的农作物或草类等耕作措施改良土壤。

对于降水量丰沛、地下水出露地区，当土壤、水分等符合农林草类植物种植要求时，采取土地平整、覆土措施将取土场改造成为农地或林地，并种植适宜农作物或乔灌木，同时在周边布置截引排水工程和边坡防护工程。

当取土场内外水量丰富、水质较好，适合养殖水产品或种植水生植物时，选择采用黏土、砌石、混凝土防渗处理工程，并修筑引水排水工程，将其改造成为养殖场或水生植物种植场。

当土质较差时，采取边坡防护、场地粗整平和植被自然恢复工程。

## 四、开挖破损坡面土地整治

对破损坡面采取护坡工程，并在距开挖边缘线 10m 以外布置截排水工程，避免取土场上方地表径流对边坡坡面的冲刷，保证边坡稳定。对取土（石）场平面采取整平、覆土等土地整治工程，同时采取农业技术措施，尽快恢复和提高土地生产力。

### （一）山坡坡地取土场土地整治

施工前应将表土集中堆放，施工与生产取土之后及时对取土场平面进行平整，并铺覆熟化土，改造成农林牧或其他用地。

根据不同用途的土地确定铺土厚度，农地一般为 0.5 ~ 0.8m，林地不小于0.5m，草地不小于 0.3m。

### （二）山坡取石场土地整治

采用取石过程中废弃的细颗粒碎石、岩屑等整平取石场平面，其上铺设不小于 0.25m 的黏土防渗层，然后根据用地需要铺覆熟化土，改造成农林牧用地或其他用地。在缺乏土料的地区铺垫一层风化岩石碎屑之后，将取石场平面作为林草用地或其他用地。

根据不同用途的土地确定铺土厚度，农地一般为 0.5 ~ 0.8m，林地不小于0.5m，草地不小于 0.3m。

## 五、整治后的土地利用分析

整治后的土地应根据其地理区位条件、坡度、土地生产力及所在区域的人口、经济和社会状况等，进行土地适宜性评价，确定土地利用方向，并提出恢复土地生产力的措施。对于拟建项目土地利用方向的确定是预测性的或具有设计意义，对于已建成或投产项目，则是现状评价。

## （一）土地适宜性评价

土地适宜性评价是确定土地利用方向的基础，同时起着规范土地整治和指导水土保持措施布局的作用。土地适宜性评价应遵循以下原则。

（1）综合分析原则。根据生产建设的工艺、区域自然条件、区域社会经济发展水平和水土保持要求，综合分析土地整治后的质量和利用价值。

（2）主导因子原则。对各种可能影响土地质量的因子进行筛选，选择主导因子参评，主要考虑限制性因子。

（3）土地质量与土地利用互动原则。土地整治一般有一个稳定过程，土地生产力也是不断提高的，可在不同时段内采取不同的利用方式，初期土地质量差，可作为林牧利用，随着土地质量的提高可改作农业利用。

（4）尽可能恢复为耕地的原则。在人口多、耕地少的地区，尽量将各种排土（沙、石、渣）场等废弃土地恢复为耕地。对原为荒地或不需改造成耕地的，尽量恢复为林草地。

（5）社会、生态和经济综合效益最佳原则。即基础效益、生态效益、经济效益最佳原则。

土地适宜性评价的过程是首先确定土地评价单元和可能的土地利用方式，其次选择参评因子和确定评价标准，最终确定土地利用方向。

土地适宜性评价的方法很多，有经验评价法、专家系统法和数学模型法等。

## （二）整治后的土地利用

经过整治工程形成的平地和缓坡地（15°以下），土质较好，有一定水利条件的，可作为农业用地。整治后地面坡度大于15°或土质较差的，可作为林业和牧业用地，采用乔、灌、草合理配置，以尽快恢复植被，保持水土。有水源的坑凹地和常年积水较深、能稳定蓄水的沉陷地，可修成鱼塘、蓄水池等，进行水面利用和蓄水发展灌溉。

## （三）土地改良措施

整治后的土地往往缺乏表土或覆盖土贫瘠，生产力很低，故必须采取土地改良措施，恢复和提高土地生产力，通常的措施如下。

（1）种植绿肥植物。选择具有根瘤菌或其他固氮菌植物，主要是豆科植物，可改良土壤。

（2）加速风化措施。对于覆盖风化物的土地，应采取加速风化的措施，如用城市污泥、河泥、湖泥、锯末等改良物质，接种苔藓、地衣促进风化等。

（3）增施有机肥。对于贫瘠土地，通过理化分析，确定氮磷钾比例增施有机肥，改良土壤理化性质。

（4)pH 值过低或过高的土地，可施用化学物料如黑矾、石膏、石灰等，加以改善。

# 第四节　防洪排导工程设计

水利水电工程在基建施工和生产运行中，由于损坏地面或未妥善处理弃土、弃石、弃渣，易遭受洪水危害的，都应部署防洪排水工程。根据洪水的不同来源和危害程度，分别采取不同的防洪排水工程，主要包括拦洪坝工程、护岸护滩工程、堤防工程、排洪排水工程、泥石流防治工程等。

（1）项目区上游有小流域沟道洪水集中危害时，应在沟中修建拦洪坝。

（2）项目区一侧或周边坡面有洪水危害时，应在坡面与坡脚修建排洪渠，并对坡面进行综合治理。项目区内各类场地道路以及其他地面排水，应与排洪渠衔接顺畅，形成有效的洪水排泄系统。

（3）当坡或沟道洪水与项目区的道路、建筑物、堆渣场等发生交叉时应采取排水涵洞、排水隧洞或排水暗管进行地下排洪。

（4）项目区紧靠沟岸、河岸，洪水影响项目区安全时，应修建防洪堤。

（5）项目区内沟岸、河岸在洪水作用下易发生坍塌时，应布置护岸护滩工程。

（6）对危及工程安全的泥石流沟道应实行专项治理工程；泥石流防治工程包括泥石流形成区的谷坊、淤地坝和沟床加固工程；泥石流过流区的格栅坝、桩林；泥石流堆积区的停淤工程、排导工程等。

## 一、拦洪坝工程设计

拦洪坝坝址选择、坝型选择、防洪标准、设计洪水计算、库容与坝高确定、坝体断面设计及稳定性分析、溢洪道设计、放水建筑物设计、基础处理等内容参照挡渣坝工程设计。

## 二、护岸护滩工程设计

护岸护滩工程目的是抵抗水流冲刷、控制河岸侵蚀、控制河势、保护农田及城镇村庄水利设施的安全。水利水电建设项目护岸护滩工程一般是从防洪安全角度出发，针对工程保护修建的，在设计上与常规护岸护滩工程相同。

### （一）适用范围

护岸护滩工程主要适用于下列情况。

（1）由于山洪、泥石流冲击使山脚遭受冲刷而有山坡崩塌危险的地方。

（2）在有滑坡的山脚下，设置护岸工程兼起挡土墙的作用，以防止滑坡及横向侵蚀。

（3）用于保护工程建筑设施、谷坊、拦沙（渣）坝等建筑物。

（4）沟道纵坡陡急、两岸土质不佳的地段，除修谷坊、拦挡工程防止下切外，还应修护岸工程。

### （二）护岸护滩工程种类

护岸护滩工程主要有坡式护岸、坝式护岸护滩和墙式护岸三种类型，根据河（沟）岸的地形地质和水文条件选择采用。

（1）坡式护岸采用枯水位以下采取坡脚防护工程，枯水位与洪水位之间采取护坡工程。坡脚防护工程有抛石护脚、石笼护脚、柴枕护脚、柴排护脚等几种型式。护坡工程有干砌石护坡、浆砌石护坡、抛石护坡、混凝土预制块护坡、现浇混凝土板护坡等几种型式。

（2）坝式护岸护滩主要有丁坝、顺坝两种形式，根据具体情况分析选用。丁坝、顺坝的修建必须遵循河道规划治导线，并征得河道主管部门的认可后方可实施。

（3）墙式护岸是采用挡土墙进行护岸，多用于岸边较陡，没有放坡空间的河段。多采用重力式，其临水面采取直立式，背水面可采取直立式、斜坡式、折线式、卸荷台阶式及其他型式。

### （三）护岸护滩工程规划

（1）在进行护岸工程设计之前，应对上下游沟道情况进行调查研究，分析在修建护岸工程之后，下游或对岸是否会发生新的冲刷，确保沟道安全。

（2）为减少水流冲毁基础，护岸工程应大致按地形设置，并力求不形成急剧的弯曲。此外，还应注意将护岸工程的上游及下游部分与基岩、护基工程及已有的护岸工程连接，以免在护岸工程的上下游发生冲刷作用。

（3）护岸工程的设计高度，一方面要保证山洪不致漫过护岸工程，另一方面应考虑护岸工程之背后有无崩塌之可能。如有崩塌可能，则应预留出堆积崩塌砂石的余地，即使护岸工程离开崩塌有一定的距离并有足够的高度，如不能满足高度的要求，可沿岸坡修建向上成斜坡的横墙，以防止背后侵蚀及坡面的崩塌。

（4）在弯道段凹岸水位较凸岸水位高，因此，凹岸护岸工程的高度应更高一些。

## （四）坡式护岸护滩工程设计

1. 抛石护脚

（1）抛石范围上自枯水位开始，下部根据河床地形而定。对深泓线距岸较远的河段，抛石至河岸底坡度达 1 ： 3 ~ 1 ： 4 的地方。对深泓线逼近岸边的河段，应抛至深泓线。

（2）抛石直径一般为 40 ~ 60cm，抛石大小以能经受水流冲击，不被冲走为原则。

（3）抛石边坡应小于块石体在水中的临界休止角（一般为 1 ： 1.4 ~ 1 ： 1.5，不大于 1 ： 1.5 ~ 1 ： 1.8），等于或小于饱和情况下河（沟）岸稳定边坡。

（4）抛石厚度一般为 0.8 ~ 1.2m，相当于块石直径的 2 倍；在接坡段紧接枯水位处加抛顶宽 2 ~ 3m 的平台，岸坡陡峻处，需加大抛石厚度。

2. 石笼护脚

（1）石笼护脚多用于水流流速大于 5m/s，岸坡较陡的河（沟）段。

（2）石笼由铅丝、钢筋、木条、竹篾、荆条、土工格宾等制作，内装块石、砾石或卵石。铺设厚度一般为 1.0 ~ 1.5m。

（3）其他技术要求与抛石护脚相同。

3. 柴枕护脚

（1）柴枕抛护范围，上端在常年枯水位以下 1m，其上加抛接坡石，柴枕外脚加抛压脚大块石或石笼。

（2）柴枕规格根据防护要求和施工条件确定，一般枕长 10 ~ 15m，枕径 0.6 ~ 1.0m，柴石体积比约 7.0 ： 3.0。柴枕一般采用单抛护，根据需要也可采用双层或三层抛护。

4. 柴排护脚

（1）用于沉排护岸，其岸坡比不大于 1.0 ： 2.5，排体上端在枯水位以下 1.0m。

（2）排体下部边缘，应达到最大冲刷深度，并要下沉后仍保持大于 1 ： 2.5 的坡度。

（3）相邻排体之间向下游搭接不小于 1m。

上述各种形式护脚以上岸坡采用干砌石、浆砌石或预制混凝土块等砌护。

## （五）坝式护岸护滩工程设计

丁坝、顺坝可依托滩岸修建，丁坝一般按河流治导线在凹岸成组布置，丁坝坝头位置在规划的治导线上；顺坝沿治导线布置。丁坝、顺坝为河道整治建筑物，其作用是稳定主槽，在由于主槽变动对堤防造成威胁时采用。

1. 丁坝设计

（1）丁坝的组成。丁坝是由坝头、坝身和坝根三部分组成的一种建筑物，其坝根与河岸相连，坝头伸向河槽，在平面上与河岸连接起来呈"丁"字形，坝头与坝根之间的主体部分为坝身，其特点是不与对岸连接。其作用改变山洪流向，防止横向侵蚀，有时，山洪冲淘坡脚可能引起山崩，修建丁坝后改变了流向，即可防止山崩；缓和山洪流势，使泥沙沉积，并能将水流挑向对岸，保护下游的护岸工程和堤岸不受水流冲击；调整沟宽，迎托水流，防止山洪乱流和偏流，阻止沟道宽度发展。

（2）丁坝种类。丁坝按建筑材料分为石笼丁坝、梢捆丁坝、砌石丁坝、混凝土丁坝、木框丁坝、石柳坝及柳盘头等；按丁坝与水流所成角度不同，可分为垂直布置形式（即正交丁坝）、下挑布置形式（即下挑丁坝）、上挑布置形式（即上挑丁坝）。

（3）丁坝间距。一般按坝长的 1 ~ 3 倍。

（4）浆砌石丁坝的主要尺寸。坝顶高程一般高出设计水位 1m 左右；坝体长度根据工程的具体情况确定，以使水流不冲对岸为原则；坝顶宽度一般为 1 ~ 3m；两侧坡度 1 ： 1.5 ~ 1 ： 2；不影响对岸滩。

（5）土心丁坝的主要尺寸。坝身用壤土、砂壤土填筑，坝身与护坡之间设置垫层，一般采用砂石、土工织物作成。其主要尺寸如下：坝顶高程一般为 5 ~ 10m，根据工程的需要确定；裹护部分的背水坡坡度一般为 1 ： 1.5 ~ 1 ： 2，迎水坡与背水坡相同或适当变陡；坝顶面护砌厚度一般为 0.5 ~ 1.0m；护坡和护脚的结构、形式与坡式护岸基本相同。

2. 顺坝设计

顺坝坝身直接布置在整治线上，具有导引水流、调整河岸等作用。顺坝轴线方向与水流方向接近平行，或略有微小交角。

（1）顺坝分类。根据建坝材料，顺坝分为土质顺坝、石质顺坝与土石顺坝三类。

（2）顺坝的主要尺寸。土质顺坝坝顶宽度2～5m，一般在3m左右，背水坡坡度不小于1：2，迎水坡坡度不小于1：1.5～1：2。石质顺坝坝顶宽1.5～3m，背水坡坡度1：1.5～1：2，迎水坡坡度1：1～1：1.5。土石顺坝坝基为细砂河床时，应布置沉排，沉排伸出坝基的宽度，迎水坡不小于6m，迎水坡不小于3m。

### （六）墙式护岸护滩工程设计

挡土墙墙背与岸坡之间应回填砂、砾石，与墙顶相平。墙体设置排水孔，排水孔处设反滤层。

沿墙式护岸长度方向设置变形缝，其分段长度：钢筋混凝土结构20m，混凝土结构15m，浆砌石结构10m。岩基上的墙体分段长度可适当加长。

墙式护岸嵌入岸坡以下的墙基结构，可采用地下连续墙结构或沉井结构。地下连续墙要采用钢筋混凝土结构，断面尺寸根据分析计算确定。沉井一般采用钢筋混凝土结构，应力分析计算方法与沉井结构相同。

## 三、堤防工程设计

### （一）布设原则

（1）堤线应根据防洪规划，按规划治导线要求，并考虑防护区范围、防护对象的要求、土地综合利用以及行政区划等因素，经过技术经济分析比较后确定堤线。

（2）防洪堤布置在土质较好、基础稳定的滩岸上，沿高地或一侧傍山布置，尽可能避开软弱地基、低凹地带、古河道和强透水层地带。

（3）堤线走向力求平顺，堤段间用平滑曲线连接，不宜采用折线或急弯。

（4）堤线走向必须与河势相适应，与洪水主流方向大致平行。

（5）堤线尽量选择在拆迁房屋、工厂等建筑物较少的地带，并考虑建成后便于管理养护、防汛抢险和工程管理单位的综合经营。

### （二）堤距分析

根据河段防洪规划及其治导线确定堤距，上下游、左右岸统筹兼顾，保障必要的行洪宽度，使设计洪水从两堤之间安全通过。河段两岸防洪堤之间的距离（或一岸防洪堤与对岸高地之间的距离）应大致相等，不宜突然放大或缩小。

堤距设计根据河道纵横断面、水力要素、河流特性及冲淤变化，分别计算不同堤距的河道设计水面线、设计堤顶高程线、工程量及工程投资；根据不同堤距的技术经济指标，考虑对设计有重大影响的自然因素和社会因素，分析确定堤距。确定堤距时，要考虑现有水文资料系列的局限性、滩区的滞洪淤沙作用、社会经济发展要求，留有余地。

## （三）堤型选择

堤型选择根据堤段所在地的地形、堤址地质、筑堤材料、施工条件、工程造价等因素，经过技术经济比较综合分析确定。

根据筑堤材料和填筑形式，选择均质土堤或分区填筑非均质土堤。非均质土堤分为斜墙式、心墙式或混合型式。

## （四）堤防设计水位线

在拟建堤防区段内沿程有接近设计流量的观测水位资料时，根据控制站设计水位和水面比降推算堤防沿程设计水位，并考虑桥梁、码头、跨河、拦河等建筑物的壅水作用。当沿程无接近设计流量的观测水位资料时，根据控制站设计水位推求水面线来确定堤防沿程设计水位。在推求水面曲线时，应根据实测或调查洪水资料推求糙率，并利用上游、下游水文站实测水位进行检验。

## （五）堤身断面设计

土堤堤顶和堤坡依据地形地质、设计水位、筑堤材料及交通条件，分段确定。可参照已建成的防洪堤结构初步选定标准断面，经稳定分析与技术经济比较后，确定堤身断面结构及尺寸。

1. 堤顶高程和堤顶宽度

堤顶高程按设计洪水位、风浪爬高、风壅水高度和安全加高四者之和确定。当土堤临水面设有坚固的防浪墙时，防浪墙顶高程可视为设计堤顶高程。土堤堤顶必须高出设计水位 0.5m 以上。土堤预留沉降加高，通常采用堤高的 3% ~ 8%。地震沉降加高一般可不考虑，但对于特别重要堤防的软弱地基上的堤防，须专门论证确定。

堤顶宽度根据防汛、管理、施工、结构等要求确定。一般 1 级、2 级土堤堤防顶宽 6m，3 级以下土堤堤防不小于 3m。浆砌石堤堤顶一般宽 0.5 ~ 1.0m，迎水面边坡 1 : 0.3 ~ 1 : 0.5，堤顶安全超高 0.5m，石堤基础埋深应在水流的冲刷深度以下,且不小于 0.5m。堤顶有交通和存放物料要求时,须专门设置回车场、避车道、存料场等,其间距和尺寸根据需要确定。

堤顶路面结构根据防汛的管理要求确定。常用结构型式有黏土、砂石、混凝土、沥青混凝土预制块等。

2. 堤坡

土堤临水面应有护坡工程,护坡的基本要求:坚固耐久、就地取材、造价低、便于施工和维修。土堤背水坡及临水坡前有较高、较宽滩地或为不经常过水的季节性河流时,应优先选择草皮护坡。

堤坡根据筑堤材料、堤高、施工方法及运用情况,经稳定分析计算确定。土堤常用的坡度为 1∶2.5 ~ 1∶3.0。土堤戗台尺寸根据堤身结构、防渗、交通等因素,并经稳定分析后确定。堤高超过 6m 时可设置 2 ~ 3m 的戗台。

### (六)防渗体

堤身防渗体主要有黏土斜墙和黏土心墙等形式,防渗体的设计应使堤身浸润线和背水坡渗流逸出比降下降到允许范围之内,并满足结构与施工要求。

土质防渗体断面自上而下逐渐加厚,其顶部最小水平宽度不小于 1m,如为机械施工,可依其要求确定。底部厚度斜墙不小于设计水头的 1/5,心墙不小于设计水头的 1/4。防渗体的顶部在设计水位以上的最小超高为 0.5m。防渗体的顶部和斜墙临水面必须设置保护层。

填筑土料的透水性不相同时,应将抗渗性好的土料填筑于临水面一侧。

### (七)基础处理

(1)对堤基范围内的地形地质、水文地质条件进行详细的勘察,将风化岩石、软弱夹层、淤泥、腐殖土等加以清理。

(2)对于土堤必须布置防渗体,减少渗流,防止产生管涌和流土等渗透变形,保证土堤的安全。

(3)各类不良地基处理设计参照有关规范和手册。

## 四、排洪排水工程设计

排洪工程的主要型式有明沟、暗管、涵洞等,对于山坡或沟道洪水采用明沟排洪,当排洪系统与道路、建筑物交叉时,采取涵洞或暗管排洪。

除涝排水工程包括明沟排水系统、暗管排水系统。明沟排水系统的设置可依干沟、支沟、斗沟、农沟顺序设置固定沟道，根据排水区的形状和面积大小以及负担的任务，沟道的级数也可适增减。当除涝排水系统与道路、建筑物交叉时，采取暗管排水。暗管排水系统的分级与管道类型、规格等，应根据排水规模、生产发展水平、地形、土质、管材来源、运输和敷设条件等因素综合分析确定。

## （一）排洪渠设计

排洪渠按建筑材料分为土质排洪渠、衬砌排洪渠和三合土排洪渠三种类型。

1. 排洪渠设计原则

（1）排洪渠道渠线布置，应尽量利用天然沟渠，人工开挖时，宜选择地形平缓、地质稳定、拆迁少的地带，并力求顺直。

（2）排洪明渠设计纵坡，应根据渠线、地形、地质以及与山洪沟连接条件等因素确定。当自然纵坡大于 1：20 或局部高差较大时可设置陡坡或跌水。

（3）排洪明渠断面变化时，应采用渐变段衔接，其长度可取水面宽度之差的 5 ~ 20 倍。排洪明渠进出口平面布置，宜采用喇叭口或八字形导流翼墙。导流翼墙长度可取设计水深的 3 ~ 4 倍。排洪明渠应考虑安全超高。在弯曲段凹岸应考虑水位壅高的影响。

（4）排洪明渠弯曲段的弯曲半径，不得小于最小容许半径及渠底宽度的 5 倍。

（5）排洪暗渠检查井的间距，可取 50 ~ 100m。暗渠走向变化处应加设检查井。排洪暗渠为无压流时，设计水位以上的净空面积不应小于过水断面面积的 15%。

（6）排洪渠道进口处宜设置沉沙池，拦截山洪泥沙。季节性冻土地区的暗渠基础埋深不应小于土壤冻结深度，进出口基础应采取适当的防冻措施。

2. 设计流量

因无实测资料，常用洪水调查、推理公式、地区经验公式等方法计算山丘区排洪渠的设计洪峰流量计。

3. 排洪渠横断面设计

排洪渠一般采用梯形断面，渠内过水断面水深按明渠均匀流公式计算，并考虑安全超高。排洪渠横断面设计应符合下列要求。

（1）排洪渠沟底比降应根据沿线地形、地质条件，上级、下级沟道的水位衔接条件，不冲、不淤要求，以及承泄区水位变化情况等确定，并宜与沟道沿线地面坡度接近。

（2）排洪渠糙率应根据沟槽材料、地质条件、施工质量、管理维修情况等确定。新挖排洪渠可取 0.020 ~ 0.025；有杂草的排洪渠可取 0.025 ~ 0.030；排洪沟可比排洪渠相应加大 0.0025 ~ 0.005。

（3）土质排洪渠宜采用梯形或复式断面，石质排洪渠可采用矩形断面。

（4）土质排洪渠边坡系数应根据开挖深度、沟槽土质及地下水情况等，经稳定分析计算后确定。开挖深度不超过 5m、水深不超过 3m 的沟道，最小边坡系数按照规定确定。淤泥、流沙地段的排洪渠边坡系数应适当加大。

（5）排洪渠开挖深度大于 5m 时，应从沟底以上每隔 3 ~ 5m 设宽度不小于 0.8m 的戗道。

（6）1 ~ 3 级排洪渠堤顶宽度不应小于 2.0m。堤顶兼作交通道路时，其宽度应满足车辆通行的要求。

（7）排洪渠的弃土和局部取土坑应结合筑渠、修路和土地平整加以利用。

（8）排洪渠平均流速可按相关公式计算，允许不冲流速可按相关表格选用。水流含沙量较大，且沟底有薄层淤泥时，所取数值应适当加大，排洪沟允许不冲流速可加大 10% ~ 20%。排洪渠最小流速不宜小于 0.3 m/s。

4. 排洪渠纵断面设计

排洪渠纵断面设计应将地面线、渠底线、水面线、渠顶线绘制在纵断面设计图中，排洪渠纵断面设计符合下列要求。

（1）应保证设计排水能力。排洪渠设计水位宜低于地面（或堤顶）不少于 0.2m。

（2）排洪渠分段处以及重要建筑物上游、下游水面应平顺衔接。下一级沟道的设计水位宜低于上一级沟道 0.1 ~ 0.2m。

（3）占地少，工程量小。

（4）施工、管理方便。

（5）排洪渠沟底比降应根据沿线地形、地质条件，上级、下级沟道的水位衔接条件，不冲、不淤要求，以及承泄区水位变化情况等确定，并宜与沟道沿线地面坡度接近。

（6）排洪渠边坡防塌处理，应根据沟坡土质、土体受力和地下水作用等条件进行边坡稳定分析，经技术经济比较，选用稳固坡脚或生物护坡等措施。

## （二）排洪涵洞设计

排洪涵洞的轴线方向力求与水流方向保持一致，不宜有较大交角，以保持水流顺畅。对于较长涵洞每隔 50 ~ 100m 设置一座检查井，以便检修、清淤和通风。

涵洞中每隔 10 ~ 20m 设置一道伸缩沉陷缝，并做好止水设施，避免由于地基不均匀沉陷而产生裂缝。

1. 涵洞类型

根据建筑材料和断面形式将排洪涵洞分为浆砌石拱形涵洞、钢筋混凝土箱形涵洞、钢筋混凝土盖板涵洞三种类型。浆砌石拱形涵洞底板和侧墙用浆砌块石砌筑，顶拱用浆砌条石或混凝土砌筑。当拱上垂直荷载较大时，采用矢跨比为 1/2 的半圆拱；当拱上荷载较小时，采用矢跨比小于 1/2 的圆弧拱。钢筋混凝土箱形涵洞其顶板、底板及侧墙是钢筋混凝土整体框形结构，适合布置在项目区内地质条件复杂的地段，排除坡面和地表径流。钢筋混凝土盖板涵洞，涵洞边墙和底板由浆砌块石砌筑，顶部用预制的钢筋混凝土板覆盖。

2. 涵洞排洪流量

因无实测资料，常用洪水调查、推理公式、地区经验公式等方法计算山丘区排洪涵洞的设计洪峰流量。

3. 涵洞断面尺寸

涵洞分为无压涵洞和有压涵洞，不允许部分有压、部分无压的情况，一般采用无压涵洞型式。无压涵洞较长时，可按明渠均匀流计算过流能力；当涵洞较短时，按堰流计算过流能力。涵洞纵坡比降宜大于两侧渠道，一般在 1 ∶ 500 ~ 1 ∶ 100，以防止涵洞淤积。

## （三）除涝排水工程

排水系统的布置，主要包括承泄区和排水出口的选择以及各级排水沟道的布置两部分。它们之间存在着互为条件、紧密联系的关系。骨干排水沟的布置，应尽快使排水地区内多余的水量泄向排水口。选择排水沟线路，通常要根据排水区或灌区内、外的地形和水文条件，排水目的和方式，排水习惯，工程投资和维修管理费用等因素，编制若干方案，进行比较，从中选用最优方案。

1. 排水工程布设

明沟排水系统的设置应与灌溉渠道系统相对应，可依干沟、支沟、斗沟、农沟顺序设置固定沟道。根据排水区的形状和面积大小以及负担的任务，沟道的级数也可适当增减。

明沟排水系统的布置应符合下列规定。

（1）排水沟宜布置在低洼地带，并尽量利用天然河沟。

（2）1 ~ 3 级排水沟线路宜避免高填、深挖和通过淤泥、流沙及其他地质条件不良地段。

（3）排水线路宜短而直。

（4）1～3级排水沟之间及其与承泄河道之间的交角宜为30°～60°。

（5）排水沟出口宜采用自排方式。受承泄区或下一级排水沟水位顶托时，应设涵闸抢排或设泵站提排。

（6）排水明沟可与其他型式的田间排水设施结合布置。

（7）水旱间作地区，水田与旱田之间宜布置截渗排水沟。

（8）排洪沟（截流沟）应沿傍山（源边）渠道一侧及灌区边界布置，并就近汇入排水干沟或承泄区，交汇处应设防冲蚀护面。

2. 末级固定排水沟设计

（1）末级固定排水沟的深度和间距，应根据当地机耕作业、农作物对地下水位的要求和自然经济条件，按排水标准设计并经综合分析确定。在增设临时浅密明沟的情况下，末级固定排水沟间距可适当加大。

（2）用于排渍和防治土壤盐碱化的末级固定排水沟深度和间距，宜通过田间试验确定，也可按相关公式进行计算，并经综合分析确定。

3. 排水沟设计流量

排水沟设计流量具体参见前述的设计排涝流量计算方法。排水沟设计流量和校核流量应根据排水面积、排水模数、产流与汇流历时以及对地下水位的控制要求等，按相关分析计算确定。

排涝标准的设计暴雨重现期应根据排水区的自然条件、涝灾的严重程度及影响大小等因素，经技术经济论证确定，一般可采用5～10a。经济条件较好或有特殊要求的地区，可适当提高标准；经济条件目前尚差的地区，可分期达到标准。

设计暴雨历时和排除时间应根据排涝面积、地面坡度、植被条件、暴雨特性和暴雨量、河网和湖泊的调蓄情况，以及农作物耐淹水深和耐淹历时等条件，经论证确定。旱作区一般可采用1～3d暴雨，从作物受淹起1～3d排至田面无积水；水稻区一般可采用1～3d暴雨，3～5d排至耐淹水深。

4. 排水沟纵、横断面设计

排水沟一般采用梯形断面，渠内过水断面水深按明渠均匀流公式计算，并考虑安全超高。排水沟纵、横断面设计具体参见排洪渠纵、横断面设计内容。

# 五、泥石流防治工程设计

泥石流防治工程包括泥石流形成区的谷坊、淤地坝和沟床加固工程，泥石流过流区的格栅坝、桩林，泥石流堆积区的停淤工程、排导工程等。

## （一）沟床加固工程

### 1.沟床加固工程的类型

沟床加固工程按材料可分为钢筋混凝土沟床加固工程、木笼沟床加固工程、石笼沟床加固工程、在如滑坡等需要富有柔性沟床加固的地方，则用木笼或石笼沟床加固工程。

### 2.断面确定

沟床加固工程的断面确定、稳定分析与拦沙坝基本相同，但一般高度多在5m 以下，尤其是高度为 2 ~ 3m，顶宽 1 ~ 1.5m，下游坡度 1：0.2，上游坡为直角。在排导工程最上游端设置的沟床加固工程通过稳定计算确定上游坡度。

### 3.过水断面的确定

过水断面必须能使设计流量安全通过。排导工程最上游端部沟床加固工程，考虑到其与拦沙坝一样蓄水，根据堰流公式确定过水断面，按平均流速和设计流量的关系求所需面积。最下游端沟床加固工程过水部分按堰堤断面设计。

### 4.沟床加固工程的方向

其方向必须与下游流向成直角。

### 5.边墙修筑

边墙沟床加固工程修筑边墙时，为避免跌水的冲刷，将边墙基础设计在由肩部垂直下落线的后侧。在护坦部分具有使落下水流不溢流的高度。

### 6.端墙

根据设计流量、沟床粒径、沟床加固工程的落差等，还应考虑端墙下游防冲条件，一般为 2 ~ 3m。将端墙上下游坡均作成90°，顶宽 0.7 ~ 1m。

### 7.翼墙

设计排导工程中的沟床加固工程时，应每隔几段将沟床加固工程的翼部嵌入在岩体中。

## （二）铺砌工程

铺砌工程是为防止坡面风化、侵蚀、轻微剥落和坍塌，在框格护坡工程中用作填塞，涌水多的地方按 2m² 布设一个内径为 5cm 以上的排水孔。

铺砌工程一般分为块石铺砌工程、混凝土块铺砌工程、混凝土铺筑工程和排导工程中底部铺砌工程。

1. 块石铺砌

在坡度缓于 1∶10、垂直高度小 2m、坡面长度小于 7m 时，采取块石铺砌工程。块石铺砌工程中的挡墙采用浆砌（30～40cm）毛方石、杂毛方石料。混凝土块铺砌工程背填混凝土厚度为 5～10cm，垫层用碎石、大卵石夯填，厚度为 10～24cm，沿坡面纵向按 10m 间隔设置隔墙。

2. 混凝土铺

在坡度较陡的基岩坡面上采用混凝土铺筑工程，防止由风化引起的剥离崩落。地面坡度缓于 1∶0.5，坡面高度不大于 20m。采用阶梯式铺筑时，每一阶坡面高度为 15m，护坡道宽 1m 以上。垂高在 5m 以上时应作基础。当坡度在 1∶10 时一般采用素混凝土铺设。

当坡度为 1∶0.5 陡坡时，采用钢筋混凝土铺筑，厚度为 0.2～0.8m。为使其与山地成为整体，锚固桩以 1～4m² 一根，贯入深度为混凝土厚度的 1.5～3 倍。在纵向上每 10～20m 设置一条伸缩缝。

3. 排导工程中底部铺砌

对于排导工程其底板受到泥石流的频繁磨损作用，必须采取铺砌加固工程。铺砌厚度一般为 20～30cm，磨损严重时采用 50～100cm。铺砌材料采用块石、现浇或预制混凝土及钢筋混凝土。

## （三）拦沙坝（含谷坊）

一般在布置格栅坝、桩林的沟道中，同时布置拦沙坝，拦蓄经筛分的沙砾与洪水，以巩固沟床、稳定沟坡，减轻对下游的危害。拦沙坝坝址选择根据项目区特点和要求，坝体按小型水利工程设计。拦沙坝一般为浆砌石或混凝土、钢筋混凝土实体重力坝，坝高 5m 以上，单坝库容 1 万～10 万立方米。

在容易滑塌、崩塌的沟段，布置谷坊、淤地坝和其他固沟工程，巩固沟床，稳定沟坡，减轻沟蚀，控制崩塌、滑坡等重力侵蚀的发生。

1. 谷坊

在小流域沟底比降大、沟底下切严重的沟段，布置土谷坊、石谷坊、柳谷坊等类型的沟道工程。具体设计与施工技术要求参照国家标准 GB/T 16453.3-1996 第二篇的规定执行。

2. 淤地坝

坝址选择、坝型确定、断面设计等参照国家标准 GB/T 16453.3-1996 第五篇的规定执行。

3. 沟底防冲林

在纵坡比降较小的沟道，顺沟成片造林，巩固沟底、缓流落淤；在纵坡比降较大、下切严重的沟段，在谷坊淤积面上成片造林。

## （四）停淤工程设计

根据不同的地形条件，选择修建侧向停淤场、正向停淤场或凹地停淤场，将泥石流拦阻于保护区外，同时，减少泥石流的下泄量，减轻排导工程的压力。

1. 侧向停淤工程

当堆积扇和低阶地面较宽、纵坡较缓时，将堆积扇径向垄岗或宽谷一侧山麓修筑成侧向围堤，在泥石流流动方向构成半封闭的侧向停淤场，将泥石流控制在预定范围内停淤。其布设要点如下。

（1）入流口布置在沟道或堆积扇纵坡转折变化处，并略偏向下游，使上部纵坡大于下部，便于布置入流设施并使泥石流获得较大落差。

（2）在弯道凹岸中点偏上游处布置侧向溢流堰，沟底修筑并适当抬高潜槛，以实现侧向入流与分流。在低水位时侧向溢流堰必须使洪水顺沟道排泄，高水位时也能侧向分流，使泥石流的分流与停淤达到自动调节。

（3）停淤场入流口处沟床设计横向坡度，必须使进入停淤场内的泥石流迅速散开，铺满沟床并立即流走，以免在堰首发生拥塞、滞流，并防止累积性淤积而堵塞入流口。

（4）停淤场应具有开阔、渐变的平面形状，采取修整措施消除阻碍流动的急弯和死角。

2. 正向停淤场

当泥石流出沟处前方有公路或其他需保护的建筑物时，在泥石流堆积扇的扇腰处，垂直于流向修建正向停淤场，布设要点如下。

（1）正向停淤场由齿状拦挡坝与正向防护围堤结合而成，拦挡坝的两端出口，齿状拦挡坝与公路、河流之间修筑防护围堤，形成高低两级正向停淤场。

（2）拦挡坝两端不封闭，两侧预留排泄道，在堆积扇上形成第一级高阶停淤场，具有正面阻滞停淤、两侧泄流的功能，以加快停淤和水土（石）分离。

（3）拦挡坝顶部修筑疏齿状溢流口，在拦挡石砾的同时，将分选不带石砾的洪水排向下游。

（4）在齿状拦挡坝下游河岸（公路路基上游）修建围堤，构成第二级低阶停淤场。经齿状拦挡坝排入的洪水在此处停淤。

（5）沿堆积扇两侧开挖排洪沟，引导停淤后的洪水排入河道。

3. 凹地停淤场

在泥石流活跃、沿主河一侧堆积扇有扇间凹地的，修建凹地停淤场。布设要点如下。

（1）在堆积扇上修建导流堤，将泥石流引入扇间凹地停淤。凹地两侧受相邻两个堆积扇挟持约束，形成天然围堤。

（2）根据凹地容积及泥石流总量确定是否在下游出口处修筑拦挡工程，以及拦挡工程的规模。

（3）在凹地停淤场出口以下开挖排洪渠，将停淤后的洪水排入下游河道。

### （五）排导工程设计

在需要排泄泥石流，或控制泥石流走向和堆积的地方，修建排导工程。根据不同条件分别采用排导槽或渡槽等形式。

1. 排导槽

主要修建在泥石流的堆积扇或堆积阶地上，使泥石流按一定路线排泄。

（1）排导槽自上而下由进口段、急流段和出口段三部分组成。进口段做成喇叭形，并有渐变段以利于与急流段相衔接。

（2）根据排导流量，确定排导槽的断面和比降，保证泥石流不漫槽。

（3）排导槽出口以下的排泄区要比较顺直或通过裁弯取直可变得比较顺直，以有利于泥石流流动；或者通过足够的坡度，或者通过一定的工程制造足够的坡度，保证泥石流在排导槽内不淤不堵，顺畅排泄。

（4）排泄区以下要有充足的停淤场，保证泥石流经排导槽导流后不带来新的危害。

2. 渡槽

在泥石流的流过区或堆积区与铁路、公路、水渠、管道或其他线形设施交叉处，需修建渡槽，使泥石流从渡槽通过，避免对建筑物造成危害。

（1）采用渡槽需具备以下条件：泥石流暴发较为频繁，高含沙水流与洪水或常流水交替出现，且沟道常有冲刷；泥石流最大流量不超过 200m³/s，其中固体物粒径最大不超过 1.5m；地形高差，能满足线路设施立体交叉净空的要求；进出口顺畅，基础有足够的承载力并具备冲刷能力。

（2）不宜采用渡槽的条件：沟道迁徙尤常；冲淤变化急剧；洪水流量、容重和含固体物粒变化幅度很大的高黏性泥石流和含巨大漂砾的泥石流。

（3）渡槽由沟道入口衔接段、进口段、槽身、出口段和沟道出流衔接段五部分组成。

①沟道入口衔接段在渡槽进口以上需有15～20倍于槽宽的直线引流段，沟道顺直，与渡槽进口平滑衔接。

②渡槽进口段采用梯形或弧形喇叭口断面，从衔接段渐变到槽身。渐变段长度一般大于5～15倍槽宽，且必须大于20m，其扩散角应小于8°～15°。

③槽身部分，做成均匀的直线形，其宽度根据槽下的跨越物而定，其长度比跨越物的净宽再增加2.0～2.5倍。

④渡槽出口段，采用沟道出流衔接段顺直相连，避开弯曲沟道，避免在槽尾附近散流停淤。

⑤沟道出流衔接段，其断面与比降，要求能顺畅通过渡槽出口排出的泥石流，不产生淤积或冲刷，保证渡槽的正常使用。

# 第五节　雨水集蓄工程设计

雨水集蓄工程是针对水利水电工程中施工营地或移民安置区地面铺装、道路、广场等硬化地面导致区域内径流量增加，所采取的雨水就地收集、入渗、储存、利用等措施。该措施既可有效利用雨水，为水土保持植物措施提供水源，也可以减少地面径流，防治水土流失。

在干旱、半干旱地区及西南山区的新建、改建、扩建工程更应加强雨水利用工程的设计和建设内容，要求雨水集蓄利用设施与主体建设工程同时设计、同时施工和同时投入使用。

## 一、降水入渗径流

### （一）降水入渗与地表径流变化分析

开发建设活动对原地貌的坡面漫流和河槽汇流均产生较大影响。

1.坡面漫流

在项目区范围内，由于基建施工和生产运行将引起土壤性质、土壤湿度、土层剖面特性、植被、地形、土地利用程度等下垫面条件发生变化，硬化地面、开挖裸露面，地面糙率变小，其蓄渗降雨的能力下降，坡面漫流速度增大。产流历时缩短而产流量增大，其冲刷作用增强，地下水补给减少。填土（石、沙、渣）或弃土（石、沙、渣、灰）孔隙率增大，蓄渗能力增大，产流历时延长而产流量减小，土壤含水量增加，对于填方或废弃物的稳定可能产生不利影响。

2.河槽集流

坡面漫流从上游向下游汇集，在项目区内或在项目区下游汇流到流域出口断面形成沟（河）道径流。由于基建施工和生产运行将引起包括沟（河）道在内的下垫面条件发生变化，故河槽集流的历时、集流速度将发生变化。当项目区硬化地面、开挖裸露面面积较大时，坡面漫流、河槽集流量增大，径流特别是洪水对河（沟）道的冲刷作用增强。

## （二）径流与水分管理要求

对由于项目基建施工和生产运行引起坡面漫流和河槽集流增大，地表的冲刷作用增强，必须采取水土保持防护工程，与项目防护工程形成完整的防御体系，有效地防止水土流失，并保证工程项目稳定和生产运行的安全。

1.控制硬化面积

为了减少坡面漫流、河槽集流量，同时增加地下径流补给，一般情况下应将硬化面积限制在项目区空闲地总面积的1/3以下。地面、人行道路面硬化结构尽量采用透水形式，以增加地下水补给。

2.植被恢复要求

为了增加地表糙率和土壤蓄渗量，减少地表径流和地面蒸发，必须恢复并增加项目区内林草植被覆盖度，植被恢复面积应达到项目区空闲地总面积的2/3以上。

## （三）降水蓄渗利用方式

对产生径流的坡面，应根据地形条件，采取水平阶、水平沟、窄梯田、鱼鳞坑等蓄水工程；对径流汇集的坡面，应根据地形条件，采取水窖、涝池、蓄水池和沉沙池等径流拦蓄工程；项目区位于干旱、半干旱地区及西南部分地区，应结合项目工程供水排水系统，布置专用于植被绿化的引水、蓄水、灌溉工程。

# 二、产流拦蓄工程

## （一）坡面蓄水工程

### 1. 水平阶

水平阶适应于地形较为完整、土层较厚、坡度为 15° ~ 25° 的坡面，阶面宽 1 ~ 1.5m。具有 3° ~ 5° 反坡。上下两阶之间水平距离以设计造林行距为准。在阶面上能全部拦蓄各阶台间斜坡径流，由此确定阶面宽度、反坡坡度（或阶边设埂），或调整阶间距离。树苗种植于距阶边 0.3 ~ 0.5m（约 1/3 阶宽处）。

### 2. 水平沟

水平沟同样适用于在 15° ~ 25° 的陡坡，沟口上宽 0.6 ~ 1.0m，沟底宽 0.3 ~ 0.5m，沟深 0.4 ~ 0.6m，沟由半开挖半填筑而成，内侧挖出的生土用在外侧筑埂。树苗植于沟底外侧。根据设计造林行距和坡面径流量大小确定上下沟的间距和水平沟断面尺寸。

### 3. 窄梯田

在坡度较缓、土层较厚的坡地种植果树或其他立地条件要求较高的经济树木时，采取窄梯田。田面宽 2 ~ 3m，田边蓄水埂高 0.3m，顶宽 0.3m，根据果树设计行距确定上下两台梯田间距。田面修筑平整后将挖方生土部分耕翻 0.3m 左右，在田面中部挖穴种植果树。

### 4. 鱼鳞坑

鱼鳞坑适用于地形破碎、土层较薄、不能采用带状整地的坡地。每坑平面呈半圆形，长径 0.8 ~ 1.5m，短径 0.3 ~ 0.5m，坑内取土在下沿筑成弧状土埂，高 0.2 ~ 0.3m（中部高，两端低）。各坑在坡面基本沿等高线布置，上下两行坑口呈"品"字形错开排列。根据设计造林行距和株距，确定坑的行距和穴距，树苗种植在坑内距上沿 0.2 ~ 0.3m，坑两端开挖宽深均为 0.2 ~ 0.3m 的倒"八"字形截水沟。

## （二）径流拦蓄工程

### 1. 水窖

水窖分为井式、窖式两类。来水量不大的路旁修井式水窖，水窖容积一般为 30 ~ 50m³。土质坚硬且蓄水量需求较大的地方，修筑窖式水窖，容积为 100 ~ 200m³。

2.涝池

在土质坚硬且渗透性较小、低于路面的路旁（或道路附近），布置涝池拦蓄道路径流，防止道路冲刷与沟头前进，同时供项目区植被绿化灌溉、用水。一般涝池容积 100 ~ 500m³，通常沿一条道路多处布置。大型涝池容积在 500m³ 至数万立方米之间，用于容蓄项目区内及周边大量来水。在路面低于两侧地面形成 1 ~ 2m 的路壕处，将道路改在较高一侧的地面上，而在路壕中分段修筑小土坝作为蓄水堰，拦蓄暴雨径流。单堰容积随路壕的宽度和深度、土坝的高度、道路坡度而定，一般为 500 ~ 1000m³。

3.蓄水池与沉沙池

蓄水池一般布置在坡脚或坡面局部低凹处，与排水沟（或排水型截水沟）末端相连，以容蓄坡面径流。根据坡面径流总量、蓄排关系、施工条件、使用条件，确定蓄水池的分布与容量。

沉沙池一般布置在蓄水池进水口上游，排水沟（或排水型截水沟）排出水流中泥沙经沉沙池沉淀之后，将清水排入蓄水池中。

## （三）引水、蓄水、灌溉工程

项目区位于干旱、半干旱地区时，为了保证林草植被的成活和正常生长，应结合项目工程供水排水系统，布置专用于植被绿化的引水、蓄水、灌溉工程。

1.引水工程

引水工程的形式可采用引水渠、引水管道，根据项目区水源条件确定。当项目区内及附近有河流、充足的地下水出露时，修筑引水渠工程。当埋深较浅具备开采条件时，布置小型抽水泵站工程，通过引水工程灌溉林草。引水渠的断面及型式根据灌溉用水量确定。当项目区范围内无地表径流可供引水灌溉时，应结合项目工程供排水系统，布置专用林草灌溉引水管线。

引水流量和管径根据林草用水量确定。

2.蓄水工程

根据项目区水源条件，在道路、硬化地面附近布置蓄水池、水窖、涝池等蓄水工程，灌溉林草植被。

3.灌溉工程

根据林草生长需要进行缺水期补充灌溉，灌溉可以采用喷灌、滴灌、管灌等节灌方式，尽量避免采用漫灌方式。

# 第四章 水生态系统保护与修复

## 第一节 水生态系统保护与修复研究进展和技术

### 一、水生态系统保护与修复的概念与内涵

#### （一）水生态系统

本书基于水生态系统、与水有关的生态系统两个层面的架构体系，综合国际国内的认识，提出水生态系统的定义，即特定水体内（包括水域、河湖岸带及有水力联系的湿地）生物要素（即生物群落）与非生物要素（即生境）共同构成的相互作用、相互制约的统一整体，包括河流生态系统、湖泊生态系统与水库生态系统。与水有关的生态系统是由山水林田湖草等要素组成的自然生态系统，包括山地、森林、湿地、河流、地下含水层和湖泊等。按照山水林田湖草生命共同体的系统思想，与水有关的生态系统是统一的自然系统，是山水林田湖草各种自然要素相互依存、紧密联系的有机链条，水是其中的一个要素。在两个层面的架构体系中，包括河流、湖泊及水库的水生态系统是与水有关的生态系统的关键组成部分。可以认为前者是狭义的水生态系统，后者为广义的水生态系统。

#### （二）水生态系统保护与修复

基于水生态系统、与水有关的生态系统的两个层面的架构体系，水生态系统保护与修复既包括河湖水生态系统保护与修复，也包括与水有关的生态系统的保护与修复。前者聚焦于河湖健康的维护，以河湖水域岸线空间为重点，关键是做好"水"和"盆"两方面的保护与治理；后者统筹治水和治山、治林、治田、治草等，以流域重现生机支撑让河流恢复生命。通过两个层面的治理与保护，形成水陆共治、综合整治、系统治理的水生态系统保护与修复体系。

河湖水生态系统保护与修复是指在发现和遵循水生态系统保护基本自然规律，充分发挥河湖水生态系统自然修复功能的前提下，维持或修复水生态系统完

整性的所有行为的总和。河湖水生态系统完整性是指水生态要素的完整性，从本质上讲是水生态系统结构与功能的完整性。水生态要素特征概括起来共有5项，即水文情势时空变异性、河湖地貌形态空间异质性、河湖水系三维连通性、适宜生物生存的水体物理化学特性范围，以及食物网结构和生物多样性。河湖水生态系统保护是对所有水生态要素的保护，而其中重要物种保护、水生生物栖息地保护和针对多种水生生物与特有水生态系统类型保护等是重点。河湖水生态系统修复的目的是修复水文、地貌、水体化学物理性质和生物这些生态要素，最大限度恢复水生态要素的特征。

与水有关的生态系统具有涵养水量、蓄洪防涝、净化水质等方面的作用，与水有关的生态系统保护与修复则是按照山水林田湖草生命共同体的系统思想，将湿地、河流、湖泊、水库和地下水，以及那些在水源涵养和维持水质方面发挥着特殊作用的山区和森林中的生态系统进行系统保护与治理，阻止其退化和破坏，恢复已退化的生态系统，确保与水有关的生态系统功能可以持续。

## 二、水生态系统保护与修复存在的问题

### （一）水生态系统问题严重

1. 重要河湖健康状况整体较差

全国河湖生态状况恶化的主要表征体现在以下几个方面：一是水文水资源方面，生态流量不足、河川径流过程变异严重，北方流域，如海河、辽河流域水资源开发利用率高，生态用水被挤占严重，河流动力学功能基本消失，呈现"静滞河流"特征；南方流域水利水电工程节制程度高，生态调度考虑少，自然水文节律变异及生态水文功能退化问题普遍。二是河湖物理结构方面，湖泊面积萎缩及天然湿地退化问题突出、河湖岸带扰动强度过大、河湖连通性差。三是水质方面，水污染问题依然严重、湖库富营养化问题突出、水功能区达标率偏低。四是水生生物方面，水生生物完整性普遍受到破坏，重要敏感生物生存状况差。

2. 与水有关的水生态系统退化问题严重

水资源开发利用程度的不断提高带来了一系列的生态环境问题。我国北方地区出现的诸如河道断流，湖泊、沼泽萎缩，荒漠化加剧，地下水超采等一系列生态环境问题十分严重。

水生态问题随着水资源的过度开发、水污染加剧和水利设施管理不善而日益凸显，江河断流、湖泊萎缩、湿地减少、地面沉降、海水入侵、水生物种受到威

胁,淡水生态系统功能还将持续"局部改善、整体退化"的局面。我国经济已经进入新常态,水治理正在迎来一个转折点,水生态退化有所缓解。根据国家尺度水安全现状评价综合得分可以看出,水生态问题、水体水质问题及防洪能力问题仍然是国家水安全的短板,水生态退化虽有所缓解,但部分地区水生态功能受损仍较为严重。

## (二)水生态保护与修复工作全链条式地存在不足

本书认为还存在三个基础性方面的问题:

一是在规划、设计、施工、管理等系列技术标准中几乎没有水生态系统保护的相关要求,已经成为推进水生态保护与修复工作的重大制约,需要尽快推进标准的修订。

二是水生态系统本底不清,基础数据不全,适用的监测技术方法与手段不多,发现问题的能力不足。

三是由于历史原因,数量较多的水工程规划设计及运维管理与当前的生态环境保护要求不协调、不适应,生态化改造调整的难度大,经验不足,办法不多;北方水资源短缺流域部分河流生态退化严重,积累的问题多,情况复杂,生态修复的水资源条件严苛,标本兼治的手段与方法欠缺。

# 三、水生态系统保护与修复问题成因

## (一)有效管理水生态系统对世界各国来说都是难题

首先,水生态系统是最复杂、生物多样性最丰富的生态系统之一,在气候变化和水资源利用模式以及用水需求增加的压力下,水生态系统在不同尺度上的响应与表现至今一直难以被系统认识和理解,如何有效管理水生态系统对世界各国来说都是难题。其次,生态系统对于胁迫响应的滞后效应相对较长,如果没有系统的监测评估作为支撑,生态系统的变化往往需要一个较长的时间才能被发现,加之生态系统的差异性巨大,准确科学的判断往往难以给出,而在能够觉察生态系统的变化时,生态系统退化问题可能已经十分严重了。

为了将供水与社会用水需求相匹配,水资源利用与管理追求克服与控制各种不确定性,对河湖进行工程和技术干预,这是工程师的思维范式。而从生态学的角度,河湖生态系统往往需要这种不确定性,如季节性河流流量、洪水和干旱,对河湖进行工程和技术干预,必然会给河湖生态系统增加相应的生态风险,这是生态学家的思维范式。

　　与欧美国家比较，我国在水生态系统方面的科学研究起步晚，监测与研究工作少，对于我国分区差异性极大的水生态系统规律的科学认知明显不足。首先，我国是一个水生态禀赋条件较差的国家之一，近年来对水生态系统的扰动严重强度持续偏高，水生态系统退化呈现系统性、复合性与整体性特点，显著增大了对水生态系统规律认知的难度。其次，我国水情特殊，水旱灾害频发仍是我国的心腹大患，防洪与供水保障任务重，水资源管理重点服务于防洪、饮水、灌溉，工程思维范式占主导地位，水生态系统保护与修复难以获得应有的重视。

### （二）水生态保护与修复工作力度长期难以应对复杂的水生态问题

　　一是有理念、有目标，落实行动少。21世纪初期，水利人开始思考与探索如何正确处理人与河流和谐发展，如何遵循"人与自然和谐相处"的理念，使水利成为利用自然、修复自然、维护自然的基本支撑。

　　二是有试点，整体推进少。在"人与自然和谐相处"理念的探索过程中，把水生态系统保护与修复作为水利工作的主要目标之一开始纳入到水资源保护的决策中。但是，由于我国水生态问题呈现系统性与整体性特点，如果不能将水生态系统保护与修复融入到水资源开发、利用、治理、配置、节约、保护的各方面，落实到水利规划、建设、管理的各环节，形成面向全局的整体推进，则水生态问题恶化态势仍然难以得到有效遏制。

　　三是被动应对多，主动应对少。为了应对严重的水生态问题，先后在黄河、塔里木河、黑河进行综合治理和水资源科学调度，对白洋淀、扎龙湿地、向海湿地、南四湖进行应急生态补水，取得了成效。但是，这些水生态系统保护行动是"急诊室"工作，从"急诊室"到"门诊部"，从"门诊部"到"防疫站"才是工作追求，维护河湖健康需要在"防病"上多花功夫。但是多"防病"少"急诊"的局面一直没有能够形成，生态流量保障的主动预防机制未能全面系统建立与监管，被动陷入应急生态补水的"急诊室"工作成为常态。

## 四、水生态保护与修复的总体思路与关键举措

### （一）新认识

　　一是在推动我国生态文明建设迈上新台阶的新时期，要把水生态系统保护与修复摆在压倒性位置。河川之危，水源之危，是生存环境之危，民族存续之危。在我国诸多的生态环境问题中，水生态环境问题相对最严重，影响也最大，人民群众感受最直接，人们对优质水资源、健康水生态、宜居水环境的需求更加迫

切。作为河湖管理者，要积极回应人民群众所想、所盼、所急，全面推进水生态系统保护与修复，提供更多优质生态产品，不断满足人民日益增长的优美生态环境需要。

二是全面适应我国治水主要矛盾变化，落实新时期水利改革发展总基调，要将全面深入推进水生态系统保护与修复作为推动行业健康发展的重大任务。进入新时代，人民群众对水利提出了新的更高需求，我国治水的主要矛盾已经从人民群众对除水害兴水利的需求与水利工程能力不足的矛盾，转变为人民群众对水资源水生态水环境的需求与水利行业监管能力不足的矛盾。全面深入推进水生态系统保护与修复工作，就是针对水生态保护与修复长期存在的问题与不足，推进实现职能转变，推动行业健康发展。

三是准确与全面认识水利在解决水生态环境问题方面发挥基础支撑的巨大能力。中华民族有着善治水的优良传统，面对当前河川之危、水源之危的重大问题，水利应该坚定在水生态环境问题解决方面发挥核心基础支撑作用的信心。从河湖水生态系统保护与修复来看，水利工程所调控的水文过程及河湖地貌过程等物理过程，既是影响水生态系统结构与功能的决定性过程，也是退化生态系统修复的先导过程，是解决河湖生态环境问题的物理基础。坚持人与自然和谐共生，将水生态系统的需求妥善纳入到水利工程的建设与水资源的管理中，则水利工程既是保障防洪与供水安全的基础设施，也是维护与修复河湖生态功能的重要手段，可以在维持河湖健康美丽方面发挥基础支撑作用。从与水有关的生态系统保护与修复来看，按照山水林田湖草生命共同体的系统思想，与水有关的生态系统是统一的自然系统，水是其中的一个基础要素。在国土空间保护规划体系中，河流及湖库在流域及区域安全和谐的生态环境保护格局中发挥主骨架的作用，对其他类型的生态系统起到重要的支撑和保障作用。因此，解决水生态环境问题，做好水文章是前提，维持河湖健康是关键。

### （二）总体思路

牢固树立绿色发展理念，坚持"节水优先、空间均衡、系统治理、两手发力"新时代水利工作方针，围绕"水利工程补短板、水利行业强监管"水利改革发展总基调，以维护河湖健康美丽为目标，以深入推进河长制湖长制为依托，以严格的水生态保护管控为刚性约束，以"调、治"为根本举措，夯实水利在水生态系统保护与修复方面的基础工作，协调水资源水生态水环境水灾害系统治理，统筹与水生态有关的系统及河湖水生态系统保护与修复，稳步推进分区分类保护及采取相应的治理措施，提升水生态系统质量和稳定性，提升水利在推动我国生态文明建设迈上新台阶方面的关键支撑作用，为满足人民日益增长的对优质水资源、健康水生态、宜居水环境的需求提供水利支撑与保障。

## （三）关键举措

### 1.调——既要调目标，也要调标准

落实调整人的行为、纠正人的错误行为的要求。遵循绿水青山就是金山银山的发展理念，按照保护生态价值、提升生态价值、转化生态价值的思路，将水生态系统保护与生态价值保护提升与转化，纳入水治理与管理的目标体系中，提出分区分类的水生态保护与修复目标，破解因生态保护修复目标缺位或指导性不足造成的不利局面，科学调整河湖治理与管理目标是关键；针对工程思维主导的规划、设计、施工、监测、管理等系列技术标准已经成为推进水生态保护与修复工作重大制约的问题，需要根据新时期治水主要矛盾变化，系统审视技术标准中的不合理与不足，基于坚持保护优先的"预防原则"与"实践中学习"的策略，形成调整人的行为、纠正人的错误行为的控制标准，按照生态保护要求对标生态化改造与调整是关键。

### 2.治——既要治"水"，也要治"盆"

落实既管好河道湖泊空间及其水域岸线，又要管好河道湖泊中的水体的要求。强化生态流量保障与监管是关键，要处理好水与经济社会发展及生态环境保护之间的关系，将本应该属于生态系统的水，还给生态系统；强化河湖水生态空间管控与修复是关键，要处理好河湖水生态空间与生产生活空间的关系，把侵占的河湖水生态空间，还给河湖生态系统；强化流域综合整治是关键，要处理好河湖水生态系统和与水有关生态系统保护与治理的关系，推动在治山、治林、治田、治草过程中落实治水要求。

## （四）主攻方向

从提升水利行业在推动我国生态文明建设迈上新台阶发挥更大作用来考虑，并根据"坚持保护优先，加强水资源、水域和水利工程的管理保护，维护河湖健康美丽"的职能转变要求，水生态保护与修复需要在以下方面有所突破。

一要加快建立河湖健康定期评估制度。要密切结合最严格水资源管理制度与河长制湖长制工作，以全国河湖健康定期评估制度建设为抓手，推进建立河湖水生态系统调查评价，加快解决水生态系统本底不清、基础数据不全、生态规律认知不足、问题导向不明、保护治理成效评估不科学的问题，为全面落实"调、治"

根本举措奠定扎实基础。

二要紧紧抓住生态流量保障与监管这个牛鼻子。将水生态系统作为用水对象，统筹考虑并加以保障，是水利的重要责任。抓住生态流量保障与监管这个牛鼻子，是历史遗留问题纠错的关键切入点，也是开创水生态保护与修复新局面，彰显水利在推动我国生态文明建设迈上新台阶发挥重大关键作用的突破口。在国家层面，为适应新形势下我国生态文明建设的迫切需要，积极推动河湖生态流量保障入法，并纳入河长制工作职责范围，在法律法规制度框架下明确河湖生态流量管理与监督的总体要求、责任主体、目标任务等相关内容；基于坚持保护优先的"预防原则"与"实践中学习"策略，稳步推进全国河湖生态流量（水量）控制标准的确定，加快形成全国河湖生态流量监控体系，建立健全生态流量（水量）监测预警机制，为严控河湖水资源开发强度、强化河湖保护与水工程调度强监管提供抓手。在地方及工程层面，结合当地实际情况，制定具体管理办法，明确主管部门和相关部门的管理内容、职责、方法和追责要求，明确企业建设（或者改造）下泄生态流量设施规定以及保证足额下泄生态流量的措施、罚则、公众参与的奖励办法等，落实监管责任，有效督促企业及地方政府履行保护水生态环境的主体责任。

三要系统推进河湖水生态空间保护与管控。严格河湖水域岸线等水生态空间管控，是河长制湖长制规定的任务，是水利的重要责任。我国河湖水生态空间保护与管控工作问题多，与推动我国生态文明建设迈上新台阶的要求存在相当的差距。要遵循山水林田湖草是生命共同体的原则，以严格河湖水生态空间保护与管控为牵引，主动作为，统筹协调空间规划"三区三线"与河湖水生态空间的关系，提前谋划，完善水利发展总体格局和重大水利基础设施建设网络，以维持河湖健康美丽为目标，推进我国水生态空间管控相关工作。

四要在重要水生态系统保护与修复重大工程方面发挥作用。一方面近年国家不断加大生态系统保护力度，实施重要生态系统保护和修复重大工程；另一方面国家提出的各项重大战略，对水生态系统保护与修复提出了规划目标与任务要求。这些生态保护与修复的国家重大工程，均为水利推动我国生态文明建设迈上新台阶发挥关键支撑作用提供了平台。水生态保护与修复工程要遵循绿水青山就是金山银山的发展理念，抓住治水主要矛盾，按照保护生态价值、提升生态价值、转化生态价值的思路，充分挖掘水利在生态保护与修复方面的能力，做好治水工作，打好水生态保护与修复攻坚战，让水利成为践行两山理论的忠实执行者和模范引领者。

## 五、水生态系统保护与修复的保障措施

要根据新时期加强生态文明建设的要求，全面推进水生态系统保护与修复工作，需要以下几个方面的保障条件。

一是按照新时期水利改革发展的总基调，加快全行业观念转变。水生态系统保护与修复是水利的非传统工作，是新时期赋予水利人的新职责，是新时期对水利工作提出的新要求。水利部明确了当前和今后一个时期水利改革发展的总基调，水利自身找准了定位，水利全行业要提高认识，适应新时代要求，把思想观念、工作重点转变到新时代水利改革发展总基调上来。

二是按照以最严格制度最严密法治保护生态环境的原则要求，进一步完善相关法律法规与机制体制，强化水生态环境的刚性约束。要从法制、体制、机制入手，建立一整套务实高效管用的监管体系，从根本上改变水利行业不敢管不会管、管不了管不好的被动局面。由于对河湖水生态系统保护重要性的认识存在不足，水生态保护与修复的相关法律法规及机制体制已经与新时期的要求存在明显差距，需要遵循以最严格制度最严密法治保护生态环境的原则要求，对包括《水法》在内的法律法规进行修订，并推进河湖保护法律与条例的制定出台。要进一步完善河湖水生态系统保护的制度配套，强化制度执行，让制度成为刚性约束和不可触碰的高压线。

三是落实水利科技工作"两个转变"的指示精神，强化水生态系统保护与修复的科技支撑。水生态系统的复杂性与不确定性、水生态系统问题的严重性、水生态系统规律认知的局限性，决定了水生态系统保护与修复的各项工作需要强化科技支撑作用。

# 第二节　生态需水

## 一、生态需水的概念

所谓生态需水是指为了维持流域生态系统的良性循环，人们在开发流域水资源时必须为生态系统的发展与平衡保证其所需的水量。生态需水是与流域工业、农业、城市生活需水相并列的一个用水单元。生态需水概念的提出体现了一种新的流域环境管理的思维模式，它重视生态环境和水资源之间的内在关系，强调水

资源、生态系统和人类社会的相互协调，放弃了传统的以人类需求为中心的流域管理观念。

传统的流域环境管理在水资源分配方案中常常将水资源使用权优先赋予了农业、居民生活和工业，而生态用水通常被忽略或被排挤。

## 二、生态需水量

广义的生态需水量是指维持全球生物地理生态系统水分平衡所需用的水，包括水热平衡、水沙平衡、水盐平衡等；狭义的生态环境用水是指为维护生态环境不再恶化并逐渐改善所需要消耗的水资源总量。

### （一）简介

生态需水量是指一个特定区域内的生态系统的需水量，并不是指单单的生物体的需水量或者耗水量。它是一个工程学的概念，它的含义及解决的途径，重在生物体所在环境的整体需水量（当然包含生物体自身的消耗水量）。它不仅与生态区的生物群体结构有关，还与生态区的气候、土壤、地质、水文条件及水质等关系更为密切。因而，"生态需（用）水量"与"生态环境需（用）水量"的含义及其计算方法应当是一致的。计算生态需（用）水量，实质上就是要计算维持生态保护区生物群落稳定和可再生维持的栖息地的环境需水量，也即"生态环境需水量"，而不是指生物群落机体的"耗水量"。对于水生生态系统生态需水量的确定，不能只考虑所需水量的多少，还应考虑在此水量下水质的好与坏。生态需水量的确定，首先，要满足水生生态系统对水量的需要；其次，在此水量的基础上，要使水质能保证水生生态系统处于健康状态。生态需水量是一个临界值，当现实水生生态系统的水量、水质处于这一临界值时，生态系统维持现状，生态系统基本稳定健康；当水量大于这一临界值，且水质好于这一临界值时，生态系统则向更稳定的方向演替，处于良性循环的状态；反之，低于这一临界值时，水生生态系统将走向衰败干涸，甚至导致沙漠化。

### （二）内容

生态需（用）水量包括以下几个方面：

（1）保护水生生物栖息地的生态需水量。河流中的各类生物，特别是稀有物种和濒危物种是河流中的珍贵资源，保护这些水生生物健康栖息条件的生态需水量是至关重要的。需要根据代表性鱼类或水生植物的水量要求，确定一个上包线，设定不同时期不同河段的生态环境需水量。

（2）维持水体自净能力的需水量。河流水质被污染，将使河流的生态环境功能受到直接的破坏，因此，河道内必须留有一定的水量维持水体的自净功能。

（3）水面蒸发的生态需水量。当水面蒸发量高于降水量时，为维持河流系统的正常生态功能，必须从河道水面系统以外的水体进行弥补。根据水面面积、降水量、水面蒸发量，可求得相应各月的蒸发生态需水量。

（4）维持河流水沙平衡的需水量。对于多泥沙河流，为了输沙排沙，维持冲刷与侵蚀的动态平衡，需要一定的水量与之匹配。在一定输沙总量的要求下，输沙水量取决于水流含沙量的大小，对于北方河流系统而言，汛期的输沙量约占全年输沙总量的 80% 以上。因此，可忽略非汛期较小的输沙水量。

（5）维持河流水盐平衡的生态需水量。对于沿海地区河流，一方面由于枯水期海水透过海堤渗入地下水层，或者海水从河口沿河道上溯深入陆地；另一方面地表径流汇集了农田来水，使得河流中盐分浓度较高，可能满足不了灌溉用水的水质要求，甚至影响到水生生物的生存。因此，必须通过水资源的合理配置补充一定的淡水资源，以保证河流中具有一定的基流量或水体来维持水盐平衡。

综上所述，无论是正常年份径流量还是枯水年份径流量，都要确保生态需水量。为了满足这种要求，需要统筹灌溉用水、城市用水和生态用水，确保河流的最低流量，用以满足生态的需求。在满足生态需水量的前提下，可就当地剩余的水资源（地表水、地下水的总和中除去生态需水量的部分）再对农业、工业和城镇生活用水进行合理的分配。同时，按已规定的生态需水水质标准，限制排污总量和排污的水质标准。

## （三）研究步骤

（1）生态系统现状及修复目标分析。这是生态需水研究的基础和关键。生态系统是一个复杂的系统，它包括生物及其周围的环境，由于基础数据、相关理论支持等方面的限制因素，需要通过分析生态系统的现状，找出主要的生态问题，确定生态系统修复的目标和重点，为生态需水研究工作指明方向。

（2）生态系统关键生态因子的选择。表征生态系统状况的因子很多，如存在珍贵动物的河流，就以该珍贵动物的数量作为生态系统状况的关键生态因子。为了便于后期计算，需要该因子除了要能够反映生态系统的主要生态问题，还可以定量描述，与水建立数量关系。

（3）生态需水关键因子的选择。生态需水的关键因子主要分为水质和水量两类，表征水量的因子有流速、流量、水文周期等；表征水质的因子有 pH 值、COD、BOD5、$NH_3$、重金属浓度等。在研究中不可能涉及所有的生态的因子，只能根据对生态系统主要生态问题影响程度的大小，选择生态需水的关键因子。

（4）生态需水量计算。建立生态因子和蓄水因子之间的定量关系。关键生态因子和生态需水关键因子都是从众多的因素中选择的最具代表性的因素，其他非关键的因子对于生态因子和需水因子之间的关系有重要的影响，本书称之为背景参数，如河流的纵向形状、河床材料、横断面形状、地下水的水位等，选择背景参数作为计算的条件，分析生态因子和需水因子之间的定量关系。

## 三、生态需水计算方法

### （一）国外研究现状

河道生态需水的研究在国外开展得较早，目前国外广泛应用的河道生态需水的计算方法主要分为三类：

（1）是根据水文资料的部分径流量来确定的水文法，该类方法是传统的流量计算方法，比如，7Q10 法、Tennant 法。

（2）是基于水力学基础的水力学法，比如，河道湿周法、R2-CROSS 法。

（3）是基于生物学基础的栖息地计算方法，比如：IFIM 法（河道内流量增加法）、CASIMIR 法等。以上各种方法对解决河道生态需水问题都比较实用。但水文学和水力学法都存在欠缺的地方，它们都不能明确地将河道物理特性和河道流量与生物对栖息地的选择特性联系起来，而栖息地法能预测栖息地质量如何随水流态变化而变化，是一种非常灵活的估算河流流量的方法，也是一种国外应用比较广泛的生态需水评价方法，栖息地法中的代表方法是美国渔业及野生动物署（USFWS）在 20 世纪 70 年代末开发的河道内流量增量法（IFIM）。该法主要针对某些特定的河流生物物种的保护，将大量的水文水力学现场数据，如水深、流速、河流底质类型等，与选定的水生生物物种在不同生长阶段的生物行为选择信息相结合，采用模拟手段进行流量增加变化对栖息地质量变化的影响进行评价，其核心是将水力学模型与生物栖息地偏好特性相结合，模拟流量与栖息地之间定量关系，模拟的水生生物主要是鱼类，也可以模拟其他生物。通过对 IFIM 法的不断深入研究，又相继出现了许多与之有关的模型，如 PHABSIM 模型和 River2D 模型。

生态需水的下泄，逐渐成为流域开发、生态环境保护的重要措施。例如在美国，对生态需水的重视程度使得其对水资源进行评价时采用了多维指标体系，这些指标体系包括：河流的水环境生态用水、水陆过渡带的生态用水、旅游景观用水、水力发电及航运用水等多个方面。

　　世界上越来越多的国家开始重视生态环境的保护，其中关于生态流量的保护积累了较为丰富的经验，并已经开始进行司法实践。一些国家和地区已经将河流的生态基本流量的计算、下泄方案、实施保障等列入国家法律保证范围内：在澳大利亚和南非，已经有专门的法律对生态用水进行规定；美国的地方法律体系中，已经有多个州将生态用水列入法律强制执行，科罗拉多州甚至将生态水量视为该州的公共财产，政府将生态水量作为公共财产进行管理；在加拿大，已经对所有的河流制定了生态下泄流量，并通过法律强制执行。

### （二）国内研究现状

　　在中国，生态需水的研究可以划分为以下几个重要阶段：

　　（1）20世纪的70年代末期，国内学者开始研究最小生态需水的问题，在这一时期，研究内容主要集中在参考、引用和借鉴国外对河流和湖泊等的生态需水最小值的计算方法，这些方法理论包括：7Q10法、增量法、Tennant法、湿周法等水文学或水力学方法。在当时，7Q10生态需水计算法是较早从国外引入国内的方法之一，从7Q10生态需水计算法的研究内容来说，该方法也可称为"维持水生生物最小流量标准法"，但是，在使用过程中发现，这种方法有相当大的缺憾，那就是在其确定生态需水时，采用"最小标准"，所产生的后果会引起水生物、滨水动植物群落严重退化，这一后果说明，采用这种方法需要谨慎使用；由于增量法在国外是一种常用的生态需水确定方法，因此国内有学者将其借鉴引用到我国的河流研究中，该方法的主要原理是：随着河流流量的递增，水生物的生境会因此而发生改变，如果以观察指示生物的生境变化为研究手段，就可以得出生境发生变化的河道水量拐点值，这个拐点值就可视为生态需水，增量法的研究"需要考虑水量、流速、水质、底质、水温等多个影响因子"。

　　（2）随着我国出现全国性的水质危机，生态需水在国内的研究得到进一步的发展，在这一阶段，国内生态需水相关的研究工作主要集中在宏观战略方面的研究，对如何实施生态下泄流量、如何保证生态流量、如何管理生态需水等相关问题尚处于探索阶段。

　　（3）20世纪末，随着水污染进一步加剧，我国各大流域的生态环境问题日益突出，针对流域尺度下的水资源分配，水利部明确规定水资源流域间的分配必须将环境、生态用水量加以考虑。例如，在进行全国水功能区划时，将环境与生态用水作为重要条件加以考虑；刘昌明提出了我国21世纪水资源供需的"生态水利"

问题。在这一阶段，国内相关研究领域的专家学者针对生态环境用水、水电开发的生态流量下泄等问题的研究工作也全面展开，一般采用的方法有 10 年最枯月平均流量法，即采用近 10 年最枯月平均流量或 90% 保证率河流最枯月平均流量作为河流环境用水，最初用于水利工程建设的环境影响评价。另外，还有以水质目标为约束的生态需水计算方法，主要计算污染水质得以稀释自净的需水量，将其作为满足环境质量目标约束的城市河段最小流量。

（4）21 世纪以后，我国对生态环境保护工作更加重视，生态流量需要考虑以下因素：工农业生产及生活需水量，维持水生生态系统稳定所需水量，维持河道水质的最小稀释净化水量，维持河口泥沙冲淤平衡和防止咸潮上溯所需水量，水面蒸散量、维持地下水位动态平衡补给需水，航运、景观和水上娱乐环境需水量和河道外生态需水。在这种背景下，针对国内对河道生态环境需水量的确定大多数时候都仅限于水文学法及水力学法，而这些方法对于确定规模较大、社会地位较重要的河流内维持水生生物生态系统稳定所需要的生态基本水量问题都具有不足之处，有学者提出生态水力学法的概念，将生境比拟法应用于生态下泄基流量的研究，这种方法能预测水力生境参数如何随流量变化而变化，通过水力生境指标体系及其标准值估算最小流量。但就目前而言，针对这种方法的探究并没有太深入，还有待进一步完善。

另外，针对生态需水，国内有学者从一些不同的角度，进行了相应的综述研究。例如，从生态系统水平衡和生物水分生理的角度，对我国生态需水研究体系进行了初步探究。

# 第三节　河流健康评价

## 一、河流健康评价的概念

河流健康评价，是在河流健康内涵分析的基础上，针对河流的自然功能、生态环境功能和社会服务功能，根据河流的基本特征和个体特征，建立由共性指标和个性指标构建的河流健康评价指标体系，并提出由河段至河流整体的评价方法。

人类在开发利用河流的过程中，由于保护不够或滥加利用，许多河流出现污染、断流等现象，河流生态系统退化，影响了河流的自然和社会功能，破坏了人类的生态环境，甚至出现了严重不可逆转的生态危机，对社会的可持续发展构成严重威胁。直至 20 世纪 30 年代，人们环境意识觉醒，河流健康问题逐步引起人们的重视。在 20 世纪 50 ~ 90 年代，人类开始意识到河流生态系统健康的影响因素众多，包括大型水利工程、污染、城市化等，提出河流生态需水的概念和评价方法，通过调控、维持河道生态流量保护河流生态系统健康；随后提出了水生态修复措施，包括河道物理环境、生物环境、物理化学指标等，并利用栖息地、藻类、大型无脊椎动物、鱼类等评价河流生态系统的健康进而提出了河流生态系统健康的概念。构建河流生态系统健康科学评价指标体系、评价方法和关键指标，对开展河流生态系统健康评价具有重要意义。

## 二、河流健康

河流健康概念源于 20 世纪 80 年代西方发达国家河流生态保护活动中的生态系统健康概念。但是目前国内外对河流健康的含义还尚未明确。作为人类健康的类比概念，各国各专业学者由于国家的社会经济条件、自然地理状况、人文背景、河流状况等的差异而形成不同的理解。总体上看，对其概念内涵认识上的分歧主要集中在是否包括社会服务功能及包含的程度。随着研究的深入，认为健康的河流不但保持生态学意义上的完整性，还应强调对社会服务功能的发挥。

### （一）河流健康的内涵

河流健康应包括河流的自然状态健康以及能提供良好的生态环境、社会服务功能。然而在我国目前的社会经济背景条件下，几大流域人口密集，水资源高度开发，难以实现河流自然、生态、社会服务各项功能都达到理想状态。因此，从我国实际状况出发，我国河流的健康应是在河流一定的自然结构合理和生态环境需求的条件下，能提供较为良好的生态环境及社会服务功能，满足人类社会相应时期内可持续发展的需求，即在保持河流的自然、生态功能与社会服务功能的一种均衡状态下达到的河流健康。为此我们定义河流健康内涵为：在人类的开发利用和保护协调下，保持河流自然、生态功能与社会服务功能相对均衡发挥的状态，河流能基本实现正常的水、物质及能量的循环及良好的功能，包括维持一定水平的生态环境功能和社会服务功能，满足人类社会的可持续发展需求，最终形成人类对河流的开发与保护保持平衡的良性循环。

河流的功能水循环是地球上最重要、最活跃的物质循环之一。河流水系是陆地水循环的主要路径，是陆地和海洋进行物质和能量交换的主要通道。源源不断的地表径流和可容纳一定径流的物理通道是河流的基本构件。对于诸如黄河这样的较大外流河，河道内连续而适量的河川径流使"海洋—大气—河川—海洋"之间的水循环得以连续，使"大气水—地表水—土壤水—地下水—大气水"之间的水转换得以保持，使陆地和海洋之间的物质和能量交换得以维持平衡；容纳水流的河床和基本完整的水系使地表径流能够在不改变水循环主要路径情况下完成从溪流到支流、干流和大海的循环过程，使依赖于河川径流的河流生态系统得以维持。

## （二）河流的功能

### 1. 河流的自然功能

在没有人类干预情况下，伴随着沿河流水系不断进行的水循环，水流利用其自身动力和相对稳定的路径，实现从支流到干流再到大海的物质输送（主要是水沙搬运）和能量传递，即水沙（包括化学盐类）输送是河流最基本的功能。在河流水沙输送和能量传递过程中，河床形态在水沙作用下不断发生调整、入河污染物的浓度和毒性借助水体的自净作用逐渐降低、源源不断的水流和丰富多样的河床则为河流生态系统中的各种生物创造了繁衍的生境，因此，河流的河床塑造功能、自净功能和生态功能可以视为其水沙输送和能量传递转换功能的外延。以上功能与人类存在与否没有关系，故系河流的自然功能。河流水系中的适量河川径流是河流自然功能维持的关键，通过水循环，陆地上的水不断得以补充、水资源得以再生。正是有了水体在河川、海洋和大气间的持续循环或流动，有了地表水、地下水、土壤水和降水之间的持续转换和密切联系，才有了河床和河流水系的发育，以及河流生态系统的发育和繁衍。

### 2. 河流的社会经济功能

随着人类活动的增加、利用和改造自然能力的提高，人们充分发挥河流的自然功能，给河流赋予了功能的扩展，包括泄洪功能、供水功能、发电功能、航运功能、净化环境功能、景观功能和文化传承功能等，这些功能可称为河流的社会经济功能。河流的社会经济功能是河流对人类社会经济系统支撑能力的体现，是人类维护河流健康的初衷和意义所在。河流的自然功能是河流生命活力的重要标志，并最终影响人类经济社会的可持续发展。人类赋予河流以社会功能，但人类活动加大和人类价值取向不当又使自然功能逐渐弱化，最终制约其社会功能的正常发挥，影响人类经济社会的可持续发展。

### （三）河流健康标志

分析河流自然功能可知：拥有一个良好的水沙通道（即河道）是保障河流水沙输送功能的基础，也是河流的河床塑造功能是否正常的标志；良好的水质和河流生态显然是河流自净功能和生态功能基本正常的标志，同时也暗喻河流水循环系统基本正常。因此，在一般意义上，河流健康的标志是：在河流自然功能和社会功能均衡发挥情况下，河流具有良好的水沙通道、良好的水质和良好的河流生态系统。水资源的可更新能力常被人们视为河流健康的重要体现，不过，在河流自然功能用水和人类用水基本得到保障的情况下，其水资源更新能力显然也处于正常状态。水循环属于良性循环。鉴于生态功能是河流自然功能之一，故河流生态系统健康必然是河流健康的重要内容，但并非全部。

河流健康程度是人类对河流功能是否均衡发挥的认可程度，是一定时期内人类河流价值观的体现，因此对那些远离人类社会干预、基本不影响人类生存和发展的河流，研究其健康与否是没有意义的，维护河流健康之目的并非要回归河流的原始状态，而是通过河流自然功能的恢复，使其和社会功能得到均衡发挥，以维持河流社会功能的可持续利用，保障人类经济社会的可持续发展。

## 三、河流生态系统理论

通过对河流生态系统的结构、功能、物质和能量流的识别，河流生态系统总是随着时间变化而变化，并与周围环境及生态过程密切联系。生物内部之间、生物与周围环境之间相互联系，使整个系统有畅通的输入、输出过程，并维持一定范围的需求平衡，同时系统内部各个亚系统都是开放的，且各生态过程并不等同，有高层次、低层次之别，也有包含型与非包含型之别。系统中的这种差别主要是由系统形成时的时空范围差别所形成的，在进行健康评价时，时空背景应与层级相匹配。河流生态系统结构的复杂性和生物多样性对河流生态系统至关重要，它是生态系统适应环境变化的基础，也是生态系统稳定和功能优化的基础。维护生物多样性是河流生态系统评价中的重要组成部分。河流生态系统的自我调节过程是以水生生物群落为核心，具有创造性；河流生态系统中的一切资源都是有限的，对河流生态系统的开发利用必须维持其资源再生和恢复的功能。河流生态系统健康是河流生态系统特征的综合反映。由于河流生态系统为多变量，其健康标准也应是动态及多尺度的。从系统层次来讲，河流生态系统健康标准应包括活力、恢复力、组织、生态系统服务功能的维持、管理选择、外部输入减少、对邻近系统的影响及人类健康影响八个方面。它们分别属于不同的自然、社会及时空范畴。其中，前三个方面的标准最为重要，综合这三方面就可反映出系统健康的基本状况。

鉴于河流具有强大的生态服务功能，反映河流系统健康时需要增加生态服务功能指标。

河流生态系统健康指数（REHI）可表达为：

REHI=V×O×R×S

式中：REHI 为河流生态系统健康指数；V 为系统活力，是系统活力、新陈代谢和初级生产力的主要标准；O 为系统组织指数，是系统组织的相对程度 0～1 间的指数，包括多样性和相关性；R 为系统弹性指数，是系统弹性的相对程度 0～1 间的指数，S 为河流生态系统的服务功能，是服务功能的相对程度 0～1 间的指数。从理论上讲，根据上述指标进行综合运算就可确定一个河流生态系统的健康状况，但实际操作却是相当复杂的。

主要原因为：

（1）每个河流生态系统都有许多独特的组分、结构和功能，许多功能、指标难以匹配；

（2）系统具有动态性，条件发生变化，系统内敏感物种也将发生变化；

（3）度量本身往往因人而异，研究者常用自己熟悉的专业技术去选择不同方法。

# 四、河流生态系统健康评价方法

河流生态系统健康评价方法可分为两类。

## （一）从评价原理

（1）预测模型法。该类方法主要通过把研究的生物现状组成情况与在无人为干扰状态下该地能够生长的物种状况进行比较，进而对河流健康进行评价。该类方法主要通过物种相似性比较进行评价，指标单一，如外界干扰发生在系统更高层次上，没有造成物种变化时，这种方法就会失效。

（2）多指标法。该方法通过对观测点的系列生物特征指标与参考点的对应比较结果进行计分，累加得分进行健康评价。该方法为不同生物群落层次上的多指标组合，因此能够较客观地反映生态系统变化。

## （二）从评价对象

（1）物理—化学法。主要利用物理、化学指标反映河流水质和水量变化、河势变化、土地利用情况、河岸稳定性及交换能力、与周围水体（湖泊、湿地等）的连通性、河流廊道的连续性等。同时，应突出物理—化学参数对河流生物群落的直接及间接影响。

（2）生物法。河流生物群落具有综合不同时空尺度上各类化学、物理因素影响的能力。面对外界环境条件的变化（如化学污染、物理生境破坏、水资源过度开采等），生物群落可通过自身结构和功能特性的调整来适应，并对多种外界胁迫所产生的累积效应做出反应。

因此，利用生物法评价河流健康状况，应为一种更加科学的评价方法。

生物评价法按照不同的生物学层次又可划分为5类。

①指示生物法。就是对河流水域生物进行系统调查、鉴定，根据物种的有无来评价系统健康状况。

②生物指数法。根据物种的特性和出现情况，用简单的数字表达外界因素影响的程度。该方法可克服指示生物法评价所表现出的生物种类名录长、缺乏定量概念等问题。

③物种多样性指数法。是利用生物群落内物种多样性指数有关公式来评价系统健康程度。其基本原理为：清洁的水体中，生物种类多，数量较少；污染的水体中生物种类单一，数量较多。这种方法的优点在于对确定物种、判断物种耐性的要求不严格，简便易行。

④群落功能法。是以水生物的生产力、生物量、代谢强度等作为依据来评价系统健康程度。该方法操作较复杂，但定量准确。

⑤生理生化指标法。应用物理、化学和分子生物学技术与方法研究外界因素影响引起的生物体内分子、生化及生理学水平上的反应情况，可为评价和预测环境影响引起的生态系统较高生物层次上可能发生的变化。澳大利亚学者采用河流状况指数法对河流生态系统健康进行评价，该评价体系采用河流水文、物理构造、河岸区域、水质及水生生物五个方面的20余项指标进行综合评价，其结果更加全面、客观，但评价过程较为复杂。

河流健康评价方法种类繁多，各具优势，在具体评价工作中，应相互结合，互为补充，进行综合评价，才能取得完整和科学的评价结果。同时，评价的可靠性还取决于对河流生态环境的全面认识和深刻理解，包括获取可靠的资料数据、对生态环境特点及各要素之间内在联系的详细调查和分析等，均是评价成功的关键。

# 五、河流健康评价关键指标

## （一）关键指标体系

根据国内外主要江河水生态与水环境保护研究成果，在分析研究重要河流健康评价实践基础上，综合考虑河流生态系统活力、恢复力、组织结构和功能以及河流生态系统动态性、层级性、多样性和有限性，从河流水文水资源状况、水环境状况、水生生物及生境状况、水资源开发利用状况等四个方面筛选17项关键指标。

河流健康评价关键指标以《生活饮用水卫生标准》（GB5749-2022）为基础，结合饮用水安全保障的要求，进行综合调整，提出综合评价标准和水质分级指数，客观反映饮用水源地水质状况比例。反映对河流湿地资源的保护状况，调蓄洪水的能力，生态、景观和人类生存环境状况等，水生生物生存和河口生态所需要的最小流量之比。反映河道内水资源量满足生态保护要求的状况景观价值，并以水为主体的景观体系保护程度价值的鱼类种群生存繁衍的栖息地状况之比；反映流域或区域内水资源开发利用程度以及经济社会发展与水资源开发利用的协调程度可开发量之比。反映流域内水能资源的开发利用程度。

## （二）关键指标评价标准

直接定量分级评价的相关指标评价：直接定量分级评价的指标是指根据实际监测调查和收集到的历史资料，结合河流的实际，直接进行分级评价。这类关键指标主要有地下水埋深、地下水开采率、生态基流量、纵向连通性、横向连通性、湿地保留率、生态需水满足程度、水资源开发利用程度等。

定量指数分级评价的相关指标评价：采用定量指数分级评价的指标是指采用的定量因子较多，需要对各定量因子进行单项评价后，构建评价指数进行综合评价的指标。这类指标主要有生态用水保障程度、水功能区水质达标率、湖库富营养化指数、饮用水源地水质指数、水能开发利用程度等。

定性评价的相关指标分级评价：定性评价指标是指在人类活动作用下产生长期、潜在、累积影响的敏感指标，需要进行长时间的观测分析才能准确确定的评价指标。随着工作的深入和资料的积累，这类指标也可转化为定量指标。这类指标主要有珍稀水生生物存活状况、涉水自然保护区和景观保护程度及鱼类生境状况等。

开展河流健康评价，首先要依据河流水生态与环境调查评价成果，对河流水生态与环境状况以及存在的问题进行汇总分析，辨识河流存在的主要水生态与环境问题及其分布，分析其成因、胁迫力及发展趋势。从流域或区域层次对水资源及水能资源开发利用状况是否满足流域或区域水生态与水环境安全的要求进行客观分析与研判。其次采用关键的评价指标开展定量与定性评价，通过定量计算水资源开发利用率，评价水资源开发利用是否满足保证生态安全的要求；通过定量计算地下水埋深、地下水开采率，评价地下水超采状况及地下水埋深变化对陆生生态系统演替的影响；通过评价纵向连通性、横向连通性、湿地保留率、生态基流及生态需水量满足程度，分析水系连通状况及湿地生境状况；通过采用定量方法计算水功能区水质达标率、湖库富营养化指数、饮用水安全指数、水能开发指数和生态用水保障指数，评价水环境、水资源配置及水能开发利用状况；通过定性评价珍稀水生生物存活状况、涉水自然保护区与景观保护程度及鱼类生境状况，分析河流水生态系统总体状况与发展趋势。

# 第四节　水生态系统保护与修复的技术与方法

水生态系统是指自然生态系统中由河流、湖泊等水域及其滨河、滨湖湿地组成的河湖生态子系统，其水域空间和水、陆生物群落交错带是水生生物群落的重要生境，与包括地下水的流域水文循环密切相关。良好的水生生态系统在维系自然界物质循环、能量流动、净化环境、缓解温室效应等方面功能显著，对维护生物多样性、保持生态平衡有着重要作用。

我国江河湖泊数量众多，水生态类型丰富多样，随着我国经济社会快速发展，我国不同区域出现了众多不同的水生态问题，如江河源头区水源涵养能力降低，部分河湖生态用水被严重挤占，绿洲和湿地萎缩、湖泊干涸与咸化、河口生态恶化，闸坝建设导致生境破碎化和生物多样性减少，地下水下降造成植被衰退、地面沉降等，严重威胁水资源可持续利用。

实施水生态保护与修复是贯彻落实科学发展观和新时期治水思路，建设社会主义生态文明的重要举措。

# 一、水生态保护与修复规划的主要内容与技术路线

水生态保护与修复规划的主要任务是以维护流域生态系统良性循环为基本出发点，合理划分水生态分区，综合分析不同区域的水生态系统类型、敏感生态保护对象、主要生态功能类型及其空间分布特征，识别主要水生态问题，针对性地提出生态保护与修复的总体布局和对策措施。

## （一）规划的主要内容

（1）水生态状况调查。河湖水生态状况调查在现有资料收集和分析基础上，针对典型河湖和重要生态敏感区开展水生态补充调查监测，内容包括：主体功能区划、生态功能区划有关资料；河湖水资源开发利用及水污染状况；重点水工程的环境影响评价资料；有关部门的统计资料及行业公报；相关部门完成的生态调查评价成果和遥感数据；经济社会现状及发展资料等。

（2）水生态状况评价。结合水生态分区和水生态要素指标，评价规划单元水生态状况，明确河湖水生态面临的主要胁迫因素和驱动力，分析水生态问题的原因、危害及趋势。

（3）水生态保护与修复总体布局。根据水生态状况评价、水生态问题分析和影响因素识别，明确主要生态保护对象和目标，提出不同类型水生态系统保护和修复措施的方向和重点，从流域及河流水生态保护与修复全局出发，进行河湖水生态保护与修复总体布局。

（4）水生态保护与修复措施配置。根据水生态系统保护与修复的总体布局，结合水生态保护与修复措施体系，提出包括生态需水保障、生态敏感区保护、水环境保护、生境维护、水生生物保护、水生态监测、水生态补偿及水生态综合管理等各类水生态保护与修复工程与非工程措施配置方案。

（5）制订规划实施意见。结合已有工作基础，提出规划实施意见及优先实施项目。

## （二）规划工作的关键环节

1.把握好规划的目标定位

规划要充分考虑水生态系统结构和功能的系统性、层次性、尺度性。从流域尺度提出水生态保护与修复的总体原则和目标；结合生态分区，进一步从河流廊道尺度及河段尺度，合理确定规划单元，明确其主要水生态功能和生态保护需求，并据此确定水生态保护与修复的重点和具体目标，进行水生态保护和修复措施总

体布局。规划要避免将河段简单地从自然生态系统中割裂开来进行人工化设计。

2. 注重"点、线、面"结合

其中"点"为具体河段的生态保护对象;"线"为河流廊道,主要根据水生态分区划分确定;"面"为生态分区或者流域。要以流域为对象,在全流域或生态功能区域层次上,把握水生态系统结构上的完整性和功能上的连续性。"点、线、面"相互结合、相互支撑、立体配套,处理好流域、河流廊道及具体河段不同空间尺度下水生态保护与修复措施的配置。

3. 处理好保护与修复的关系

要坚持保护优先,合理修复,针对人类活动对河湖生态系统的影响,着力实现从事后治理向事前保护转变,从人工建设向自然恢复转变,加强重要生态保护区、水源涵养区、江河源头区、湿地的保护。注重监测、管理等非工程措施,注重对各类涉水开发建设活动的规范和控制,从源头上遏制水生态系统恶化趋势。重点针对生态脆弱河流和地区以及重要生境开展水生态修复,河流修复的目标应该是建立具有自修复功能的系统。

4. 协调好与相关规划的关系

要以流域综合规划为依据,处理好开发与保护的关系,从流域角度提出水生态保护和修复的重点河段和区域,注重与最严格的水资源管理"三条红线"的衔接和协调,注重河湖连通性的维持和重要生境的保留维护。与水污染防治规划、水功能区划等相衔接,突出生态敏感区及保护对象的水质要求和保护。与国家主体功能区规划、生态功能区划等相衔接,注重河流廊道、生境形态等多自然河流的维护和修复,强化生态需水保障。

## 二、水生态分区体系

我国幅员辽阔,河流众多,水工程纷繁复杂,各流域气候、水文分异复杂,流域内部的生态和水文特征迥然不同。

结合主体功能区规划、生态功能分区和水资源分区,以水生态系统为对象,综合考虑区域水文水资源特征、河流生态功能以及水工程的影响,利用 GIS 技术划分水生态分区,明确其生态功能定位。在此基础上进行规划单元划分,是水生态保护与修复规划的重要基础工作。

水生态分区通过寻找每个生态要素的不连续性和一致性来描绘其异同,分区的指导思想是使区域内差异最小化,区域间差异最大化,并遵循以下原则:

### （一）区域相关性原则

在区划过程中，应综合考虑区域自然地理和气候条件、流域上下游水资源条件、水生态系统特点等关键要素，既要考虑它们在空间上的差异，又要考虑其具有一定相关性，以保证分区具有可操作性。

### （二）协调性原则

水生态区的划定应与国家现有的水资源分区、生态功能区划、水功能区划等相关区划成果相互衔接，充分体现出分区管理的系统性、层次性和协调性。

### （三）主导功能原则

区域水生态功能的确定以水生态系统主导功能为主。在具有多种水生态功能的地域，以水生态调节功能优先；在具有多种水生态调节功能的地域，以主导调节功能优先。

全国水生态分区采取二级区划体系，一级水生态分区满足我国水资源开发利用和水生态保护的宏观管理和总体布局需要；二级水生态分区满足区域或河流廊道水生态功能定位，保护与修复目标确定及措施布置的需要。针对具体区域，还可根据生态功能类型和保护要求，在二级水生态分区基础上进一步划分三级水生态分区。

根据全国由西向东形成的三大阶梯地貌类型，结合地理位置、气候带和降雨量分布及区域水生态特点，将全国划分七大水生态一级分区，即东北温带亚湿润区、华北东部温带亚湿润区、华北西部温带亚干旱区、西北温带干旱区、华南东部亚热带湿润区、华南西部亚热带湿润区和西南高原气候区。

在水生态一级区内，依据地形、地貌、气候、降雨、生态功能类型及经济社会发展状况，以全国水资源三级区套地市为单元，将全国划分为 34 个水生态二级分区。水生态分区以习惯地理地貌名称命名。

不同水生态功能类型反映了区域不同的水生态系统结构和特征。水生态分区的水生态功能主要有水源涵养、河湖生境形态修复、物种多样性保护、地表水利用、拦沙保土、水域景观维护、地下水保护七种类型。

## 三、水生态状况评价指标体系

根据水生态分区及其功能类型，分析规划河段水生态保护需求。结合水工程规划设计关键生态指标体系研究与应用等有关成果以及《水工程规划设计生态指标体系与应用指导意见》，分析提出了水生态状况评价指标。

在进行水生态现状评价以及阶段性保护与修复目标制定时，应根据规划区域的水生态特点、尺度特征和保护要求，合理选取评价指标。为便于规划操作，进一步明确了各指标的定义、内涵和评价方法。

（1）水源地保护程度主要针对重要江河源头区、重要水源地的保护状况，从水质、水量和管理角度进行评价，通过定性和定量相结合的方法评定其安全状态及保护程度。

（2）生态基流是指为维持河流基本形态和基本生态功能的河道内最小流量。由于我国各流域水资源状况差别较大，在基础数据满足的情况下，应采用尽可能多的方法计算生态基流，对比分析各计算结果，选择符合流域实际的方法和结果。

（3）敏感生态需水是指维持河湖生态敏感区正常生态功能的需水量及过程；在多沙河流，要同时考虑输沙水量。生态敏感区包括：具有重要保护意义的河流湿地及以河水为主要补给源的河谷林；河流直接连通的湖泊；河口；土著、特有、珍稀濒危等重要水生生物或重要经济鱼类栖息地、"三场"分布区等。敏感生态需水取各类生态敏感区需水量及输沙需水量过程的外包线。

（4）生态需水满足程度是指敏感期内实际流入生态敏感区的水量满足其生态需水目标的程度。可用评价敏感区内实际流入保护区的多年平均水量与保护区生态目标需水量之比表征。

（5）横向连通性是指河流生态要素在横向空间的连通程度，反映水工程建设对河流横向连通的干扰状况，一般可用具有连通性的水面个数（面积）占统计的水面总数（总面积）之比表示。

（6）纵向连通性是指河流生态要素在纵向空间的连通程度，反映水工程建设对河流纵向连通的干扰状况，一般可根据河流中闸、坝等阻隔构筑物的数量来表述。

（7）垂向透水性用以表征地表水与地下水的连通程度，反映河流基底受人为干扰的程度。可用泥沙粒径比例或者河道透水面积比例表述。

（8）重要湿地保留率是指规划区域内重要湿地在不同水平年的总面积与20世纪80年代前代表年份的湿地总面积的比值。

（9）珍稀水生生物存活状况指在规划区域内珍稀水生生物或者重要经济鱼类等的生存繁衍、物种存活质量与数量的状况，一般通过调查规划或工程影响区域的水生生物种数、数量等反映存活状况的特征值，经综合分析后进行表述。

（10）鱼类物种多样性是指在规划范围内鱼类物种的种类及组成，是反映河湖水生生物状况的代表性指标。在监测能力和条件允许的情况下，可对鱼类的种类、数量及组成进行现场监测。

（11）"三场"及洄游通道状况是指水生生物生存繁衍的栖息地状况，尤其关注鱼类产卵场、索饵场、越冬场及鱼类的洄游通道状况。可通过调查了解规划范围内主要鱼类产卵场、索饵场、越冬场状况，调查内容包括鱼类"三场"的分布、面积及保护情况等。

（12）外来物种威胁程度是指规划或工程是否造成外来物种入侵，及外来物种对本地土著生物和生态系统造成威胁的程度。针对规划河段实际，一般选择外来鱼类、水生生物作为外来入侵物种评价指标。

（13）水功能区水质达标率是指规划范围内水功能区水质达到其水质目标的水功能区个数（河长、面积）占总数（总河长、总面积）的比例。水功能区水质达标率宏观反映了河湖水质满足水资源开发利用、生态保护要求的总体状况。

（14）湖库营养化指数是反映湖泊、水库水体富营养化状况的评价指标，主要包括湖库水体透明度、氮磷含量及比值、溶解氧含量及其时空分布、藻类生物量及种类组成、初级生物生产力等。

（15）水资源开发利用率是某水平年流域水资源开发利用量与流域内水资源总量的比例关系。水资源开发利用率反映流域的水资源开发程度，结合水资源可利用量可反映出社会经济发展与生态环境保护之间的协调性。

（16）土壤侵蚀强度是以单位面积、单位时段内发生的土壤侵蚀量为指标划分的侵蚀等级，通常用侵蚀模数表达。土壤侵蚀强度可用来表征区域水土流失状况及其变化情况。

（17）景观维护程度是指各级涉水风景名胜区、森林公园、地质公园、世界文化遗产名录和规划范围内的城市河湖段等各类涉水景观，依照其保护目标和保护要求，人为主观评定其景观状态及维护程度。

（18）地下水埋深是指地表至浅层地下水水位之间的垂线距离。地下水埋深和毛管水最大上升高度决定了包气带垂直剖面的含水量分布，与植被生长状况密切相关。

（19）地下水开采系数为一定区域地下水的实际开采量与地下水可开采量（允许开采量）的比值。地下水超采不仅会引发环境地质灾害，而且由于破坏了地表水和地下水之间的转换关系，还会威胁到一些水生生物的生存及其生境质量。

## 四、水生态保护与修复措施体系

在水生态状况评价基础上，根据生态保护对象和目标的生态学特征，对应水生态功能类型和保护需求分析，建立水生态修复与保护措施体系，主要包括生态需水保障、水环境保护、河湖生境维护、水生生物保护、生态监控和管理等五大类措施，针对各大类措施又细分，直至具体的工程、非工程措施。

（1）生态需水保障是河湖生态保护与修复的核心内容，指在特定生态保护与修复目标之下，保障河湖水体范围内由地表径流或地下径流支撑的生态系统需水，包含对水质、水量及过程的需求。首先应通过工程调度与监控管理等措施保障生态基流，然后针对各类生态敏感区的敏感生态需水过程及生态水位要求，提出具体生态调度与生态补水措施。

（2）水环境保护主要是按照水功能区保护要求，分阶段合理控制污染物排放量，实现污水排放浓度和污染物入河总量控制双达标。对于湖库，还要提出面源、内源及富营养化等控制措施。

（3）河湖生境维护主要是维护河湖连通性与生境形态，以及对生境条件的调控。河湖连通性，主要考虑河湖纵向、横向、垂向连通性以及河道蜿蜒形态。生境形态维护主要包括天然生境保护、生境再造、"三场"保护以及岸边带保护与修复等。生境条件调控主要指控制低温水下泄、控制过饱和气体以及水沙调控等。

（4）水生生物保护包括对水生生物基因、种群以及生态系统的平衡及演进的保护等。水生生物保护与修复要以保护水生生物多样性和水域生态的完整性为目标，对水生生物资源和水域生境进行整体性保护。

（5）生态监控与管理主要包括相关的监测、生态补偿与各类综合管理措施，是实施水生态事前保护、落实规划实施、检验各类措施效果的重要手段。要注重非工程措施在水生态保护与修复工作的作用，在法律法规、管理制度、技术标准、政策措施、资金投入、科技创新、宣传教育及公众参与等方面加强建设和管理，建立长效机制。

# 第五章 河流生态治理与修复

## 第一节 河流生态系统服务功能

河流常被人们称为地球的动脉，是地球陆地表面因流水作用而形成的典型地貌类型。河流可以汇集和接纳地表径流，连通内陆和大海，是自然界能量流动和物质循环的一个重要途径。我国拥有丰富的河流资源，流域面积在 1000km² 以上的河流有 1500 多条，其中长江、黄河、珠江是世界闻名的大河。近几年在河流整治过程中，发现河流生态系统普遍退化严重，因而对河流生态系统的功能深感忧虑。河流具有其特定的结构特征和服务功能，河流生态系统是结构和功能的统一体。

### 一、河流生态系统的典型特征

河流生态系统是指在河流内生物群落和河流环境相互作用的统一体，属水体生态系统的一个重要类型，具有其鲜明的组成特征和独特的结构特征。了解河流生态系统的典型特征，有助于理解河流生态系统的服务功能，并对其进行健康管理。

### （一）河流生态系统的组成特征

河流生态系统组成包括非生物环境和生物环境两大部分。非生物环境由能源、气候、基质和介质、物质代谢原料等因素组成，其中能源包括太阳能、水能；气候包括光照、温度、降水、风等；基质包括岩石、土壤及河床地质、地貌；介质包括水、空气；物质代谢原料包括参加物质循环的无机物质（C、N、P、$CO_2$、$H_2O$ 等）和联系生物和非生物的有机化合物（蛋白质、脂肪、碳水化合物、腐殖质等）。这些非生物成分是河流生态系统中各种生物赖以生存的基础。生物部分则由生产者、消费者和分解者所组成，其中生产者是能用简单的无机物制造有机物的自养生物，主要包括绿色植物（含水草）、藻类和某些细菌，它们通过光合作用制造初级产品——碳水化合物，并进一步合成脂肪和蛋白质，建造自身；消费者是不能用无机物制造有机物质的生物，称异养生物，主要包括各类水禽、鱼类、浮游动物等水生或两栖动物，它们直接或间接地利用生产者所制造的有机物质，起着对初级生产物质的加工和再生产的作用；分解者皆为异养生物，又称还原者，主要指细菌、真菌、放线菌等微生物及原生动物等，它们把复杂的有机物质逐步分解为简单的无机物，并最终以无机物的形式还原到环境中。

河流生态系统组成的显著特征之一是水作为生物的主要栖息环境。由于水的理化特性，水环境在许多方面不同于陆地环境。水是一种很好的溶剂，具有很强的溶解能力，因此水体中许多呈溶解状态的无机物和有机物可被生物直接利用，这为水体中浮游生物提供了有利条件。但是太阳辐射通过水层时会进一步衰减，以致水体光照强度明显低于陆地，从而限制了绿色植物的分布。其中在浅水区生长的绿色植物，如挺水植物和沉水植物，其生长状况主要决定于水层的透明度。显著特征之二是其生物成分与陆地生态系统的生物有明显区别。河流生态系统中的生产者主要是个体很小的浮游生物（即藻类），它们按照日光所能到达的深度分布于整个水域，其生产力远比陆地植物要高得多。这一点常常被人们所忽视。显著特征之三是河道河床作为水的载体，使得河流储存有巨大的能量。水能载舟，亦可覆舟，能量利用得当，可为人类造福，处理不当，便为人类带来洪涝灾害。

## （二）河流生态系统的结构特征

河流生态系统的结构是指系统内各组成因素（生物组分与非生物环境）在时空连续及空间上的排列组合方式、相互作用形式以及相互联系规则，是生态系统构成要素的组织形式和秩序。河流生态系统同其他水域生态系统一样，具有一定的营养结构、生物多样性、时空结构等基本结构。作为一个特定的地理空间单元，河流生态系统有着自己的鲜明的特点。一个完整的河流生态系统应该是动态的、开放的、连续的系统，它应该是从源头开始，流经上游和下游，并最后到达河口的连续整体。这种从源头上游诸多小溪至下游大河及河口的连续，不仅是指河流在地理空间上的连续，而更重要的是生物过程及非生物环境的连续，河流下游中的生态系统过程同河流上游直接相关。河流生态系统的结构特征可用纵向、横向、垂向和时间分量等四维框架模型来描述。

1.河流生态系统结构的纵向特征

从纵向分析，河流包括上游、中游、下游，从河源到河口均发生物理的、化学的和生物的变化。其典型特征是河流形态多样性。

（1）上、中、下游生境的异质性

河流大多发源于高山，流经丘陵，穿过冲积平原而到达河口。上、中、下游所流经地区的气象、水文、地貌和地质条件等有很大差异，从而形成不同主流、支流、河湾、沼泽，其流态、流速、流量、水质以及水文周期等呈现不同的变化，从而造就了丰富多样的生境。

（2）河流纵向形态的蜿蜒性

自然界的河流都是蜿蜒曲折的，使得河流形成急流、瀑布、跌水、缓流等丰富多样的生境，从而孕育了生物的多样性。

（3）河流横断面形状的多样性

表现为交替出现的浅滩和深潭。浅滩增加水流的紊动，促进河水充氧，是很多水生动物的主要栖息地和觅食的场所；深潭是鱼类的保护区和缓慢释放到河流中的有机物储存区。这些典型特征是维持河流生物群落多样性的重要基础。

2. 河流生态系统结构的横向特征

从横向分析，大多数河流由河道、洪泛区、高地边缘过渡带组成。河道是河流的主体，是汇集和接纳地表和地下径流的场所和连通内陆和大海的通道。洪泛区是河道两侧受洪水影响、周期性淹没的高度变化的区域，包括一些滩地、浅水湖泊和湿地。洪泛区可拦蓄洪水及流域内产生的泥沙，吸收并逐渐释放洪水，这种特性可使洪水滞后。洪泛区光照及土壤条件优越，可作为鸟类、两栖动物和昆虫的栖息地。同时湿地和河滩适于各种湿生植物和水生植物的生长。它们可降解径流中污染物的含量，截留或吸收径流中的有机物，起过滤或屏障作用。河道及附属的浅水湖泊按区域可划分为沿岸带、敞水带和深水带，它们分布有挺水植物、漂浮植物、沉水植物、浮游植物、浮游动物及鱼类等不同类型的生物群落。高地边缘过渡带是洪泛区和周围景观的过渡带，常用来种植农作物或栽植树木，形成岸边植被带。河岸的植物提供了生态环境，并且起着调节水温、光线、渗漏、侵蚀和营养输送的作用。

3. 河流生态系统结构的垂向特征

在垂向上，河流可分为表层、中层、底层和基底。在表层，由于河水流动，与大气接触面大，水气交换良好，特别在急流、跌水和瀑布河段，曝气作用更为明显，因而河水含有较丰富的氧气。这有利于喜氧性水生生物的生存和好气性微生物的分解作用。表层光照充足，利于植物的光合作用，因而表层分布有丰富的浮游植物，表层是河流初级生产最主要的水层。在中层和下层，太阳光辐射作用随水深加大而减弱，水温变化迟缓，氧气含量下降，浮游生物随着水深的增加而逐渐减少。由于水的密度和温度存在特殊关系，在较深的深潭水体，存在热分层现象，甚至形成跃温层。由于光照、水温、浮游生物（其他生物的食物）等因子随着水深而变化，导致生物群落产生分层现象。河流中的鱼类，有营表层生活的，有营底层生活的，还有大量生活在水体中下层。对于许多生物来讲，基底起着支持（如底栖生物）、屏蔽（如穴居生物）、提供固着点和营养来源（如植物）等作用。基底的结构、物质组成、稳定程度、含有的营养物质的性质和数量等，都直接影响着水生生物的分布。另外大部分河流的河床材料由卵石、砾石、沙土、黏土等材料构成，都具有透水性和多孔性，适于水生植物、湿生植物以及微生物生存。不同粒径卵石的自然组合，又为一些鱼类产卵提供了场所。同时，透水的河床又是连接地表水和地下水的通道。这些特征丰富了河流的生境多样性，是维持河流生物多样性及河流生态系统功能完整的重要基础。

4. 河流生态系统结构的时间分量特征

在时间上，河流生态系统的时间尺度在许多方面都是很重要的，随着时间的推移和季节的变化，河流生态系统的结构特点及其功能也呈现出不同的变化。由于水、光、热在时空中的不平均分布，河流的水量、水温、营养物质呈季节变化，水生生物活动及群落演替也相应呈明显变化，从而影响着河流生态系统的功能的发挥。河流是有生命的，河道形态演变可能要在很长时期内才能形成，即使是人为介入干扰，其形态的改变也需很长时间才能显现出来。然而，表征河流生命力的河流生态系统服务功能在人为的干扰下，却会在不太长的时间内就可能发生退化，例如生态支持、环境调节等功能，对此，人们应该给予足够的重视。

# 二、河流生态系统的服务功能

生态系统的服务功能是指生态系统与生态过程所形成及所维持的人类赖以生存的自然环境条件与效用。生态系统向来被人们誉为生命之舟。生态系统提供的商品和服务统称为生态系统服务，不同类型生态系统的服务功能是不尽相同的。河流生态系统服务功能是指人类直接或间接从河流生态系统功能中获取的利益。根据河流生态系统组成特点、结构特征和生态过程，河流生态系统的服务功能具体体现在供水、发电、航运、水产养殖、水生生物栖息、纳污、降解污染物、调节气候、补给地下水、泄洪、防洪、排水、输沙、景观、文化等多个方面。按照功能、作用、性质的不同，河流生态系统服务功能的类型可归纳划分为淡水供应、水能提供、物质生产、生物多样性的维持、生态支持、环境净化、灾害调节、休闲娱乐和文化孕育等。

## （一）淡水供应功能

水是生命的源泉，是人类生存和发展的宝贵资源。河流是淡水贮存和保持的重要场所。首先，河流淡水是人类生存所需要的饮用淡水的主要来源；其次，河流淡水是其他动物（家畜、家禽及其他野生动物）饮用的必需之物；同时，所有植物的生长和新陈代谢都离不开淡水。因此，河流生态系统为人类饮水、农业灌溉用水、工业用水以及城市生态环境用水等提供了保障。

## （二）水能提供功能

水能是最清洁的能源。河流因地形地貌的落差产生并储蓄了丰富的势能。水力发电是该功能的有效转换形式，众多的水力发电站借此而兴建，为人类提供了大量能源。至 20 世纪末，全国水电装机总量约 4770 万千瓦，年发电量约 1560 亿千瓦时。同时，河水的浮力特性为承载航运提供了优越的条件，水运事业借此快速发展，人们甚至修造人工运河发展水运。

## （三）物质生产功能

生态系统最显著的特征之一就是生产力。生物生产力是生态系统中物质循环和能量流动这两大基本功能的综合体现。河流生态系统中自养生物（高等植物和藻类等）通过光合作用，将二氧化碳、水和无机盐等合成为有机物质，并把太阳能转化为化学能贮存在有机物质中；而异养生物对初级生产的物质进行取食加工和再生产而形成次级生产。河流生态系统通过这些初级生产和次级生产，生产了丰富的水生植物和水生动物产品，为人类生存需要提供了物质保障，包括：

（1）初级生产为人们提供了许多生活必需品和原材料以及畜牧业和养殖业的饲料。

（2）为人类提供了优质的碳水化合物和蛋白质，一些名特优新河鲜水产品堪称绿色食品，成为人们餐桌上的美味佳肴，保障了人们的粮食安全，满足了人们生活水平日益提高的需要。

## （四）生物多样性的维持功能

生物多样性是指生态系统中生物种类、种内遗传变异和生物生存环境和生态过程的多样化和丰富性，包括物种多样性、遗传多样性、生态系统多样性和景观多样性。其中物种多样性是指物种水平的生物多样性；遗传多样性是指广泛存在于生物体内、物种之间的基因多样性；生态系统多样性是指生境的多样性（主要指无机环境，如地形、地貌、河床、河岸、气候、水文等）、生物群落多样性（群落的组成、结构和功能）、生态过程的多样性（指生态系统组成、结构和功能在时间、空间上的变化）；景观多样性是指不同类型的景观在空间结构、功能机制和时间动态方面的多样化和变异性。生物多样性是河流生态系统生产和生态服务的基础和源泉。河流生态系统中的洪泛区、湿地及河道等多种多样的生境不仅为各类生物物种提供繁衍生息的场所，还为生物进化及生物多样性的产生与形成提供了条件，同时还为天然优良物种的种质保护及其经济性状的改良提供了基因库。

### （五）生态支持功能

河流生态系统的生态支持功能具体体现在调节水文循环、调节气候、土壤形成、涵养水源等方面。河流生态系统是由陆地—水体、水体—气体共同组成的相对开放的生态系统。而洪泛区有囤蓄洪水的能力，囤蓄洪水后，促进了降水资源向地下水的转化，从而调节了河川径流。洪泛区还有拦蓄泥沙的作用，两岸陆地的树木森林等植物，通过拦蓄降水，起到涵养水源的作用，同时可控制土壤侵蚀，减少河流泥沙，保持土壤肥沃，有利于水土保持。河流与大气有大面积的接触，降雨通过水汽蒸发和蒸腾作用，又回到天空，可对气温、云量和降雨进行调节，在一定尺度上影响着气候。河流具有排沙功能，可将泥沙沉积在河口地区，从而产生大片滩涂陆地。因此，一个完善的河流生态系统，具有较好的蓄洪、涵养水源、调节气候、补给地下水等作用，这对更大尺度上的生态系统的稳定具有很好的支持功能。

### （六）环境净化功能

河流生态系统在一定程度上能够通过自然稀释、扩散、氧化等一系列物理和生物化学反应来净化由径流带入河流的污染物，河流生态系统中的植物、藻类、微生物能够吸附水中的悬浮颗粒和有机的或无机的化合物等营养物质，将水域中氮、磷等营养物质有选择地吸收、分解、同化或排出。水生动物可以对活的或死的有机体进行机械的或生物化学的切割和分解，然后把这些物质加以吸收、加工、利用或排出。这些生物在河流生态系统中进行新陈代谢的摄食、吸收、分解、组合，并伴随着氧化、还原作用使化学元素进行种种分分合合，在不断的循环过程中，保证了各种物质在河流生态系统中的循环利用，有效地防止了物质的过分积累所形成的污染。一些有毒有害物质经过生物的吸收和降解后得以消除或减少，河流的水质因而得到保护和改善，河流水环境因而得到净化和改良。组成河流生态系统的陆地河岸生态系统、湿地及沼泽生态系统、水生生态系统等子系统都对水环境污染具有很强的净化能力。湿地历来就有"地球之肾"的美称，在河流生态系统中起着重要的净化作用。湿地生长着大量水生植物，对多种污染物质有很强的吸收净化能力。湿地植被还可减缓地表水流速，使水中的泥沙得以沉降，并使水中的各种有机的和无机的溶解物、悬浮物被截留，从而使水得到澄清，同时可将许多有毒有害的复合物分解转化为无害的甚至是有用的物质。这种环境净化作用为人们提供了巨大的生态效益和社会效益。

### （七）灾害调节功能

河流生态系统对灾害的调节功能主要体现在防止洪涝、干旱、泥沙淤积、水土流失、环境负荷超载等灾害方面。作为河道本身，即具有纳洪、行洪、排水、输沙功能。在洪涝季节，河流沿岸的洪泛区具有蓄洪能力，可自动调节水文过程，从而减缓水的流速，削减了洪峰，缓解洪水向陆地的袭击。而在干旱季节，河水可供灌溉。洪泛区涵养的地下水在枯水期可对河川径流进行补给。湿地在区域性水循环中起着重要的调节和缓冲作用。湿地草根层和泥炭层具有很高的持水能力，是巨大的贮水库，可为河流提供水源，缓解旱季水资源不足的压力，提高区域水的稳定性。同时，湿地具有蓄洪防旱、调节气候、促淤造陆、控制土壤侵蚀和降解环境污染等作用。河流水体也有净化水质的功能。因此使河流生态系统对多种自然灾害和生态灾害具有较好的调节作用。

### （八）休闲娱乐功能

河流生态系统景观独特，具有很好的休闲娱乐功能。河流纵向上游森林、草地景观和下游湖滩、湿地景观相结合，使其景观多样性明显，横向高地—河岸—河面—水体镶嵌格局使其景观特异性显著，且流水与河岸、鱼鸟与林草的动与静对照呼应，构成河流景观的和谐与统一。高峡出平湖，让人豪情万丈，小桥流水人家，使人宁静温馨。同时，河谷急流、弯道险滩、沿岸柳摆、浅底鱼翔等景致，赏心悦目，给人们以视觉上的享受及精神上的美感体验。因此，人们凭借河流生态系统的景观休闲的服务功能，在闲暇节日进行休闲活动，如远足、露营、摄影、游泳、滑水、划船、漂流、渔猎、野餐等，这些活动，有助于促进人们的身心健康，享受生命的美好，提高生活的质量。

### （九）文化孕育功能

欣赏自然美、创造生态美是人类生活的重要内容，和谐的自然形态与充满生机的生态环境可让人们在享受生态美的过程中使人格得到发展的升华。不同的河流生态系统深刻地影响着人们的美学倾向、艺术创造、感性认知和理性智慧，各地独特的生态环境在漫长的文化发展过程中塑造了当地人们特定的多姿多彩的民风民俗和性格特征，由此也直接影响着科学教育的发展，因而也决定了当地的生产方式和生活水平，孕育着不同的道德信仰、地域文化和文明水平。如历史上显赫一时的古巴比伦文明兴起于当时生机勃勃的幼发拉底河和底格里斯河流域；曾经拥有大量热带林的尼罗河流域孕育并发展了古埃及文明；黄河文明曾经是中国农业和文明的摇篮，被誉为中华民族的母亲河，在世界文明史上占有重要的地位，那也是同古时候黄河流域生态平衡环境协调分不开的。可见，河流生态系统的文化孕育功能对人类社会的生存发展具有重要的作用。

# 第二节　河流生态修复的方向和任务

## 一、河流生态修复概述

### （一）河流生态修复的定义

河流生态修复是指运用流域生态理论，采用综合方法，使河流恢复因人类活动的干扰而丧失或退化的自然功能，使河流重新回到健康状态。河流生态修复的任务包括水文条件的改善和河流地貌学特征的改善。目的是改善河流生态系统的结构与功能，标志则是生物群落多样化的提高。方法主要就是从河流的自然特性入手，维持和保护河流的自然特点。

### （二）河流生态修复应遵循的原则

1. 自然原则

大自然的水是时刻都在通过降水、径流、蒸发下渗等进行着水循环，河流属于水文循环当中的一部分，自然原则就是利用自然的循环特点制定修复方法，是河流生态修复的最基本的原则。利用河流生态系统的自我调节能力，结合具体的河流状态采取适当的工程和非工程措施，使河流生态系统自我修复，向着自然和健康的方向发展。

2. 使用功能原则

河流有诸多使用功能，在进行生态修复的时候应该首先保证其使用功能不被破坏，同时也要保证其主要功能优先的原则，即有的时候不能完全恢复其全部使用功能的情况下，要首先恢复其主要功能，当然我们也要做到河流的各项功能相互协调，各项功能和指标能够相互协调，比如我们可以利用优化函数的方法来进行，建立目标函数，包含河流的各项功能指标，建立函数，确定边界条件，最终得出符合目标的最优化的修复参数，这也是从更科学和理性的角度来看待河流的生态修复。

3. 其他原则

河流生态修复的其他原则还包括分时段考虑原则、分河段细化原则、生物多样性原则、景观美化原则、综合效益最大化原则、利益相关者有效参与原则等。在不同的时间尺度或不同时段、不同河段均需要统筹考虑。同时要遵循生物多样性，引进本土生物，适当考虑景观生态学原理，并从流域系统出发进行整体分析，将短期利益与长远利益相结合等，确定相应指标，及各项指标之间相互关系。

## 二、河流生态修复的目标

### （一）防洪和恢复健康的水循环系统

人类的开发建设活动（河流治理、城市建设、土木工程等）往往砍伐森林、硬化地表等等，导致土壤渗透保水能力降低，带来河流的洪峰流量增加、地下水位显著下降等问题。河流和地下水具有互补关系，洪水时河流水位高于地下水位，河流补给地下水；当河流水位低于地下水位时（枯水期），地下水补给河流。一般而言，枯水期河流能够得到地下水的补给，如果地下水位降低，这种补给功能就会削弱甚至丧失。如果水循环受阻，就会产生很多问题，诸如洪水发生的频率增加和规模增大、发生山崩的频率增加、地下水不足、动植物减少、水土流失、沙漠化、气候变化等等。要从根本上解决这些问题，就需要恢复健康的水循环系统。

河流生态修复同传统河流治理一样，首先是防御洪水，保护居民的生命财产，同时还要确保生态系统和让水循环处于健康状态，尽量处理好洪水期的防洪和平时的河流生态系统、景观、亲水性的关系。也就是说，没有必要用同一尺度保护城市、道路、农地和森林等，洪水时无须刻意考虑河流生态系统和亲水性，平时也没有必要考虑防洪问题。洪水灾害往往被认为是工程的问题，而传统的河流治理工程方式妨碍了水的健康循环。今后应该研究改进、制定新的治水对策。

### （二）提高河流自净能力保护水质

河流生态修复的最终目的是通过健康的河流生态系统提高河流水质的质量。但提高河流水质必须从流域尺度出发，一般需要通过防止面源污染；建设完善的下水道、污水处理场和植被缓冲带；以及提高河流的自净能力三个阶段才能够实现。要提高河流的自净能力，保持河流形态的多样化和丰富的水生生物是很重要的。

### （三）使河流具有一定的侵蚀—搬运—堆积作用

在满足一定防洪标准的同时，留给河流一定的侵蚀—搬运—堆积等自然作用的空间，是河流生态修复的重要课题。因为只有通过河流自身的运动，河流才能自然演变为具有蛇行、浅滩和深潭、周期淹没等多样性的河流形态。河流形态的多样性，意味着生息地和生态系统的多样性和形成美丽的天然河流景观。

留给河流多少侵蚀搬运堆积的自然作用空间，主要取决于保护土地不被洪水淹没的程度、冒洪水风险程度以及设计修复目标的自然化程度三个因素。

### （四）重建河流景观

水体是河流景观最重要的构成要素，但传统的河流治理工程忽视了河道景观的保护、建设和管理。目前，河流景观的重要性已引起水利学家的重视。河流的生态修复除了生态效益之外，还有视觉和心理上的景观效益，单方面强调河流的生态功能是不充分的。在进行河流生态功能修复的同时，也应创造出与周围环境相协调的美丽的河流景观，表现出人与自然相和谐的人文色彩。

景观的"景"是风景之意，而"观"是人的主观感觉。景观空间的质量由人的主观感觉评价所决定，而五官之中视觉上的感觉尤其重要。在河流生态修复设计中，必须考虑景观结构的要素，通过对原有景观要素的优化组合，新的景观成分的引入，调整或构造新的河流景观格局，创造出优于原有景观，新的高效、和谐的近自然河流景观格局。和谐的近自然河流景观格局的评价尺度应满足优美性、舒适性、协调性和空间性等要求。

### （五）增加河流的亲水性

所谓亲水性就是通过对河流的亲身体验，实现与河流的"对话交流"，从而达到保健休养的目的。传统的河流治理工程忽视甚至没有考虑河流这一功能。河流是动植物不可缺少的生息场所，同时也是人类生息休养的空间，河流具有解除人类各种烦恼的特殊功效。洁净的水体可以使周围空气清新，调节气温，有利于人们的身心健康。河流的亲水性不仅要考虑人类的需要，同时要考虑为野生动植物提供生息空间的生态修复。因此，在设计河流生态修复时，就应分别设计可利用空间，尽可能使之互相协调。

### （六）降低经济成本

有一种观点认为，河流生态修复在成本上一定会比传统水利工程高，然而事实上并非如此。由于河流生态修复采用近自然的修复技术及材料，其成本要比混凝土式河道护岸低廉。

1. 传统水利工程技术造成高成本的原因

（1）工程的防洪设计标准过高；

（2）最终目标是完全依靠人的力量实现；

（3）实现最终目标的时间过短。

2. 生态修复成本较低的原因

（1）尽量避免没必要的过高的防洪设计标准；

（2）最终目标的实现也要依靠自然的力量；

（3）实现最终目标的时间延长。这与河流生态修复的原则是一致的。

## 三、河流生态修复的新理念和目标在应用时所面临的问题

对河流生态修复新理念和目标的探讨具有重要的现实意义，它为河流生态修复方案的制定以及修复效果的评价提供了方向。河流生态修复新理念和目标的提出，打破了传统水工学的理念，使治河不仅仅考虑工程的安全性和经济性，从而为人们探索新的治河理念提供了新的视点。在这种理念指引下，水工设计会更注重整个水环境系统健康的、可持续的发展。

河流生态修复新理念和目标面临的主要问题是如何处理好人与自然的关系。在权衡人类社会需求与生态系统健康需求这二者关系方面，应该同时强调兼顾水域生态系统的健康和可持续性，这就需要吸收生态学等其他学科的知识，促进水利工程学与生态学的结合，改善水利工程的规划、设计方法，发展生态水利工程学，以尽量减少对生态系统的胁迫，并充分考虑生态系统健康的需求问题。

当然，河流生态修复新理念和目标的提出，只是对城市河流生态修复理念、目标的一点探索，由于我国的经济水平、法律体系等方面存在的不足，以及诸多历史原因，河流生态修复完全达到设计意图是困难的。人们只能立足河流生态系统现状，积极创造条件，发挥生态系统自我修复功能，使河流廊道生态系统逐步得到恢复，实现河流的健康性和可持续性。在我国现实可行的治河路线是结合河流防洪、整治和城市水景观建设等工程项目，综合开展河流生态修复建设。为了

顺利推进城市河流生态修复的开展，这里认为，今后迫切需要就以下几个方面开展工作。

（1）在理论上，创建水利工程学和生态学有机结合的理论、技术和评价体系。

（2）在技术变革上，为了不重复发达国家的错误，应改变单一追求工程安全（抗洪水强度）的传统水利工程设计思想，将生态学原理应用于水利工程设计中，进行水利工程的生态设计，并加强施工后的维护和管理。

（3）尽快制定适于河流生态修复的水利工程设计规范。现有的水利工程设计规范已经限制了河流生态修复的进展。

（4）政府应给予政策倾斜，给河流生态修复项目以政策和法规上的支持，最终实现我国水资源的永续利用。

河流是大地的血脉，人类是自然的精灵。与自然和谐相处是人类最美好的目标，主动向着这个目标不断地靠近，是人类应该做到也能够做到的。

# 四、河流生态修复评价研究思路与方法

河流生态系统是生物圈物质循环的重要通道，具有调节气候、改善生态环境以及维护生物多样性等众多功能。近百年来，人们利用现代工程技术手段，对河流进行了大规模的开发利用，兴建了大量工程设施，改变了河流的地貌学特征和水文特征，从而极大地改变了河流自然演进的方向，对河流生态系统造成胁迫。同时日益增多的工业废水和生活污水未经完善处理便排入河流，致使河流生态环境恶化、生态系统稳定性降低，主要表现为水体中的养分、水体的化学性质、水文特性和河流生态系统动力学特性发生改变，因此对原水生生态系统和原物种造成的巨大压力。

就我国现阶段而言，研究河流生态修复评价关键技术对于指导和推动河湖生态系统保护与修复规划工作意义重大。

## （一）河流生态修复评价研究思路

对国内外河流生态修复评价研究成果进行深入分析后发现，目前人们侧重于河流生态修复基础理论的研究和对河流生态系统自然环境因素的分析，而缺乏考虑河流周边社会因素和对生态修复经济可行性的探讨。

河流生态修复需要与经济发展相适应，使经济发展与环境改善能够并行可持续发展。因此，河流生态修复评价的应用不仅应该着眼于当地河流生态系统的退化以及河流水质、水文状况的恶化，还应该综合社会经济发展现状的分析。基于现有研究存在的问题，重点分析社会经济因素对河流生态修复评价的影响，构建兼顾河流经济可行性和生态修复必要性的河流生态修复评价指标体系，采用专家评判法和层次分析法（AHP法）对所选指标进行权重赋值，并运用模糊综合评判方法将不同尺度的复杂信息进行综合分析，确定河流生态修复指数，讨论河流生态修复评价数值等级的划分，完成多因素多目标的河流生态修复评价。

## （二）河流生态修复评价方法

20世纪80年代初，我国学者提出了"社会—经济—自然复合生态系统"的理论，与自然生态系统理论的区别在于充分重视人类活动对于自然生态系统的能动性。"社会—经济—自然复合生态系统理论"中指出不应孤立地研究自然资源环境退化的问题，而是应该把人类社会的进步和经济的发展与自然环境的退化统一联系起来，在确定社会经济发展的速度和规模的同时必须考虑自然生态系统的承载力。在研究河流生态系统退化和河流生态修复时，应首先对河流自然环境状况进行评价，以判断河流生态系统是否退化，是否退化到不得不修复的程度；然后对河流周边城市社会发展状况进行评价，以判断其是否具有足够的经济能力去支撑河流生态修复的过程。若河流生态系统状况未恶化到一定程度，就没有必要对其进行生态修复；若河流生态系统退化程度严重，但河流周边社会经济发展状况较差，没有能力支撑修复费用，也无法对河流进行生态修复。因此，应在河流生态系统退化严重且社会经济发展程度较高的区域开展生态修复，即进行河流生态修复需要满足修复必要性和经济可行性两个先决条件。

针对受损河流生态系统缺乏基础资料的现状，提出以河流生态系统退化状况为参照系统，构建定量的修复标准作为河流生态修复的期望目标，并选择层次分析法（AHP法）作为河流生态修复的评估方法。层次分析法具有所需定量数据少，易于计算，可解决多目标、多层次、多准则的决策问题等特性，其本质在于对复杂系统进行分析和综合评价，对评价的元素进行数学化分析。运用AHP法对河流生态修复进行评估时，首先分析表征河流生态系统主要特征的因素以及经济可行性评价分析因素，建立递级层次结构；其次通过两两比较因素的相对重要性，构造上层对下层相关因素的判断矩阵；在满足一致性检验的基础上，进行总体因素的排序，确定每个因子的权重系数；最后确定评价标准，采用综合指数法或模糊综合评判方法进行相关计算，从而构成基于修复必要性评价和经济可行性评价分析的河流生态修复评价指标体系。

# 第三节　河道内生境修复

## 一、保护生态河道的重要性

### （一）生态环境保护是我国的基本国策

在国家"三化同步、三生融合"发展战略中，"三生"即生产、生活和生态，其中生态包括自然生态与社会生态，坚持和体现了以人为本的核心价值，并将生态文明提升到突出的位置，实现了生产发展、生活美好和生态优越的三位一体发展，是城镇实现可持续发展的重要保证。

### （二）保护生态河道是生态保护的重要环节

生态环境要素由动物、植物、微生物、土地、矿物、海洋、河流、阳光、大气、水等天然物质要素及人工物质要素组成。自然河流及周边地带涵盖了生态环境要素的主要方面，因此，保护生态河道是生态保护的重要环节。

自然河道生物群落的组成、结构和分布格局与远离河流区域相比有较大的差异，是河流生态系统与陆地生态系统进行物质、能量、信息交换的一个重要过渡交错地带。自然河道在控制河岸侵蚀、调节微气候、保护河溪水质、为水陆动植物提供生境、维护河溪生物多样性和生态系统完整性以及提高河岸景观质量、开展旅游活动等方面均有重要的现实和潜在价值。

## 二、河道的建设性破坏日益加剧

### （一）传统驳岸引起生态环境的退化

目前我国城乡河道的治理，主要由所在区域的水利部门负责实施，防止水土流失以及防洪是其主要目的，几十年不变的直立式混凝土防洪堤仍然是河道护岸的基本方式，混凝土防洪堤使河道变成了只进不出的封闭水体，地下水与河水不能及时沟通，水循环过程被隔断，水生态系统与陆地生态系统生物链被阻断，生物种群的生态循环和均衡结构被彻底打破，生物群落得不到必需的养分，失去了生存的基本条件，逐渐衰落，消亡。群落的消亡也使河岸失去了生命，它原有的诸如截污、净水、固岸、造氧等生物功能也就彻底丧失了。

实际上，自然河道的水位、流量、流速随着季节的更替发生变化，充分体现了大自然的运行规律，而高大的防护堤往往就是侵占河道造成的恶果。随着城乡建设的发展，河道渠化已经从主要河道发展到了小型溪流，对生态河岸破坏性建设的悲剧正在不断重演，如不加以阻止，我们美丽的生态河岸带不久将不复存在。

### （二）传统堤岸破坏自然和人文景观

在自然形成的河岸边，生态种群处于良好的动态平衡中，造就了繁多的植物品种。沿河植被在不同季节构成了层次丰富、色彩缤纷的动人图案，芳草萋萋，翠柳夹岸，白鹭翻飞，鱼翔浅底……大自然造就的意境是任何人工环境都不能模仿的。防洪堤上的人工绿地，缺乏天然河岸群落之间的物质循环和交换，完全在界定的范围靠人工管理生存，没有任何自然调节与发展演变的空间。景观的表现形式也难免呆板和生硬，且管理过程中使用的杀虫剂、化肥等有害化学成分，还会对河道造成就近污染，不管生态功能还是景观价值都无法与天然河岸相提并论。

在一些较为偏僻的乡镇村落，所在地段的沿河两岸仍保留不同年代的堤岸、码头、石桥、步道等历史遗存，具有非常重要的历史研究和保护价值，同时也是不可多得的历史人文景观。由于保护意识的淡漠，不少具有保护价值的滨水历史遗迹，也在河流的治理过程中彻底毁坏了。取而代之的是人工堤岸及后面的广场、硬地、娱乐设施。这些表面光彩的人工堆砌由于缺乏原有的历史人文氛围而显得生硬和俗气，更不可能给人们提供任何思索和回味的空间。

### （三）传统防洪堤岸，不是最经济的河川护岸选择

修建传统意义上的防护堤河岸，对任何一个地方政府部门来说都是一个投资巨大的工程项目。从沿河建设用地的征地拆迁、河床清理、修建防洪堤坝，到配套设施的建设，以及后期的维护和管理，无不需要投入大量的人力、物力和财力，这无疑加重了地方财政负担，影响了城市经济发展及项目投资的均衡性。

## 三、生态河道基本特征及功能

### （一）基本特征

生态河道是以自然为主导的，在保证河岸带稳定和满足行洪要求的基础上，维持物种多样性、维护生态系统的动态平衡，提高系统的自我调节、自我修复能力、改善人类生活环境的地带。

### （二）基本功能

生态河道的基本功能包括生态和社会交流的廊道、植物根系固土护岸、防止

洪涝灾害、截流纳污、地表和地下水径流保护、生物生境保护、塑造优美的自然景观、打造多用途的娱乐场所以及提供舒适的生活环境。

## 四、河道的生态保护和治理

### （一）基本原则

（1）强调驳岸工程要与生态相结合，充分吸收生态学的原理和知识。

（2）新型的工程设施既要满足人类社会的种种需要，也要满足生态系统健康性的要求。

（3）河流生态工程以保护生态系统生物的多样性为重点，水利工程设施要为动植物的生长、繁殖、栖息提供条件。

（4）遵循生态系统自身的规律，生态恢复工程强调生态系统的自我修复、自我净化和自我设计功能。

（5）强调河流的自然美学价值，保护河流的自然美和保护人类与自然长期协同进化所形成的历史人文景观，以满足人类在此过程中对自然与人文历史的情感和心理依赖。

（6）生态设计要纳入城市总体规划的范畴，以便同其他的城市发展计划及项目统一协调，强化生态建设项目在城市发展战略中的重要地位。

（7）河川治理应覆盖整个流域范围，要将滨河历史人文环境保护、环境污染治理、森林湿地保护等结合起来，针对性地提出保护或治理措施，使其流域内各水的生态群落处于一个完整健康的生态系统中，而不仅仅局限于某一种稀有生物种的保护或某一河段的治理。

### （二）治理的方法和措施

1.河道平面形态

（1）河道滨水地带的河湾、凹岸、浅滩、深潭、为各种生物创造了形态多样的生存环境和繁殖避难场所，河流的多样性形成生物生境的多样性，从而改善生物群落的多样性。

（2）自然曲折的河道线型能缓冲洪水的流速，降低洪水对护岸的冲刷程度。

（3）顺应河势，因河制宜，减少河道治理工程造价。

（4）蜿蜒曲折的河道对于直线化的渠道，更体现自然之美，更能唤起乡愁。

2.河道断面设计

（1）充分考虑土地利用、河岸生态景观、主导功能等因素，以保证河道生态系统的稳定。

（2）在市郊区域，应尽量保证河道的天然性，在满足河道功能的同时尽量减少人工痕迹。

（3）选择河道断面时应首先保持天然断面，不能保证天然尽量使用复式断面。

（4）增加河道断面的多样性，增加水中的含氧量。既有利于生物的多样性，形成自然生态景观带。

3. 河道护岸设计

生态护岸是通过使用植物或植物与土工材料的结合，具有一定的结构强度、多种生物共生，以及自我修复净化功能、可自由呼吸的水工结构。

现在普遍推广的土工格栅边坡加固技术、干砌护坡技术、利用植物根系加固边坡的技术、渗水混凝土技术、石笼、生态袋、生态砌块、生态格网护岸、混凝土草坪护岸等多种生态护岸，其特点有以下几点。

（1）具有较大的孔隙率，护岸上能够生长植物，可以为生物提供栖息场所，并且可以借助植物的作用来增加堤岸结构的稳定性。

（2）地下水与河水能够自由沟通，能够实现物质、养分、能量的交流，促进水汽的循环。

（3）造价较低，不需要长期的维护管理，具有自我修复的能力。

（4）护岸材料柔性化，适应曲折的河岸线型。

## （三）不同河道类型的保护和治理

（1）对水流比较平缓的地段，减少了人为干预，尽量依靠河流生态系统的自我设计和修复功能，保护河流原生态的景观。

（2）对于沿河植被有不同程度破坏的河段，宜采用土壤保护技术，通过植草种树的方式对河岸坡面进行有效的植被覆盖，避免减少土壤表面受到侵蚀，从而起到水土保持的作用。

（3）对于已有水土流失现象，植被破坏较为严重的河流区域，可采用地表加固的治理技术，通过植物根系来加固土层和提高抗滑力，主要手法包括活枝灌丛席、活枝篱墙、活枝柴捆、垄沟式种植等。

（4）对于河床狭窄、水流湍急、洪水威胁较大的河段，则可以采用生物技术与工程技术相结合，使植物、木材、石块等天然材料与水泥、钢筋、塑料等人工材料综合搭配，稳固和加强河岸，提高使用年限。主要形式有绿地干砌石墙、渗透式植被边坡、绿地网箱、绿化土工植物等。

## （四）生物生境打造

"虾有虾径、蟹有蟹路"，各种生物都有自身独特的生活习性，而不同的生态护岸结构形式能够满足不同的生物生长繁殖需求，所以在驳岸形式上，要根据地形地貌、原始的植被绿化情况，选择多种护岸形式，为各种生物创造适宜的生长环境，体现生命多样性的设计构思，这样既可以保持丰富多样的河岸形式，延续原始的水际边缘效应，又给各种生物提供了生长的环境、迁徙的走廊，容易形成完整的生物群落。

丰富的植物群落可以提高生物的多样性，改善河道两岸环境。植物根系可以提高土壤中有机物的含量，并改善土壤结构，提高其抗侵蚀、抗冲刷能力；植物的枝叶可以起到截留雨水、抵消波浪、净化水质、天然氧吧的作用。根据生长地点的不同，尽量选择适宜本地生长的物种，不能选择情况不明的外来物种。

## （五）生态河道的管理措施

（1）加强对城乡各污染源的整治，强化工业污水的达标排放。提高工业用水的重复利用率，增强城镇居民的节水意识和环保意识。

（2）对源头和支流进行治理，使整个水网系统得到深层次的全面保护。

（3）清理和保护区域内现存的河流、沼泽湿地、堰塘井泉等水源点，根据其生态破坏及受污染的程度分别进行分类统计，针对性地制定保护和恢复治理方案与分期行动计划。

（4）根据不同河道宽度和现状划定沿河两岸的绿地保护范围控制线（蓝线），留出足够的泄洪空间和生物发展空间，有条件的宽阔河段，可保留季节性湿地，使原生态物群落得到良好的恢复和发育。

（5）对沿河两岸历史人文景观，包括标志性的建筑（如祠堂、寺庙等），保存完整的临水民房街区，以及古码头、石碑、石坊、石桥、古树等，由相关管理部门挂牌保护，避免人为损坏。

（6）结合地区的实际情况，逐步制定河川生态治理的相关技术规范和标准，以便施工部门参照执行。以法律的形式对河道生态系统进行保护，包括在整个河流区域范围内的全方位的保护措施，配以管理部门有力的管理手段，使河道的生态治理成为现实。

生态河岸带的保护是一个内容宏大的系统工程，涵盖了生物生态、水力、城市规划、环境景观、人文历史、行业管理等方方面面，保护和恢复工作任重道远，但只要政府大力支持，群众积极参与，有敬业的设计、施工、管理团队，就一定能够治理和保护好青山绿水，达到天人合一的理想境界。

# 第四节　河岸生态治理

## 一、生态河岸的功能与运用

生态河岸是一个新兴的概念。关于生态河岸的定义，目前主要从生态河岸的生态系统属性和过渡带属性两个方面进行理解。生态河岸是一个狭长的水陆生态交错带，既要研究其生态系统的特征，又要从水利工程方面进行考虑。当前，生态河岸主要研究生态河岸的功能以及生态河岸功能实现的途径，生态河岸建设已经成为国内外河道治理的重要措施。

### （一）生态河岸的功能

生态河岸的功能可以概括为：生态河岸以及与之相联系的对地表和地下水径流的保护功能；对开放的野生动植物生境以及其他特殊地和旅行通道的保护功能；可提供多用途的娱乐场所和舒适的生活环境。还有一些学者把生态河岸的功能归纳为：自然保护功能、社会保护功能以及休闲娱乐功能。

### （二）生态河岸技术的应用与发展

生态河岸功能的实现依赖于生态河岸生态系统中生态平衡的维持。对于一个退化的河流生态系统来说，运用恢复生态学原理来修复生态系统，有利于生态河岸功能的实现。我们在分析公园河岸生态状况的基础上，探讨公园生态河岸建设的原则，采用工程和植物措施相结合的方法，对公园生态河岸进行整体规划和建设，并探讨公园生态河岸的综合评价。通过公园生态河岸规划和建设的研究，为本地区河流河岸带自然条件的生态修复积累实验成果，完善解决河道生态护岸中存在的诸多技术问题，使本地区的生态河岸研究有进一步的长足发展。

近年来，我国的生态河岸专家已深刻认识到在河岸工程设计和施工中对河流生态环境的影响，开始探讨生态河岸的运用与发展，并在全国各地开展了一系列的护岸研究，寻找生态河岸最理想的技术手段。目前，我国河道护岸工程在很大程度上仍然采用传统的规划设计思想和技术，即便是中小河流，河流护岸仍然只是考虑河道的安全性问题，以混凝土护岸为主，而没有考虑工程建筑对河流环境和生态系统及其动植物、微生物生存环境的影响。我国城市段河流护岸多采用耐久性好的混凝土，破坏了河岸的生态系统，导致河流自我净化能力降低。以恢复城市受损河岸生态系统为目的，研究受损河岸生态修复材料（如芦苇、河柳、竹子、意杨、枫杨、榆树）的适应性，利用植物护岸，并把植物护岸与工程措施相结合的护岸技术研究，是实现生态河岸功能的重要途径。

植物在生态河岸恢复中的作用，可以总结为：一种是单纯利用植物护岸，一种是植物护岸与工程措施相结合的护岸技术。下面为国内比较常用的几种植物护坡技术。

1. 植草护坡技术

植草护坡技术常用于河道岸坡及道路护坡上。目前，国内很多生态河岸的治理都使用的是这一技术，我们在生态河岸的探讨中也经常使用。这一技术主要是利用植物地上部分形成堤防迎水坡面软覆盖，减少坡面的裸露面积，起到护坡的作用；利用植物的深根系，加强植物的护坡固土作用。还可以改善原有的驳岸没有流动性、单一性，使河道流速再高都不受影响。有些原有河道硬化破坏了河岸与河床之间在水文和生态上的联系，破坏了可以降低水温的植被，植草护坡后可以使其发挥截留雨水、稳固堤岸、过滤河岸地表径流、净化水质、减少河道沉积物的作用。同时，还可以增加河岸生物的多样性。

2. 三维植被网护岸

三维植被网技术多见于山坡及高速公路路坡的保护中，这一技术现在也开始被用于生态河岸的防护上。它主要是指利用活性植物并结合土工合成材料等工程材料，在坡面构建一个具有自身生长能力的防护系统，通过植物的生长对边坡进行加固的一门新技术。根据原有的边坡、地形进行处理，把三维植被网技术用于生态河岸的护坡上，通过植物的生长对边坡进行加固，根据边坡地形地貌、土质和区域气候的特点，在边坡表面覆盖一层土工合成材料，并按一定的组合与间距种植多种植物，将河岸的垂直堤岸护坡改造成种植池。

3. 河岸防护林护岸

在生态河岸种植树木或竹子，形成河岸防护林，减小了水流对表土的冲击，减少了土壤流失。河岸防护林可以起到保持水土、固土护岸的作用，又可以提高河岸土壤肥力，改善河岸周边的生态环境。

## （三）生态河岸的规划与构建

以生态护岸为设计的亮点，主要以新的施工技术应用于驳岸施工。我们可以根据河流地形的高低，改造和减少混凝土和石砌挡土墙的硬质河岸，扩大适生植物的种植空间，建立亲水平台，构建层次丰富的岸线。先抛石，在常水位线以下用三围网固土，造缓坡草坪入水，在常水位以上种植物护坡，造景观。

河流生态恢复的目的之一就是促使河岸系统恢复到较为自然的状态，在这种状态下，生态河岸系统具有可持续性，并可提高生态系统价值和生物多样性。生态河岸规划所遵循的原则归纳有下列五项：尊重自然的原则、植物合理配置原则、避免生物入侵的原则、可持续发展原则、协调统一的原则。

我们针对某一水域的地理环境为主提出生态河岸，旨在以生态原则提高水体的自洁能力，使该水体对保持城区水生态平衡，使城市与环境协调发展，人类、多种动植物和谐共处，达到一种自然平衡的状态，建设有特色的新型城市景观。要加强生态环境保护建设，对该水域进行综合治理，加强该水域及周边的产业规划，进行产业调整。

## （四）生态河岸构建的技术推广体系

本书在研究生态河岸自然特征即河流主要生态问题的基础上，根据生态河岸建设的基本原则，探索了对规划构建的生态河岸进行综合评价的指标和评价方法，总结出开展长江中游城市生态河岸建设的一些技术推广体系。主要研究结果如下：

（1）大多数生态河岸存在的生态问题主要表现在水体污染严重、原有驳岸破坏了生态平衡、植物多样性低、河岸异质性降低四个方面。

（2）生态河岸规划的原则，既要遵循尊重自然、植物合理配置、避免生物入侵、可持续发展以及协调统一的普遍性原则，又要基于公园原有河岸的自然特征和生态问题，对河岸进行技术改造，增加河岸的亲水空间，加强对河流的综合治理，把河岸与周边的公园结合起来，形成有特色的滨水景观。

（3）在生态河岸的规划建设中，把工程措施和植物建植措施有机结合起来。植物设计以应用乡土树种为主，考虑四季景观，在不同的景区使用不同的植物来渲染意境。在河漫滩湿地（最低水位到常水位）点缀水生植物菖蒲、芦苇；在河堤疏树草地（常水位到最高水位）种植枫杨，林下种石蒜、鸢尾和玉簪等宿根花卉；在滨河疏林草地处，结合地形、铺装，配置竹林、乌桕、栾树、桂花。

（4）根据公园的河岸线，将其分为几个不同的部分进行功能划分。上游可以设计为理水区，理水区保留了原有堤防基础，沿岸道路退后，将原来的垂直堤岸内侧护坡改造成种植池，并在堤脚面一侧设高水位亲水游船码头；中游设计为亲水区，亲水区保留原有水泥防洪堤基础，沿岸道路退后，在原来的垂直堤岸内侧护坡上堆土，形成种植区，并在堤脚铺设卵石，形成亲水界面，即中水位临水平台；下游设计为戏水区，戏水区的河岸边种植菖蒲，形成防风浪的障碍物，将原有泥石堤岸改造成用土做堤，降低河岸坡度，形成缓坡，在缓坡上种植草坪和乡土植物，形成游人可以接近水界面的低水位网格亲水步道。

（5）由于生态重建是一个跨越较长时间尺度的过程，因此，需要在长期对河流流域以及公园生态河岸监测的基础上，根据河流生态系统健康评价要求，结合生态河岸规划建设情况，运用模糊综合评价法，从结构稳定性、景观适宜性、生态健康、生态安全方面对河流生态河岸开展综合评价。

（6）应加强对规划构建的公园生态河岸生态系统的基础研究，重点研究河岸生态系统结构、功能及其稳定性，并应加强定量化研究。

## 二、河岸生态修复中景观生态学的运用

### （一）景观生态学

**1. 景观生态学概念**

景观生态学是研究某一地区不同景观系统间的动态关系、互相作用以及空间格局的一门生态学学科。即主要探讨不同生态系统间异质性组合的结构、功能、动态和管理。

景观生态学是以整个景观为对象，通过物质流、能量流、信息流与价值流在地球表层的传输和交换，通过生物与非生物以及与人类之间的相互作用与转化，运用生态系统原理和系统方法研究景观结构和功能、景观动态变化以及相互作用机理、研究景观的美化格局、优化结构、合理利用和保护的学科。

发展到如今，景观生态学的研究范围扩展到较大的时间尺度与空间区域，以整体综合的观点研究景观的空间格局、动态变化过程及其与人类社会之间的相互作用，进而探讨景观优化利用的原理和途径。

**2. 景观元素**

景观是由景观元素组成，即各个不同的生态系统单元。景观元素指系统中相近同种物质的生态要素，主要有以下三种类型：

斑块：指在外观和性质上与周围地区不同的，具有一定均质性的地表空间单元。具体来讲，斑块可以是草原、农田、湖泊、植物群落或居民区等。

走廊：指与基质有所区别的线状或带状的区域单元。常见的走廊有防风林带、河流、道路、峡谷等。走廊景观有其双重作用，一方面，作为障碍物，对周围不同景观产生隔离的作用；另一方面，作为连接的纽带，是各景观之间的沟通桥梁。

基底：又叫作本底、基质，是指在景观中范围最广、连接度最高，并在景观

整体结构中起主导作用的景观要素单元。例如：草原基底、农田基底、城市用地基底等。

一般来讲，斑块、走廊、基底都代表一种生命群落，但有时斑块和走廊所代表的是无生命或微小生命的景观，如公路、岩石或建筑群落等。斑块—走廊—基底模式，三者共同构成景观组织系统的基础框架和基本组成结构，对景观的质地性起着决定作用，同时，又影响着整个景观系统的动态变化。

3.景观异质性与景观格局

景观异质性是指，在一个区域范围内，景观的决定要素在一定空间内的变异性和复杂性。景观异质性的意义重大，它决定了景观生态系统整体的生产力、恢复力、承载力、抗干扰能力以及生物的多样性，因此我们应给予足够的重视。

由于景观的这种异质性，使生态系统内各要素按一定规律组合构成，并使物质流、物种流、信息流和能量流在景观要素间循环流动，维持生态系统的整体性和稳定性，提高系统的抗干扰能力，发挥并制约景观的整体功能。

景观异质性的外在表现就是景观格局。在景观空间的整体范围内，要素斑块、走廊和基底的结构成分类型、数量以及空间模式，共同构成景观系统的基本格局。

景观异质性的主要来源有以下四个方面：自然环境突发事件、人类活动干扰影响、植物群落的自然演变以及生态系统能量的动态变化。很多学者研究认为，景观异质性不仅能提高系统的稳定性，并能对生物多样性产生促进作用和积极影响。

## （二）景观生态学在河岸生态修复中的运用

1.河岸生态修复的概念

河岸生态修复是指使用技术的、环保的或是整合资源的工程措施，使河流沿岸复原因人类破坏而导致的部分功能退化或消失。河岸原有功能包括抗干扰能力、蕴藏水土、优化小气候、保持生物多样性等。

随着我国城市化、工业化的迅猛发展，由于对生态保护和环境整治的长期忽视，河流生态系统受到严重破坏。主要表现为：

（1）河道的直线化和渠道化。沟渠化的河道导致河岸生态系统异质性的破坏、生物种群的减少、生物多样性的降低，进而可能引起整个河岸系统的生态环境退化。

（2）河岸或河床的混凝土化。由于传统的河岸整治多使用砌石、混凝土等硬质材料，以保证工程的稳定性和长久性，导致河道环境的硬化，阻隔了陆地与水下两个生态系统间的循环与联系，破坏了河流沿岸环境的生态过程。随着社会经济的不断进步，亲和自然、协调人与自然的平衡与可持续发展逐渐成为河岸修复研究中新的主题。

总之，河岸修复的最终目的是改善河流生态系统的结构与功能，达到景观系统内各要素的组织平衡及持续的动态变化。

2. 景观生态学的运用

（1）斑块—走廊—基底的变化模式

随着人类生产活动的增加，使得河岸景观中原有的环境资源斑块逐步减少，而人工形成的干扰斑块大幅度增多。此外，在自然界中，斑块的面积大，范围广，这是由于所受的干扰小，主要由环境资源斑块所组成。而在河岸生态景观中，斑块的平均面积明显减小，这是由于受人类活动的影响，随着破坏与干扰程度的增加，斑块的平均面积逐步降低，功能也逐步丧失。

在自然景观中，线状河岸走廊较少，大多呈现蜿蜒曲折的形态。但是，随着人类干扰活动的加剧，带状和线形走廊大量出现。由此，河岸的基本形态遭到人为的改变，这样会导致景观异质性的降低、生物多样性的降低，最终可能引起整个河岸景观的自然修复能力退化，生态修复功能降低。

由于在河岸两侧人为工程的增加，大量的农田或人类聚居地相互连接，使得基底与周围其他景观的界面逐步减小。这就打破了天然景观的生态系统性，使得基底的连接作用降低，不利于河岸生态景观的可持续发展。

（2）河岸景观的异质性与多样性

由于河流走廊的空间连续性被人类活动所分割，导致河流生态系统的功能发挥受到影响。从而，能量流、物质流的循环交替，以及生物群落的自然迁徙都受到相当大程度的阻碍。景观系统的空间异质性遭到破坏、生物多样性的降低，使得生态系统动态功能逐步丧失。因此，如何提高河岸景观的异质性与多样性，是河岸生态修复的一个重要内容。

3. 河岸生态修复的内容

近年来，我国河岸的建设与修复中，更多地将重心放在工程的稳固性和持久性上，没有将生态修复的理念融入其中，往往忽略生态系统原有自然功能的重要性。如河岸两侧的水利工程往往采用混凝土等坚硬材料，这就阻碍了植物群落的正常生长，降低了河岸带湿地功能的有效发挥，破坏了生态系统的自我修复能力。由此可见，河岸生态修复是一项艰巨的任务，应依照"可持续发展、人与自然的和谐发展"的理念，在科学方案的指导下，更多地采用生态护坡技术，如凝固土壤的根系植物、复合型土木材料、湿地型环保混凝土等，不断改善河岸的生态系统功能。

# 第五节　绿色廊道与滨水区建设

## 一、绿色廊道建设

在当前中国城市化大发展的情况下，城市自然景观与周边的一些生态大自然的环境有密不可分的关系，这关系到生态环境的建设，也关系到城市可持续性的发展。城市景观整体的发展规划必须遵循可持续发展的原则，保障生态环境的建设，这样才能使整个周边的环境得到全面的提升。在基础建设不断发展的今天，我们必须走可持续发展之路，绿色景观廊道的建设将作为城市生态环境建设工程的重要组成部分。

### （一）绿色景观廊道的重要作用

1.绿色景观廊道是创造城市人居环境的主要方式

城市的绿色景观廊道是紧紧与人们生活的空间相互依存的，同时也承担了人们户外活动场地的作用，满足了当代城市居民对生态、大自然环境向往的愿望，而且可以满足城市人们的休闲、锻炼、娱乐等活动的功能。绿色景观廊道已成为目前人们生活水平不断提高因素中不可缺少的条件。

2.绿色景观廊道可以调节城市暖气候、改善生态环境

目前地球的空气质量在变差，这将会严重威胁到人们的生存环境。植物对整个环境的改善具有较为明显的效果，而且这种改善环境的方式将会造福后世。植物不但能通过光合作用吸收大量二氧化碳并放出氧气，其自身构成的绿色空间还对烟尘和粉尘具有明显的阻挡、过滤和吸附的作用。

3.绿色廊道可以提升城市的人文景观建设

绿色廊道建设最初的目标是提升人们与环境的协调性，但绿色廊道的建设现状已经不仅仅是完成它的基础使命，时代赋予它更高的要求和作用，它不仅可以优化环境功能，还能丰富城市文化和艺术内涵，目前我国绿色廊道在规划与建设时需与城市周边的环境相融洽、和谐，营造具有地方特色、时代使命感的绿色廊

道文化，丰富整个城市的人文意识与审美价值内涵。

## （二）绿色景观廊道研究方法

### 1.绿色廊道的分类

一般一个城市的城市廊道分为：灰色廊道，即城市各等级硬化交通道路；绿色廊道，即以各类植被为主的廊道；蓝色廊道，即仅指河流的河道部分。绿色廊道和蓝色廊道都为生态型廊道，而绿色廊道包括道路绿色廊道、河流绿色廊道、绿带廊道等。

### 2.数据的获取

绿色廊道的建设首先要对现状有充分的了解，了解现状主要信息源可采用摄像、摄影技术，同时还可以结合百度、地形图勘测等技术，形成完整现场调研文件。选择在 CAD 中将研究区直接从图像上描绘出，利用摄像、摄影等资料进行整理、归纳。同时通过电脑软件中 EDITOR 工具确定廊道的类型，编辑绘制廊道信息分布图。最后，利用模块在属性要素表中统计廊道长度、廊道面积、节点数和廊道连接线数，最后导入 EXCEL 表格中进行系统的统计和计算。

### 3.绿色廊道的分析

利用现状图和绿色廊道算出相关的数据，分析绿色廊道的景观格局，比较不同类型廊道的结构特点、现状需求、规划目标、建设标准等，提出符合现状条件的建设目标和手法，应用现状情况比较好的生态环境（及绿心）来构建合理化的城市绿色廊道。

## （三）城市绿色廊道景观构建

一般城市绿色廊道的现状分析主要以百度网络信息为主要现状数据源，利用现状绿化树冠的覆盖面积来分析绿色生态廊道的现状面积，这是一种常规上以绿化覆盖宽度来定义的绿色生态廊道，这种绿色廊道的宽度还不能确定是否能够满足周边生物的活动与生存需求，还要看廊道的密度与高度等等，这些也会直接影响到人类活动以及后期管理养护方式。

一般城市的绿色廊道在构建形式上主要的缺点为：每个节点之间的连接性、整体的结构形式过于简单；节点与节点之间的贯通性较低，说明廊道建设中整体的规划考虑还不够完整。这些现状直接地影响到绿色廊道中节点的实用性、生物的迁移、生态功能最大效率的发挥等。

绿色廊道绿心（附着节点）是一个城市绿色生态廊道建设中的重要的组成部

分，这些重要节点大多为一些大型的城市公园。展示城市的风貌，完善城市的生态网络结构，这是绿色廊道规划的重要特点，其意义在于提高整个城市的生态功能。

针对国内目前绿色廊道规划建设上存在的不足，提出以下几点建议：

（1）加大国内一些大中小城市绿色廊道建设的力度，整体规划，提高绿化率、增加一些节点的建设。

（2）在绿色廊道建设的过程中，需要有预见性，满足后期植物生长的需求、生物迁徙的需求、绿色廊道的使用率等，从而起到增强和促进城市生态环境、改善城市暖气候的作用。

（3）在廊道规划的过程当中要注重结构的合理化，提高廊道的连通性、合理性、生态性、畅通性，更好地为城市建设服务，为城市的人们提供更合理的生存环境。

（4）绿色廊道的规划、建设还应充分考虑廊道的走向及城市交通的流量，与整个城市的建设风格保持统一并更好地彰显城市的风貌，对城市的发展起到积极有效的影响。

# 二、滨水区建设

## （一）城市滨水区景观

随着工业文明的发展，物质文明的加速，作为人类生活最早切入点的滨水区却面临着衰退。水体污染、水岸自然景观的破坏、环境生态的失衡等都使得滨水与现代都市文明相背离。滨水景观也呈现出凌乱、拥塞的通病，人类最早的居住环境，日益变成现代都市的失落空间。已有的滨水区如何从滨水生态环境建设入手，提高城市滨水空间景观质量；新的城市滨水区建设如何避免先破坏后恢复的历史弯路，已成为现代滨水城市发展建设的一项重要任务。

1.城市滨水区景观的基本概念

（1）滨水区

滨水区，一种解释是"河流边缘、港湾等的土地"；还有一种解释为"与河流、湖泊、海洋毗邻的土地或建筑；城镇临近水体的部分"。

（2）城市滨水区

城市滨水区是城市中一个特定的空间区域，指城市中与河流、湖泊、海洋毗邻的土地或建筑。城市滨水区的笼统概念就是城市中水域与陆域相连的一定区域的总称，其一般由水域、水际线、陆域三部分组成。城市滨水区的概念，是相对于乡村滨水区、自然状态的滨水而言的，是人类社会城市化的产物，更多的具有人工性的特征。

（3）景观与城市景观

对于景观，学术上有多层面的解释，不同的范畴有着不同的含义：视觉美学范畴，景观与风景近意。景观作为审美对象，是风景诗、风景画及风景园林学科的研究对象；地理学范畴，景观与"地形""地貌"同义，作为地理学的研究对象，主要从空间结构和历史演化上研究；景观生态学范畴，景观是生态系统的功能机构，不但要突出空间结构及其历史演变，更重要的是强调景观的功能。

所谓城市景观，学术上广义的理解是：一个城市或城市某一空间的综合特征，包括景观各要素的相互联系、结构特征、功能特征、文化特征、人的视觉感受形象及特质生活空间等。广义的城市景观，包括人本身的活动，即包括特有的动态的生活空间的概念。近年来，关于文化景观的研究更是证明了这一点。狭义的城市景观，主要强调人们视觉感受到的城市风貌形象，强调视觉美学上的特征。

2.城市滨水区性质及其景观特征

（1）城市滨水区性质

城市滨水区与城市生活最为密切，受人类活动的影响最深，这是与自然原始形态的滨水区最大的不同。城市滨水区有着水陆两大自然生态系统，并且这两大生态系统又相互交叉影响，复合成一个水陆交汇的生态系统。以最常见的城市滨水空间——城市滨河景观为例，城市河道景观是城市中最具生命力与变化的景观形态，是城市中理想的生境走廊，是最高质量的城市绿线。

城市滨水区往往强烈地表现出自然与人工的交汇融合，这正是城市滨水区有别于其他城市空间之所在。

作为人类向往的居住胜地，滨水地带涵盖很广。滨水地带人类活动，从现代及未来的发展推测，总是聚集和居住兼顾、旅游和定居并存；这同时也是界定了滨水区的功能与性质，所不同的是聚集和居住的结构关系、数量比例不同而已。

从人类的活动看，数百万年人类生存的过程造就了人类选择居住地的一种天性，这就是对滨水地带的向往。就全球人类居住环境分析来看，整个世界上三分之一到一半的人口，都集结居住在沿海滨水一带。所以，对于人类的居住活动行为，滨水地带具有潜在且持久的吸引力。

（2）城市滨水区景观特征

由于特有的地理环境，以及在历史发展过程中形成与水密切联系的特有文化，使滨水区具有城市其他区域的景观特征。

①自然生态性

滨水生态系统由自然、社会、经济三个层面叠合而成，自然生态性是城市滨水区最易为人们感知的特征。从城市滨水区自然生态系统构成上来说，包括大气圈、水圈和土壤岩石圈所构成的生物圈以及栖息其中的动物、植物、微生物所构成的生物种群与群落。在城市滨水区，尽管人工的不断介入和破坏，水域仍是城市中生态系统保持相对独立和完整的地段，其生态系统也较城市中其他地段更具自然性。

②公共开放性

从城市的构成看，城市滨水区是构成城市公共开放空间的主要部分。在生态层面上，城市滨水区的自然因素使得人与环境达到和谐、平衡的发展；在经济层面上，城市滨水区具有高品质游憩、旅游资源，市民、游客可以参与丰富多彩的娱乐、休闲活动，如游泳、划船、垂钓、冲浪等多种多样的水上活动。滨水绿带、水街、广场、沙滩等，为人们提供了休闲购物、散步、交谈的场所。滨水区已成为人们充分享受大自然恩赐的最佳区域。

③生态敏感性

从生态学理论可知，两种或多种生态系统交汇的地带往往具有较强的生态敏感性、物种丰富性。滨水区作为不同生态系统的交汇地，同样具有较强的生态敏感性。滨水区自然生态的保护问题一直都是滨水区规划开发中首先要解决的问题。

④文化性、历史性

大多数的城市滨水区在古代就有港湾设施的建造。城市滨水区成为城市最先发展的地方，对城市的发展起着重要的作用。港口一直都是人口汇集和物资集散、交流的场所，不仅有运输、通商的功能，而且是信息和文化的交汇。在外来文化与本地固有文化的碰撞、交融过程中，逐渐形成了这种兼收并蓄、开放、自由的文化——港口文化，这也是港口城市独特的活性化的内在原因。在滨水区，很容易使人追思历史的足迹，感受时代的变迁。

## （二）滨水区设计

### 1.滨水区设计之动力

城市滨水区是指城市范围内水域与陆地相接的一定范围内的区域，其特点是水与陆地共同构成环境的主导要素，相互辉映，成为一体，成为独特的城市建设用地。滨水区以其优越的亲水性和快适性满足着现代人的生活娱乐需要，这是城市其他环境所无法比拟的特性。

国内滨水区建设历史悠久，以商业、码头为主，现实中侧重于开发；国外滨水区建设相对较晚，以工业、仓储、码头为主，侧重于改造。但其出发点基本是相同的，主要体现在以下三方面：

（1）经济因素。滨水地区的开发主要是意图重新利用滨水地区的良好区位，把原来单一的港区改为多功能的综合区，以此作为城市经济发展的催化剂。

（2）城市建设因素。滨水地区一般是城市中发展最早的地区，因而也最容易老化，需要更新。与此同时，城市在发展中却一直在寻求新的可以利用的土地。

（3）政治因素。滨水地区的建设开发往往最容易吸引市民注意，最容易获得广大百姓和商业、房地产业及建筑业等各方面的支持，最容易显示"政绩"。所以，政府主要决策者大多愿意支持滨水地区的开发。

### 2.滨水区设计之类型

（1）新城规划

新城规划是利用滨水区用地面积大、隶属关系简单的优势所进行的大规模的综合开发规划，其目标是建设功能完善、设施齐全、技术先进的新都。新城中心一般距城市中心区较远，既有相对的独立性，又因联系方便对城市中心区有极大的补充作用，可以解决中心区城市建设的难题。

（2）办公、商业区规划

结合城市中心区的改造，利用中心区的滨水地带所进行的一个或几个街区的开发规划，目的是在中心区内创造较多的亲水公共空间。这种规划结合具体的地段条件，因地制宜，划分灵活，容易实施，可大大提高中心区的知名度和景观环境质量，有利于促进中心区的经济繁荣。

（3）港湾区规划

针对港湾用地性质和功能发生变化所做的港湾改建规划，以充分利用土地和滨水环境。这种规划的共同特点是尊重港湾的历史，以保护标志性环境为主，建设具有教育意义的博览、娱乐空间，把单一功能的港湾变成交通运输、游览、文化等多功能融为一体的综合性区域。

3. 滨水区设计之方法

（1）滨水地区规划的原则

滨水地区的规划除了应按照城市规划、城市设计的一般原则外，还有一些特殊点。

第一，滨水地区的共享性。滨水地区一般是一个城市景色最优美的地区，应由全体市民共同享受。滨水区规划应反对把临水地区划归某些单位专用的做法，必须切实保证岸线的共享性。

第二，滨水地区和城市的关系。开发滨水地区的主要动力之一是带动城市经济、城建的发展，故滨水地区的规划要力求加强和原市区的联系，防止将滨水地区孤立地规划成一个独立体，而和市区分隔开来。规划滨水区要时时想到城市，把市区的活动引向水边，以开敞的绿化系统、便捷的公交系统把市区和滨水区连接起来。

第三，滨水地区的交通组织。滨水地区往往是交通最集中、水陆各种交通方式换乘的地方，故交通组织比较复杂。为简化交通，一般采用将过境交通与滨水地区的内部交通分开布置的方法。以高架人行道、高架轻轨交通联结市区和滨水区是另一种方法。滨水区作为吸引大量人流的地带，停车场的位置、规模是又一重要交通组织问题。

（2）规划控制元素

由于滨水区的规划设计属城市设计领域，具有实施时间长、多顾主投资、多项目开发、涉及面广等特点，因此其规划设计成果应是动态性的，以弹性设计成果去控制、引导每项开发建设活动，才能保证规划设计意图的实现。在规划工作中控制元素主要有以下几项：

①建筑高度

对临水建筑的高度控制是城市滨水区规划控制的重要组成部分。良好的高度控制能保证滨水环境的视觉空间开敞、丰富，具有美感。它主要从两个方面考虑：一是建筑与建筑之间的高度关系。一般都强调临水建筑以低层为主，随着建筑位置退后，高度逐渐增高。这种控制的目的是为较多的居住者提供观赏水景的条件，同时又可以丰富沿水际线的景观层次，目前已是滨水区规划控制的共性原则。二是建筑与周围地貌环境的关系，主要考虑建筑群形成的轮廓线与环境背景的烘托效果，以构成优美的韵律变化，突出环境特点。

②屋顶形式

　　在建筑密集的街道空间里，建筑的低层部分与人的关系密切，对空间的影响最大，因此街道空间的设计中有"街道墙"的概念。城市滨水区既有街道空间的特点，又因有宽阔的水面作为优越的视觉条件，使建筑物构成的天际线变得至关重要，其中起决定作用的屋顶形式自然为规划控制内容之一。

# 第六章 湖泊生态保护与修复

## 第一节 湖泊

湖泊是由湖盆及其承纳的水体组成的地理实体。湖盆是地表相对封闭可蓄水的天然洼地。湖泊按成因可分为构造湖、火山口湖、冰川湖、堰塞湖、喀斯特湖、河成湖、风成湖、海成湖和人工湖（水库）等。按泄水情况可分为外流湖（吞吐湖）和内陆湖；按湖水含盐度可分为淡水湖（含盐度小于 1g/L）、咸水湖（含盐度为 1～35g/L）和盐湖（含盐度大于 35g/L）。湖水的来源是降水、地面径流、地下水，有的则来自冰雪融水。湖水的消耗主要是蒸发、渗漏、排泄和开发利用。

### 一、湖泊概述

#### （一）演变

湖泊一旦形成，就受到外部自然因素和内部各种过程的持续作用而不断演变。入湖河流携带的大量泥沙和生物残骸年复一年在湖内沉积，湖盆逐渐淤浅，变成陆地，或随着沿岸带水生植物的发展，逐渐变成沼泽；干燥气候条件下的内陆湖由于气候变异，冰雪融水减少，地下水水位下降等，补给水量不足以补偿蒸发损耗，往往引起湖面退缩干涸，或盐类物质在湖盆内积聚浓缩，湖水日益盐化，最终变成干盐湖，某些湖泊因出口下切，湖水流出而干涸。此外，由于地壳升降运动、气候变迁和形成湖泊的其他因素的变化，湖泊会经历缩小和扩大的反复过程，不论湖泊的自然演变通过哪种方式，结果终将消亡。

#### （二）水位

湖泊按变化规律分为周期性湖泊和非周期性湖泊两种，周期性的年变化主要取决于湖水的补给。降水补给的湖泊，雨季水位最高，旱季最低；冰雪融水补给为主的高原湖泊，最高水位在夏季，最低在冬季；地下水补给的湖泊，水位变动一般不大。有些湖泊因受湖陆风、海潮、冻结和冰雪消融等影响产生周期性的日变化，非洲维多利亚湖因湖陆风作用，多年平均水位日渐高于夜间 9.9cm。非周期性的变化往往是因风力、气压、暴雨等造成的。中国太湖在持续强劲的东北风作用下引起的增减水，在同一时段中，能使迎风岸水位上升 1.1m，背风岸水位下降 0.75m。此外，由于地壳变动、湖口河床下切和灌溉发电等人类活动也可使水位发生较大变化。

## 二、湖泊分类

### （一）按其成因可分为以下九类

（1）构造湖：是在地壳内力作用形成的构造盆地上经储水而形成的湖泊。其特点是湖形狭长、水深而清澈，如云南高原上的滇池、洱海和抚仙湖；青海湖、新疆喀纳斯湖等；再如著名的东非大裂谷沿线的马拉维湖、坦噶尼喀湖、维多利亚湖。构造湖一般具有十分鲜明的形态特征，即湖岸陡峭且沿构造线发育，湖水一般都很深。同时，还经常出现一串依构造线排列的构造湖群。

（2）火山口湖：系火山喷火口休眠以后积水而成，其形状是圆形或椭圆形，湖岸陡峭，湖水深不可测，如长白山天池深达 373m，为中国第一深水湖泊。

（3）堰塞湖：由火山喷出的岩浆、地震引起的山崩和冰川与泥石流引起的滑坡体等壅塞河床，截断水流出口，其上部河段积水成湖，如五大连池、镜泊湖等。

（4）岩溶湖：是由碳酸盐类地层经流水的长期溶蚀而形成岩溶洼地、岩溶漏斗或落水洞等被堵塞，经汇水而形成的湖泊，如贵州省威宁县的草海。威宁城郊建有观海楼，登楼眺望，只见湖中碧波万顷，秀色迷人；湖心岛上翠阁玲珑，花木扶疏，有"水上公园"之称。

（5）冰川湖：是由冰川挖蚀形成的坑洼和冰碛物堵塞冰川槽谷积水而成的湖泊。如新疆阜康天池，又称瑶池，相传是王母娘娘沐浴的地方。

（6）风成湖：沙漠中低于潜水面的丘间洼地，经其四周沙丘渗流汇集而成的湖泊，如敦煌附近的月牙湖，四周被沙山环绕，水面酷似一弯新月，湖水清澈如翡翠。

（7）河成湖：由于河流摆动和改道而形成的湖泊。它又可分为三类：一是由于河流摆动，其天然堤堵塞支流而潴水成湖。如鄱阳湖、洞庭湖、江汉湖群（云梦泽一带）、太湖等。二是由于河流本身被外来泥沙壅塞，水流宣泄不畅，潴水成湖。三是河流截弯取直后废弃的河段形成牛轭湖。

（8）海成湖：由于泥沙沉积使得部分海湾与海洋分割而成，通常称作泻湖，如里海、杭州西湖、宁波的东钱湖。约在数千年以前，西湖还是一片浅海海湾，以后由于海潮和钱塘江挟带的泥沙不断在湾口附近沉积，使湾内海水与海洋完全分离，海水经逐渐淡化才形成今日的西湖。

（9）潟湖：是一种因为海湾被沙洲所封闭而演变成的湖泊，所以一般都在海边。这些湖本来都是海湾，后来在海湾的出海口处由于泥沙沉积，使出海口形成了沙洲，继而将海湾与海洋分隔，因而成为湖泊。

"潟"这个字少见于现代汉语，是卤咸地之意，由于较常见于日语，不少人以为是和制汉字，其实不然。由于很多人不懂得"潟"这个字，所以经常都把它写错成了"泻湖"。

①具有防洪的功能：潟湖可宣泄区域排水，因而很少发生水灾。

②保护海岸的功能：由于外有沙洲的阻挡可防止台风暴潮侵蚀冲刷海岸。

③是天然的养殖场：潟湖是鱼、虾、贝和螃蟹的孕育场，也是邻近渔民的天然养殖场。

④由于潟湖外侧往往有沙洲作为防波堤，其内风平浪静，因此有时可以改建为人工港。

著名的潟湖：七股潟湖、戈佐内海、科勒潟湖。

## （二）按湖水所含盐度分为六类

湖水含盐量是衡量湖泊类型的重要标志，通常把含盐量或矿化度达到或超过 50g/L 的湖水，称为卤水或者盐水，有的也叫矿化水。卤水的含盐量，已经接近或达到饱和状态，甚至出现了自析盐类矿物的结晶或者直接形成了盐类矿物的沉积。所以，把湖水含盐量 50g/L 作为划分盐湖或卤水湖的下限标准。依据湖水含盐量或矿化度的多少，将湖泊划分为六种类型，各种类型湖泊的划分原则如下：

（1）淡水湖：湖水矿化度小于或等于 1g/L。

（2）微（半）咸水湖：湖水矿化度大于 1g/L，小于 35g/L。

（3）咸水湖：湖水矿化度大于或等于 1g/L，小于 50g/L。

（4）盐湖或卤水湖：湖水矿化度等于或大于 50g/L。

（5）干盐湖：没有湖表卤水，而有湖表盐类沉积的湖泊，湖表往往形成坚硬的盐壳。

（6）砂下湖：湖表面被砂或黏土粉砂覆盖的盐湖。

## （三）碱湖

湖泊沉积物主要是由碎屑物质（黏土、淤泥和砂粒）、有机物碎屑、化学沉淀或是这些物质的混合物所组成。每一种沉积物的相对数量取决于流域的自然条件、气候以及湖泊的相对年龄。湖泊中主要的化学沉积物有钙、钠、碳酸镁、白云石、石膏、石盐以及硫酸盐类。含有高浓度硫酸钠的湖泊称为苦湖，含有碳酸钠的湖泊称为碱湖。

由于不同湖盆侵蚀产物的化学性质不同，因此，世界上湖泊的化学成分也是千变万化的，但在大多数情况下，主要成分却是相似的。湖泊含盐量系指湖水中离子总的浓度，通常含盐量是根据钠、钾、镁、钙、碳酸盐、矽酸盐以及卤化物的浓度来计算。内陆海有很高的含盐量。犹他州大盐湖含盐量大约为每升 20 万毫克。

### （四）湖盆

湖盆指蓄纳湖水的地表洼地。湖盆底部的原始地形及平面形态，在颇大程度上取决于湖盆成因。根据湖盆形成过程中起主导作用的因素，湖盆概括为以下几类：由地壳的构造运动（如断裂和褶皱等）形成的构造湖盆；因冰川的进退消长或冰体断裂和冰面受热不匀而形成的冰川湖盆；火山喷发后火口休眠形成的火口湖盆；山崩、滑坡或火山喷发使物质阻塞河谷或谷地形成的堰塞湖盆；水流冲淤或水的溶蚀作用形成的水成湖盆；由风力吹蚀形成的风成湖盆；此外尚有大陨石撞击地面形成的陨石湖盆等。

## 三、生态系统

### （一）湖泊生态系统退化原因

湖泊生态系统是一个复杂的综合体系，它是盆地和流域及其水体、沉积物、各种有机和无机物质之间相互作用、迁移、转化的综合反映湖泊生态系统的演化，有其自然过程和人类活动干扰与干预的过程。目前中国的湖泊富营养化过程主要是人类活动的干扰过程所致湖泊富营养化，是指由于营养元素的富集导致湖泊从较低营养状态变化到较高营养状态的过程，这个过程可能导致水生植物的生长被抑制；生物多样性下降；蓝绿藻水华暴发，甚至引起沉水植物的急剧消失和以浮游藻类为主的浊水态的突然出现。也就是说湖泊富营养化是指湖泊由于营养元素的富集导致湖泊生态系统的退化，进而使水质恶化的过程。营养元素的富集，包括外源输入如人类活动和干扰、湿地沉降和内源富集与释放的物理、化学、生物等过程，是湖泊富营养化发生的根本要素。它的不同发展阶段可用湖泊营养状态分类指标来描述。湖泊生态系统的退化是湖泊富营养化发展过程的中间环节，是一个复杂的生命演化过程，并且有不同阶段的正、负反馈作用；而水质恶化是湖泊富营养化发生的结果，可用地表水质评价标准来定量描述这是一个动态的连续过程，而不是静止的状态，但在这个动态连续过程的不同阶段又可用定量的状态指标来表达；同时，湖泊营养物质、生态系统和水质是富营养化过程不可分割的组成部分，是一个动态的整体。

### （二）富营养化治理与湖泊生态修复

富营养化湖泊的治理和湖泊生态系统修复的实践，其主要特征是首先对受污染的湖泊进行高强度的治污，投入大量的物力、财力、人力对湖泊流域的污水进行截流并统一进行处理，达标后排放入湖。目前看来，过去对富营养化湖泊的治理过程存在一些误区，首先在认识上对湖泊富营养化治理的复杂性和长期性缺乏足够的认识，在行动上表现为急功近利、头痛医头脚痛医脚的倾向，总想在短期内就能使湖泊变清，具体表现为仅考虑湖泊局部环境的治理而忽视流域整体的污水治理；或者仅强调湖泊外源排放而忽视对湖泊内源循环的研究；或者仅抓了对点源污染的治理而忽视了面源污染的作用，其结果投入了大量人力、物力和财力对湖泊富营养化进行治理，到头来湖泊富营养化反而越来越严重。我们必须对湖泊富营养化的治理过程有一个清醒的认识，借鉴国际先进经验，系统、全面考虑和规划湖泊富营养化的治理过程，在流域全面截污、高强度治污的基础上，对湖泊生态系统的修复进行人工干预，因势利导，科学地进行健康湖泊生态系统的修复。为了加速已被破坏的水生态系统的修复，除了依靠水生态系统本身的自适应、自组织、自调节能力来恢复水生态系统原来的规律外，还应大幅度地借助人工措施为水生态系统的健康运转服务，加快修复被破坏的生态系统。

# 第二节　湖泊景观可持续营造

由于各种原因，比如城市建设迫使湖泊面积逐渐缩小，湖泊生态湿地萎缩，甚至于消亡；湖泊沿岸生物景观破碎化，绿色廊道局限于狭窄沿湖的线状分布，致使湖泊景观整体生态下降。沿湖沿岸的建筑因为过于临湖而建，以及房地产的借湖炒作，蚕食了湖泊面积，侵害了生态廊道，占据了公共空间。临湖沿岸的高层建筑拔地而起，遮挡了沿湖的湖水风光，改变了城市的地方特色和风水，形成了一个僵硬的钢筋混凝土天际线。自然风光、湖光山色、湿地植物、水鸟、动物等自然景观逐渐稀缺，这种柔化与缓冲僵硬景观的催化剂正在急速消失，城市湖泊景观和建筑形象之和谐性将难以形成并难以持续发展。

## 一、整体生态景观的形成

　　整体生态景观，指在一定的区域范围内，考虑到植物、动物栖息繁殖的需要，在匀质的基础条件下，景观斑块之间的连接以及物种动物的迁徙不受侵扰，最佳的廊道形状是接近圆形的，这样面积足够大，容易形成生态景观。稳定生态景观相对那种单纯保护湖泊面积的大小，甚至导致所形成的保护面积都失掉。因此从动物的栖息、植物物种的传播角度来说，我们的湖泊景观不能仅仅局限于整个湖面所形成的水生态。湖周围的自然环境、湿地本身具有环境功能，只有以广泛的湖泊为中心，并扩展到广大的湖岸及其陆地等形成的植物动物等综合的自然景观，才能形成延续的可持续性的生态景观或者优美景观，沿湖周围必须要有一条宽广的绿带，形成绿色廊道系统。郊外湖泊至少保持 600m 的宽度，中心城区的湖泊沿岸的植物绿带至少应有 200m 的宽度，而不仅仅是一个单一的湖面，只有这样才能形成一个连续的连片整体的景观，这就是整体生态景观。整体生态景观的形成，有利于当地自然环境基础设施的形成。

## 二、连续性景观系统的形成

　　连续性景观系统，是指环湖景观不仅是成片的整体景观，而且也应该是连续的可以利用的景观。这种利用和延续性是通过交通路径，如栈桥绿道、汀步、步道等将成片的整体景观串接起来，使得景观可观可游，可以娱乐，各种景观节点，如廊、榭、亭、景观盒、观景台等成为观景的一个个转折点。连续性景观的形成是指各种自然性资源如植物、草地、树林等形成的基质斑块之间的距离不能太大，斑块的形状近似于圆形或接近于正多边形，面积足够大，首先各种植物能形成一个自然的群落系统，这样有利于环境中自然的能量平衡、环境的更新和有毒污染的降解；其次有利于为动物提供栖息地。为了形成连续的景观系统，并不是不利用自然，我们可以通过栈道、悬索桥之类的交通系统或者景观盒，这样架空或凌驾植物环境的上空，俯瞰或者身临其境亲近自然，既能观赏景观，又不给动植物的生境产生扰动。保护湖泊沿岸的大量的野生的植物林带，对于生态性的整体维护，可以达到事半功倍的效果。由此可见，连续性景观系统有利于整体景观的形成，保护景观通过交通路径串联那些断续的或破碎的小自然，是形成良性循环景观生态的一种方式。连续性景观系统的形成有利于生物的迁徙与繁衍，有利于景观优美。

## 三、节点的形成与有效利用

游人进入环湖沿岸，身处自然地理环境之中，感知自然物境，伴随时间和场地变化而步移景异，心情也将格外不同。在沿湖的景观环境中，湖面、环湖沿岸绿带、住宅区建筑及其立面形象、街区景观的分布，以湖心为中心波纹涟漪般向远湖方向扩散。剖立面从湖心向四周逐渐递进呈曲线状上升。如果设计尊重自然，既可以保留湖光山色，又可以保持公共娱乐空间的存在，同时还增强了与建筑景观之间的协调感。景观中的各种路径是联系各自然绿带或斑块的纽带。镶嵌在景观中各路径上的亭、台、楼、榭、塔、桥、观景台、雕塑或者风水树就成为景观中重要的节点，独特的当地地形和场地也成为一个个连接着自然的景观带的转折或高潮，即节点，它是游人游览景观时情趣的升华和景观印象滞留痕迹所在。节点的安排与控制以千尺为势，百尺为形的视觉距离为基准。一个地方经过多年的沉淀，一定会存在这种当地独特的地标景观或节点景观，要充分利用，需要兼顾当地的地形、自然环境和生态环境，这样容易形成一个怡人的景观环境。

## 四、景观轴线的贯通与控制

在湖泊沿岸及其沿岸的建筑景观中，由于湖泊的自然形状曲折多变，沿湖的景观在规划布局的过程中，有湖面、绿带、路径、景观节点、建筑等各类景观，它们在景观的规划中，交织成网络，由轴线贯通与控制。这根轴线有轴对称的也有曲折环绕趋向一个方向的；有形的与隐形的轴线控制形式。由于自然景观中湖面形状是自然的有机形状，这样轴线容易表现为一种曲折的、不明显的特点，常常是由几条路径曲折环绕，时而接近，时而远离，趋向于一个或多个方向，并向着一个又一个的景观节点交织汇聚，形成一个接一个的景观高潮，展现一幕又一幕的景观空间。在沿湖沿岸的整体景观中，可能存在轴对称分布的景观场所，也可能存在旋转对称的景观空间场所，还可能存在自然式、轴对称、旋转对称与混合的形式。总之，沿湖沿岸的景观的空间的景观轴线贯通与控制，表现为多样与统一的形式，由序启、升华、转折、高潮、降落和尾声的变化与更迭形成空间，这就是整个空间的形成和变化。这种控制往往由各种路径，包括步道、栈道、绿道等来引导，各种景观节点或者场景来串联，逐渐变化，整体上由轴线空间贯通与控制，形成一个又一个的情景交融的景观场景。

## 五、利益价值的平衡

由于湖泊沿岸景观规划，以及与沿湖沿岸建筑景观形象等共同形成一个广域浩大的景观场景，这样的规划常常成为政府或当地城市建设的重要规划之一，如何形成一种公共性和公平性，同时兼顾各种群体利益，尤其是弱势群体的利益，和谐景观环境与建筑形象之间的关系。因此，这不仅仅是一种规划，而是不同的利益集团、个体工商业者以及各种群体之间的相互利益和关系。我们知道，沿湖沿岸湿地滩涂的范围是维系湖泊自然生态的基础，这种范围被认为至少是沿湖600m宽度以上的自然带，当然自然带越宽生态效果和景观视觉越好。沿湖由于独特的景观吸引，于是成为公共空间、娱乐空间的重要场所，也是广大市民、游客重要的观景、亲水、娱乐、垂钓、陶冶情操的地方，但是房地产商、某些利益集团，国有企业甚至于军事占领区等大单位，他们已经妨碍了沿湖沿岸的公共空间的贯通和连续。尤其是大企业、大财团或国家垄断企业，不能只是攫取利润，更应该投身于公共事业和社会福利，不能与平民争利，要创造沿湖的公共空间，否则不利于民主政治和社会公平。否则，对于普通人来说，利用湖泊沿岸、享受自然生态景观，这将是不可能的。因此城市规划、建设规划以及生态基础设施规划等需要优先考虑湖泊沿岸整体生态景观。公共绿地空间为广大市民创造生活的享受、减缓工作的压力和忧郁，为公众提供社会资源的便利。因此城市政府需要通过规划、通过立法来控制各种利益集团独占、侵蚀或毁灭社会公共资源的建设与规划，保障广大市民利益，遏制建筑垃圾填湖、侵占沿湖公共自然景观资源等行为，形成景观规划的和谐与社会各阶层利益尤其是与弱势群体利益关系之间的平衡。尽管大多利益集团主体产业都有自己的土地产权，有自己的使用权利，以及各地产通过建筑围墙或者侵吞沿岸、限制或隔离了湖泊景观资源的公共利用，并从侵蚀湖泊、填湖等各种方面，攫取各种收益，这样影响了广大市民的权利，甚至造成当地生态环境恶化。由此可见，各种景观设计及其规划的结果是利益，与利益对应的主体是政策和政治，因此利益的平衡需要地方政策和法律充分体现民众的意愿，接纳普通民众的参与，最终还需要通过政府制定法律并执行，这样保护好湖泊沿岸景观与城市建筑形象之间的和谐性才能有效形成。

湖泊沿岸景观要充分考虑景观生态的连续性、可持续性，需要的是营造沿湖的整体生态景观，而不是孤立的、孤寂的单一湖面。如果是这样，就不能形成生态优美的湖泊景观。城市湖泊沿岸建筑形象，以沿湖为中心，遮挡了沿湖的湖光山色景观就不美；建筑沿湖岸的要低矮；远离的建筑应是高层或者逐渐抬高。沿湖沿岸只有形成连续的整片整体的自然生物群落，这样人、建筑才会因为自然的存在，景观才会美丽，生态才是可持续。根据以上的分析，城市沿岸湖泊景观的和谐性以及与沿湖建筑景观形象的和谐性，如果能够有效形成，就需要做到以下几点：

景观的连续性和湖泊沿岸整体景观的形成是形成湖泊沿岸整体生态设施的基础，这样生物的多样性才能得到维系；景观节点的存在是组织和连接整体生态景观以及景观斑块的重要纽带，让湖泊沿岸景观既可利用，又得到保护，需要有立体空间景观的架构，既有自然的乔木、灌木和草的立体结合，又有栈桥、景观盒等人工构筑物的形成；轴线是显性与隐性的交织，它是自然景观和建成景观之间的有效组织，游览空间序列的展开和景观情趣的产生，轴线是整体空间控制的脉络；路径和景观节点共同织成景观系统脉络上的细节。湖泊沿岸建筑形象，需要层次性和节奏性地沿湖分布，与自然景观有效结合，同时维护好地域风光；湖泊景观与城市建筑形象的和谐性，就是建筑坐落在自然和谐的环境中，而不是纯粹的混凝土的森林，实际上也是城市规划的合理性，这个合理性也是城市各利益集团、个体利益特别是城市弱势群体利益之间的较量。城市公平的形成，就是如何让社会资源、自然资源、公共空间，以及景观基础设施等，被广大市民享受和利用，这将是现代民主、政治和法律的一种体现。因此湖泊沿岸景观与城市建筑形象的和谐性，归根结底，需要的是城市政府来制定政策、法律和规划等产生的强制性的执行力来保障，这样和谐性才能最后得以实现。

# 第三节　湖滨湿地保护与恢复

## 一、湿地生态恢复理论

生态恢复就是根据生态学原理，通过一定的生物、生态以及工程的技术和方法，人为地改变和切断生态系统退化的主导因子或过程，调整、配置和优化系统内部及外界的物质、能量与信息的流动过程和时空次序，使生态系统的结构、功能和生态学潜力尽快成功地恢复到一定的或原有乃至更高的水平。因此，必须尽快完善退化湖滨湿地生态系统恢复的理论研究，从而为具体恢复实践提供可靠的相关理论依据。

## （一）湿地恢复的概念

对于湿地"恢复"，它具有修复、重建、复原、再生、更新、再造、改进、改良、调整等多重含义，鉴于研究目的和方法不同，湿地恢复的概念也有着明显的区分。一般认为，湿地恢复是指通过生态技术或生态工程对退化或消失的湿地进行修复或重建，再现退化前的结构和功能以及相关的物理化学和生物学特性，使其发挥应有的作用，湿地恢复包括湿地的修复、湿地改建和湿地重建等。

## （二）湖滨湿地生态恢复的原则

### 1. 生境诱导、自我设计原则

按照自然湿地生态系统的结构和过程特征，对现存生境进行适当调整，诱导其自我恢复，充分利用生态系统本身具有的自我维持、自我设计能力，使其在较少的人为干预下达到近自然生态系统的良性循环。

### 2. 因地制宜原则

因地制宜是湿地生态系统保护和恢复的重要原则，即要紧密结合当地的地形、地质、气候及人文、经济、社会等多方面综合要素，选择适合的植物和湿地设计方案，充分利用当地已有的资源与景观空间，在尽可能减少工程量的前提下，达到最佳的环境效果和美化效果。

### 3. 源于自然、优于自然原则

包括：

（1）原景观保护原则：保护、保留"原自然、原景观、原设施"，减少建设费用，显现区域自然景观以及人文景观特色。

（2）多样性原则：体现生物物种、遗传、生态系统和景观多样性，丰富植物群落层次与种类。

（3）地带性原则：根据植被气候区域，因地制宜选择适合的植物种类配置群落，充分体现地域特色，发挥其美学价值、生态环境价值、历史文化价值和经济价值。

### 4. 生态与可持续原则

环境是人类生存和发展的基本条件，是社会、经济可持续发展的基础。生物多样性和生态系统的相互关系是管理、规划及合理开发生物资源的基础。保护湿地生物多样性不是维持群落的种类成分永远不变，而是维持湿地生态系统的动态平衡，并体现湿地生物多样性的特点，保障湿地生态系统具有自身反馈和演替的能力。

### （三）湿地恢复的生态学理论基础

关于湿地恢复与重建的科学理论到目前还是一个比较新的研究领域，由于湿地恢复和重建的活动类型多样，而且各地的自然环境也是千差万别，所以关于湿地恢复与重建的指导原则也要因时因地制宜。目前普遍认为对湿地生态系统恢复有指导意义的理论主要有：干扰理论、演替理论、I-IGM 原理与方法、系统理论、边缘效应理论、自我设计和设计理论等。湿地退化的主要原因是人类活动的干扰，其内在实质是系统结构的紊乱和功能的减弱与破坏，而在外在表现上则是生物多样性的下降或丧失以及自然景观的衰退。湿地恢复和重建最重要的理论基础是生态演替和干扰理论。由于演替的作用，只要消除干扰压力，并且在适宜的管理方式下，湿地是可以恢复的。恢复的最终目的就是再现一个自然的、自我持续的生态系统，使其与环境背景保持完整的统一性，不同的湿地类型，恢复的指标体系及相应策略亦不同。具体情况根据湿地破坏程度和破坏类型不同，应制定合理的恢复策略。对于已经被破坏的湿地资源，除了自然恢复以外，应适当介入人为力量。

1. 中度干扰和边缘效应理论

湖滨湿地处于水、陆边缘，并常受到水位波动的影响，因而具有明显的边缘效应和中度干扰，是检验边缘效应理论和中度干扰理论的最佳场所。边缘效应理论认为，两种生境交汇的地方由于异质性高而导致物种多样性高。湖滨湿地潮湿、部分水淹或全淹的生境在生物地球化学循环过程中具有源、库和转运者三重角色，适于各种生物的生活，生产力较单纯的陆地和水体高。

湿地环境干扰体系的时空尺寸比较复杂，"中度干扰假说"认为，频度和强度适中的干扰有利于维持群落多样性。干扰的频度适中，即两次干扰之间的时间段足以让群落恢复；干扰强度适中，即干扰不会对群落造成过分的破坏。中度干扰假说预测群落受中度干扰作用时，群落的物种多样性最高，结构最复杂。这种中等程度的干扰能维持高多样性的理由是：

（1）在一次干扰后少数先锋种入侵空的生态位。如果干扰频繁，则先锋种不能发展到演替中期，因而多样性较低。

（2）如果干扰间隔期过长，使演替发展到顶级阶段，因而多样性也较低。

（3）只有中等干扰程度能使多样性维持在最高水平，它允许更多的物种入侵和定居。

2. 演替理论

一般认为演替是植被在受到干扰后的恢复过程或从未生长过植物的地点上形成和发展的过程。水生群落的演替过程通常包括以下几个阶段，如表 6-1 所示：

表 6-1 水生群落演替的几个过程

| 阶段 | 主要表现 |
|------|---------|
| 自由漂浮植物阶段 | 主要表现为有机质的沉积。由于沿岸植物深入到池中，池中的浮游植物和其他生物的生命活动所产生的有机物在池底沉积起来，天长日久，使湖底逐渐抬高 |
| 沉水植物阶段 | 在水深 5 ~ 7m 处，出现的沉水的轮藻属植物，构成湖底裸地上的先锋植物群落。由于它的生长，湖底有机质积累较快而多，同时它们的残体分解不完全，湖底进一步抬高。继而金鱼藻、狐尾藻等高等水生植物种类出现，它们生长繁殖能力强，垫高湖底的作用能力更强。鱼类等典型的水生动物减少，而两栖类和水蛭等动物增多 |
| 浮叶根生植物阶段 | 随着湖底变浅，浮叶根生植物出现，如眼子菜属、睡莲属、荇菜属等。它们的宽阔叶子在水面上形成连续不断覆盖，使得光照条件不利于沉水植物。这些植物死亡的组织具有较丰富物质，腐败较缓慢加速池底的抬高过程 |
| 挺水植物阶段 | 水体继续变浅，挺水植物如芦苇、香蒲等的出现，它们根茎极为茂密，常纠结在一起，不仅使池底迅速抬高，而且还可以形成一些浮岛，开始出现陆生环境的一些特征。这一阶段鱼类进一步减少，而两栖类和水生昆虫进一步增加 |
| 湿生草本植物阶段 | 湖水中升起的地面，含有极丰富的有机质，土壤水分近于饱和。湿生的沼泽植物开始生长，由莎草、苔草等属的一些种类组成。由于地面蒸发和地下水位下降，土壤很快变得干燥，湿生草类很快为旱生草类所代替 |
| 木本植物阶段 | 在湿生草本植物群落中，首先出现湿性灌木，继而乔木侵入逐渐形成森林。原有的湿生生境，逐渐改变为中生生境。群落内的动物种类也逐渐增多，脊椎动物和无脊椎动物，以及微生物等均有分布，尤其是大型兽类，以森林为隐蔽所，赖以生存和繁衍 |

可以看出，整个水生演替系列也就是湖泊不断填平的过程，它通常是按从湖泊周围向湖泊中央的顺序发生的。演替的每一个阶段都为下一阶段创造了条件，使得新的群落得以在原有群落的基础上形成和产生。湖滨湿地的水文特征相对较为稳定，其演替过程没有滨海湿地那么迅速。但水文特征变化加上人为排水、围垦等干扰，也会导致群落结构的变化。

因此，在此类湿地的生态恢复过程中，需要以演替理论为基础，通过各种人为管理手段将其稳定在某一个阶段并防止群落结构发生随意的变化，引导演替进程，破坏水生演替过程中挺水植物的发生规模，进而减缓湖泊衰老的进程，使湿地演替朝着有利方向进行。

## 二、湖滨湿地生态系统

### （一）湖滨湿地概念及特征

湖滨湿地是湖泊水生生态系统与湖泊流域陆地生态系统间一种重要的湿地类型。其特征由相邻生态系统之间相互作用的空间、时间及强度所决定。按其地形条件可划分为河口型、堤防型、滩地型（如湖滨湿地）和陡岸型（包括岩岸和砾石岸）等类型。

湖滨湿地的定义范畴多样，根据联合国教科文组织的人与生物圈计划（MAB）委员会对生态交错带的定义可以理解为：湖岸带水深浅于 6m 的水域及其沿岸浸湿地带，包括水深不超过 6m 的永久水域、沿湖低地或洪泛地带等。由水、土和挺水或湿生植物（可伴生其他生物）相互作用构成，其内部过程长期为水控制的自然综合体。它是一类既不同于水体，又不同于陆地的特殊过渡类型生态系统，为水生、陆生生态系统界面相互延伸扩展的重叠空间区域。系统的生产者是由湿生、沼生、浅水生植物组成，消费者是由湿生、沼生、浅水生动物组成，分解者由介于水体与陆生生态系统之间的过渡类群组成。系统与周围相邻系统关系密切，并与它们发生物质和能量交换。

湖滨湿地具有以下几个突出的特征：

（1）地表长期或季节性处在过湿或积水状态。

（2）地表生长有湿生、沼生、浅水生植物（包括部分喜湿盐生植物），且具有较高的生产力；生活着湿生、沼生、浅水生动物和适应该特殊环境的微生物群。

（3）具有明显的潜育化过程。它们常常是连接孤立、脆弱生境的生物学廊道，具有重要的环境和生态功能，包括改善水质、控制洪水、渔业、休闲和支持高度的生物多样性等。由于受到湖泊水文调节、地下水开采、农业开发和其他人类活动的影响，它们已大量丧失或被严重改造，通过国家的政策调控，此类生态系统的恢复、重建工程越来越多，恢复的现实可能性越来越大。

### （二）湖滨湿地生态系统结构与功能

从生态学和系统论角度看，湖滨湿地是由多种植物、动物、微生物和土壤、水、大气等多种非生物环境组成的一种半封闭半开放系统。生态学认为生产者、消费者和分解者是物质循环和能量流动的重要参与者，其种群动态及相互关系即所谓的结构决定了生态系统功能。湿地物质转化和能量流动、湿地生物种群动态、结构与功能等研究的最终目的是为湿地资源的管理保护提供必要的依据。

1. 结构

（1）边界性和梯度性

湖岸带水岸生态系统应该具备陆向辐射区（受水体影响的陆地植被区）、水位变幅区（周期性淹水的植物带）、水向辐射区（常年淹水的植物带）等完整的结构区域。

发育良好的湖滨湿地具有一定的结构，在自然条件下，这种结构的分布常呈现与岸线相平行的带状，其微地貌常以"水体→沼泽带→滩地→低湿地带→陆地"结构出现，这种结构使湖滨湿地具备了边界性和梯度性两个重要特征。其植被依当地的气候、土壤、坡度以及水体富营养化程度和水文特点各异。有的湖滨湿地因受人类活动的长期影响，其微景观不再具有平行层次而主要受地下水位的高低影响表现出不同的结构等。

湖滨湿地系统的梯度性要求该系统是一个具备一定宽度的缓冲带，其宽度大小直接决定了该湿地系统的功能效益。按照流域连接度原理，与湖岸形态变化、土壤条件及湖岸生物群落演替相协调，调整各区域的宽度及形态，形成植物结构合理、发育良好的植被型湖滨带，即植被带总宽度约90m，植物覆盖度大于90%，植物以芦苇为主植被群落，其中常年淹水的植物带宽度约20～30m，底部有30～40cm的软泥层，周期性淹水的植物带宽约30～40m，沿陆地方向向上为无污染的和未遭人为破坏的茂密天然灌木丛。

（2）生态脆弱性

湖滨湿地是介于湖泊水生生态系统与陆生生态系统之间的过渡系统。与其他生态系统相比较，易受周边地区各种生命活动和自然过程的影响，是受人类活动影响最敏感的部分。湿地生态系统总是从一种生态系统开始发育，最终成为另外一种生态系统。湿地生态系统的生命周期与海洋、森林等生态系统相比要短许多，相比其他生态系统而言，它显得更为脆弱。

同时，湖滨带是城市湖泊的一道天然保护屏障，对湖泊起着重要的保护作用。是防止污染进入湖泊的最后一道防线，也是保护湖泊水资源的最前沿，正是由于这一特殊地理位置，决定了它的营养盐来源丰富，在非生物生态因子的环境梯度以及地形和水文学过程的作用下，由水土流失的产品、大气沉降物、枯枝落叶、地下和地面的输入，还有污水排放等穿过湖滨带，从陆地进入湖泊水体。使其生态系统受到水域和陆地生态系统的双重影响，最终表现出不同程度的不稳定性和生态脆弱性。

对于不同的湖滨湿地，其营养盐主要来源各不相同。这与湿地的自然气候条件、地质地貌、植被和社会经济发展状况等有关。对于大多数湖滨湿地来说，当点源的生活污水和工业污水得到治理时，湖滨带及湖周侵蚀作用带来的泥沙和各种颗粒物质为主要成分。

（3）物种群聚结构复杂性

湖滨湿地是水生和陆生两大生态系统的交界区域，属于生态交错带，边缘效应十分明显，景观异质性突出，生境复杂多样，生物多样性丰富，其中包括"沉水植物群落—浮水植物群落—挺水植物群落—湿生植物群落—陆生植物群落"的群落物种演替系列。初级生产力、次级生产力较高，土壤中腐殖质含量以及对有机质的降解速率都较高，加上多种动物、微生物及其组成的群落，构成复杂的物种群聚结构。物种群聚结构复杂性也是湖滨湿地整体上能够自我维持、修复和完善的主要原因。

2. 功能

湖滨湿地因其水陆交错带的属性，使它在多景观的复合生态系统中具有特殊的如固碳、涵养水源、生物多样性维持等生态和景观功能，以及旅游、芦苇生产、泥炭累积等经济价值，但由于湿地退化使得各项功能正在减弱。

（1）生态功能

湖滨湿地的界面特点使它在多景观的复合生态系统中具有特殊的生态功能，包括维持生物多样性；拦截和过滤经过湖滨带的物质流和能量流；为鱼类、鸟类和部分两栖类动物的繁育提供场所；稳定相邻的两个生态系统；净化水体，减少污染；防洪、保持水土、涵养水源等。如在净化水质方面，当地表径流携带污染物进入湖滨湿地时，污染物由于自然沉降、大型植物截流等沉积下来，湖滨湿地中丰富的生物，尤其是水生植物和微生物，将这些沉积下来的营养物质分解转化后吸收利用，再通过植物收割等方式转移出去，从而净化水质。

湖滨湿地净化水质功能主要包括以下四个方面：大型植物截流作用、土壤吸附、微生物分解和植物吸收，这些效应包括沉淀、吸附、过滤、分解、离子交换、络合、硝化与反硝化、植物对营养元素的摄取、生命代谢活动等。不同类型的湿地植物群落对污水中氮、磷的去除效率有很大的变化范围。湿地植物群落可以直接吸收利用污染物中的营养物质、吸附和富集重金属以及一些有毒有害物质，为根区好氧微生物输送氧气。水生植物对污水中的 BODs、CODcr、TN、TP 主要是靠附着生长在根区表面及附近的微生物去除的，根系比较发达的水生植物能够有效地去除废水中的污染物。挺水植物往往具有发达的根系和根状茎，能够提供良好的过滤条件，还可以防止淤泥堵塞。在湿地生态系统中，挺水植物通过叶吸收和茎秆的运输作用，将空气中的氧转移到根部，在根须周围形成好氧区，以利于好氧微生物对有机质的分解作用。在根须较少的地方形成兼性区和厌氧区，有利于兼性微生物和厌氧微生物降解有机物的作用。由于 N、P 等有机物被植物大量吸收，同时由于水生植物覆盖水面，使其下部光照减弱，藻类数量下降，从而抑制了水中内源性有机物的产量。所以水生植物可以从内外源两方面降低 COD 值。在通常情况下，通过收割湿地植物可以使污染物质从湿地生态系统中去除。

（2）景观美学和教育功能

湖滨湿地拥有丰富的动植物资源，具有强烈的景观异质性特征和令人神往的滨水环境，兼具美学、生态、文化特色和实际功用，在人类亲水性的驱使下，无论是湿地水景、植物，还是湿地的文化内涵，都以自身独特的魅力，成为人们休闲娱乐、亲近自然的好去处。

湖滨湿地的景观性决定了它同时是很好的教育基地，其丰富的水体空间，水面、陆生及水生植物、鸟类和鱼类，使人们得以重新回归自然。与此同时，湖滨湿地景观要素与物种多样性丰富，可以在当地普及自然滨水湿地的动植物知识，为非专业人士进一步了解湖滨湿地的结构、组成和功能，并为环境保护教育和公众教育提供机会和场所，从而将教育与娱乐完美地结合在一起，寓教于乐。

我国湖滨湿地分布广泛，从寒温带到热带，从沿海到内陆，从平原到高原山区各种地区都有分布，不同湿地又具有不同的地理位置、气候特点、湿地类型、功能要求、经济基础等。为充分保护区域湿地内的生物多样性和湿地功能，在制定湿地的生态恢复策略、指标体系和技术途径时，不能盲目地照抄照搬，应针对每个湿地独特的地理位置和地域文化制定一套现实和动态的未来目标。这里紧密围绕太湖流域湖滨湿地的特征对其生态恢复的手段以及管理技术与方法做出初步的探讨。

# 三、湖滨湿地生境改造技术

生境条件（风浪、藻类堆积、水体污染等）是限制湖滨湿地恢复的关键因子，湖滨湿地恢复与重建的关键首先在于对生境条件的改善，只有生境条件的改善才能使植被恢复成为可能，保障恢复措施的实施。

湖滨湿地恢复实际是一项极为复杂的生态工程，受损湖滨湿地生境恢复，就是在传统护岸工程设计中纳入湿地生态学和恢复生态学原理，对工程结构进行生态设计，通过生态技术或生态工程对退化或消失的湿地生境进行修复或重建，再现或仿效湿地生境受干扰前的生态系统结构、功能、多样性和动态变化过程，以及相关的物理、化学和生物学特性，改造并建成一个本土的、稳定的湖滨湿地生态系统，在保证能够达到防止湖岸侵蚀的同时，创造出动植物及微生物能够生存的生态结构，促使湖岸植物连续生长。

湖滨湿地生境改造技术形式多样，可通过建立消浪工程、地形改造、水位调节等一系列生境改善措施，实现湖滨湿地生态重建。其中消浪工程是风浪侵蚀严重的湖滨带水生植物恢复的关键保障措施，是湖滨湿地生境改造的关键技术。对于风浪较大的开敞湖区开展水生植物恢复工作之前，首先应进行的是消浪防护工程。由于波浪是造成湖滩侵蚀的主要动力因素，随着波浪和湖流的共同作用，部分侵蚀泥沙向外扩散运移直接威胁到湿地植物生长和大堤安全，有必要采取消浪措施削减波浪的淘刷和促进堤前浅滩的形成。通过人工的湖面消浪工程，可以为水生植被营造一个理想的生存环境，帮助其更好地定居，从而进一步有利于湖滨湿地水质的净化。

对于风浪较大的开敞湖区利用高等水生植物修复富营养化水体的难度相当巨大。一方面，强烈的风浪会使水生植物根茎折断，严重的甚至连根拔起；另一方面，较大的风浪容易引起湖泊沉积物的再悬浮，导致沉积物中营养盐的再次释放，同时沉积物的再悬浮会引起水体透明度的降低，进而对沉水植物的生长产生影响。但较小的风浪往往对高等水生植物的生长又是有利的，原因在于可以帮助去除附着在植物叶片和根茎上的附着生物，因为这些附着生物会影响叶片的光合作用；同时适度的风浪可以植物叶片和水体之间的碳交换而强化光合作用。

因此，在开阔的敞水湖面消除风浪，实施消浪工程，为湿地植物种植提供稳定的水体环境是目前亟待解决的一个技术问题。这里首先对可以用于太湖湖滨湿地的不同生境改造相关技术内容进行分析：

## （一）木篱式消浪工程

该消浪工程结构简单、易于施工且成本较低。可通过控制木桩的间距，使其不至于过疏或过密，以达到预期的消浪效果从而起到生境改善的作用。具体实施步骤为：

（1）扎排：每隔10cm打直径为20cm，长为3m的木质排桩一根，入泥深度1m，单排放置。每隔100m预留交流口一个，交口宽4m。木桩之间以木条加以铆钉连接。桩脚抛块石、混凝土预制块护桩防冲。

（2）消浪桩排列的方向，与波浪传来的方向相垂直，木桩的间距约等于木桩直径的一半。

（3）锚定的位置：木质消浪排桩外围加以锚定，以反作用力与波浪推力达到平衡。锚链长一般比水深更长。

（4）在木桩与堤岸植被带间堆放生态袋来提高消浪效果，有利于滨岸的挺水植被带生长，更能起到净化水质的效果。生态袋三层堆叠，交叉压实，袋之间用木刺勾连。

## （二）植物消浪技术

植物消浪技术主要利用植物根系保护土壤，枝干消浪保护河道岸坡、堤围及岸滩。植物消浪技术因为其生态性和经济性在河流和湖泊消浪工程中得到推广应用，形成了一定的工程经验和系统理论，取得了显著的综合效益。与传统的工程护岸措施相比较，除了具有增强岸坡的稳定性、防止水土流失、防风消浪等功能外，还有成本低、工程量小、环境协调性好等优点。在坡面不稳定时还可以通过调整自身的状况来适应坡面的变化，维持较高的抗侵蚀能力。在堤外滩地上种植防浪林可以有效地消波以减少波浪对堤岸的冲刷侵蚀，是一种实用的生物消浪措施。

植物消浪适用于湖滩条件比较好、湖滩呈向湖心的斜坡堤岸，植物生长立地条件不够的需要先对湖滩进行基底改造，然后再种植植物实现消浪。湖泊水域水面上风成波浪对湖滩和堤岸长年累月的冲击和淘刷，使得湖滩侵蚀严重，堤岸安全度降低。在堤岸斜坡上种树是可以达到消浪护岸、促淤和固岸的一种可行办法，该办法已经在河流和湖泊中得到实践证实，岸坡树木长成后可以逐年采伐，回收经济效益，逐渐达到"以堤养堤"的效果。堤岸边坡上植树消浪护岸不仅可以达到所需的工程效果，而且可以促进河岸滩生态恢复，改善当地生态环境和局部小气候，还可以美化环境，符合当今日益重视的绿色环保意识，该绿色护岸工程正日益受到人们的重视。因地制宜，合理设计防浪林种植方式，可最大程度发挥其消波消浪、固滩护堤的作用，是一种比较好的消浪防护技术。

## （三）适于太湖湖滨湿地的生境改造技术

在前文对主要消浪工程技术及其消浪效果进行研究的基础上，通过对比分析不同消浪措施，这里筛选出适于太湖湖滨湿地的消浪防护技术：太湖湖滨湿地易受到湖泊波浪侵蚀作用使水体透明度、水位和水深等与水生植物生长密切相关的条件发生根本性改变，在这种背景下，可采用木篱式消浪工程以及植物消浪技术作为湖滨带恢复的关键保障措施。同时，还可在消浪带两侧建设风浪观测站，通过对风力和消浪带内、外风浪的对比观测，揭示恢复区风浪特征，并通过定期监测水体浊度、色度、沉积物再悬浮通量等指标，研究消浪工程对水质净化和沉积物再悬浮的影响，综合评价分析消浪工程的环境效益，从而解决湖滨湿地保护与恢复工程消浪技术的难题。

# 第四节　我国跨行政区湖泊治理

## 一、我国跨行政区湖泊治理的背景

### （一）行政区划对湖泊治理的影响

行政区划，是国家政府行政机关根据执政和行政的需要，依据法律法规，综合政治、经济、社会、文化等多种原因，将全国的国土划分为若干层次大小不同的区域，设置相应的地方国家机关，对区域内实施行政管理的一种设置。行政区划就是政府行政权力在全国范围的配置。行政区划把政府权力分成不同层次、不同大小的区域。同时设置相应的地方国家机关，实施行政统治。行政区划以国家机关或地方机关在特定的区域内建立一定形式、具有层次唯一性的政权机关为标志。从本质上来讲，行政区划就是政府行政权力在全国范围的配置。行政区划把政府权力分成不同层次、不同大小的区域。这是行政区划的基础，是行政区划的外在形式。就其内容和实质来说，通过这种行政区域的划分，国家赋予各个行政区域单位以相应的治理权限，以方便进行统治和治理。

随着社会主义市场经济体制的建立与不断完善，行政体制改革不断推进，中央政府将权力不断向地方政府下放，达到简政放权的目的。这也使得地方政府作为地方利益的代表性更为强烈。实现地方利益最大化也就顺理成章地成了地方政府的最大驱动力。在跨行政区资源的配置过程中，如何实现地方利益最大化，地方政府之间除了天然的竞争关系，也存在着合作。竞争来源于经济上内在驱动，合作则来自上级党和政府的要求，以及政府工作的最终落脚点，要代表最广大人民的利益。合作包括各个领域各个层面的内容，特别是以前主要以经济建设为重点的合作，现在发展到法律、社会和生态建设等多个领域。

### （二）湖泊相关管理部门的职能

由于湖泊资源的复杂性和综合性，很多湖泊都跨了两个甚至多个行政区，除了湖泊风景区以及极少数湖泊以外，多数湖泊实行的是一个多部门综合协调管理的体制。从行政职能划分，目前我国的湖泊治理由水利、农业、环保、林业、国土、旅游等相关部门执照各自职能，分别对湖泊实施管理。

1. 水利部门

（1）负责保障湖泊水资源的合理开发利用，拟定湖泊水利战略规划和政策，制定部门规章，组织编制流域综合规划、防洪规划等重大湖泊水利规划。

（2）负责生活、生产和生态环境用水的统筹兼顾和保障。实施湖泊资源的统一监督管理，拟订水中长期供求规划、湖泊水量分配方案并监督实施，组织开展湖泊水资源调查评价工作，负责湖泊及其流域的水资源高度，组织实施取水许可、水资源有偿使用制度和水资源认证、防洪认证制度。

（3）负责湖泊水资源保护工作。组织编制湖泊水资源保护规划，组织拟订和监督实施江河湖泊的水功能区划，核定水域纳污能力，提出限制排污总量建议，指导饮用水水源保护工作，指导湖泊流域地下水开发利用和城市规划区地下水资源管理保护工作。

（4）负责防治湖泊水旱灾害，承担防汛抗旱指挥部的具体工作。组织、协调、监督、指挥湖泊防汛抗旱工作，对江河湖泊和重要水工程实施防汛抗旱高度和应急水量调度，编制防汛抗旱应急预案并组织实施。指导湖泊水资源突发公共事件的应急管理工作。

（5）指导湖泊水文工作。负责湖泊水文水资源监测、水文站网建设和管理，对湖泊及其流域的水量、水质实施监测、发布水文水资源信息、情报预报和水资源公报。

（6）指导湖泊水利设施、水域及其岸线的管理与保护，指导湖泊及滩涂的治理和开发，组织实施湖泊重要水利工程建设与运行管理。

（7）负责湖泊流域防治水土流失。拟订湖泊流域水土保持规划并监督实施，组织实施湖泊流域水土流失的综合防治，监测预报并定期公告，负责有关重大建设项目水土保持方案的审批，监督实施及水土保持设施的验收工作。

（8）协调、仲裁跨行政区湖泊水事纠纷，指导水政监察和行政执法。

2. 农业部门

（1）监督管理湖区水域的使用；负责水域使用许可制度和水域有偿使用制度的实施与监督；协调各涉湖部门、行业的湖区开发活动。

（2）编制水域开发、渔业发展规划、计划和湖泊功能区划、水域使用规划及科技进步措施，并组织实施。

（3）组织拟定规划、标准和规范，组织实施污染物排湖总量控制制度，按照国家标准监督河源污染物排放入湖，防止因石油、煤炭勘探开发以及湖区工程建设项目造成的湖泊污染损害；组织湖泊环境调查、监测、监视和评价；监督湖泊生物多样性和水生野生动物保护；核准新建、改建、扩建湖区工程项目的环境影响报告书。负责渔业产业结构与布局调整、水产种质资源管理和原（良）种场的审定、申报；组织实施渔业开发；指导水产品加工、流通；根据国家、省授权拟定渔船、渔机、网具制造规范和技术标准并监督实施。

（4）组织渔业经济、资源、环境调查。指导湖区防灾减灾工作；发布渔情预报、湖区环境预报；管理湖泊观测、监测、灾害预报警报等公益服务系统。

（5）负责渔政管理、渔港监督和渔船检验工作。管理保护渔业资源，监督实施渔业捕捞许可制度和休渔期制度；维护渔业生产秩序；负责渔业抢险救助、渔业安全和渔业无线电通信管理工作。

3. 环保部门

（1）统筹协调湖泊重大环境问题。指导协调地方政府重特大突发环境事件的应急、预警工作。牵头协调重大湖泊环境污染事故和生态破坏事件的调查处理。统筹协调国家重点流域、区域、海域污染防治工作，指导、协调和监督海洋环境保护工作。协调解决有关跨区域环境污染纠纷。

（2）指导、协调、监督湖泊生态保护工作。拟定湖泊生态保护规划，组织评估湖泊生态环境质量状况，监督对湖泊生态环境有影响的自然资源开发利用活动、重要生态环境建设和生态破坏恢复工作。

（3）建立健全湖泊环境保护基本制度。组织编制环境功能区划，组织制定各类环境保护标准和技术规范。组织拟订并监督实施重点区域、流域污染防治规划和饮用水水源地环境保护规划。会同有关部门拟订重点污染防治规划，参与制订国家主体功能区划。

（4）监督管理湖泊环境污染防治。制定水体、重金属、大气、土壤、化学品等污染防治管理制度并组织实施，组织指导城镇和农村的环境综合整治工作，会同有关部门监督管理饮用水水源地环境保护工作。

（5）监测湖泊环境变化并发布有关信息。组织并实施环境质量监测和污染源监测。组织对环境质量状况进行调查评估、预测预警。组织建设和管理国家环境监测网和全国环境信息网。统一发布国家环境综合性报告和重大环境信息，定期发布湖泊监测信息。

4. 林业部门

（1）依法指导自然保护区的建设和管理。

（2）组织开展湖泊湿地调查、监测和评估。

（3）组织、协调、指导和监督保护工作。

（4）拟定湿地保护规划，拟订湿地保护的有关标准和规定，组织实施建立保护小区、湿地公园等保护管理工作，监督湿地的合理利用。

5. 国土部门

（1）承担保护与合理利用湖泊及其流域土地资源、矿产资源等自然资源的责任。组织拟定国土资源发展规划和战略，编制并组织实施国土规划。

（2）编制和组织实施土地利用总体规划、组织编制矿产资源等规划。

（3）负责湖泊矿产资源开发的管理，依法管理矿业权的审批登记发证和转让审批登记。

（4）组织实施湖泊矿产资源勘查。

（5）依法征收资源收益，规范、监督资金使用，拟定矿产资源参与经济调控的政策措施。

6. 旅游部门

（1）组织湖泊旅游资源的普查、规划、开发和相关保护工作。

（2）指导重点湖泊旅游区域、旅游目的地和旅游线路的规划开发。

（3）组织拟定湖泊旅游区、旅游设施、旅游服务、旅游产品等方面的标准并组织实施。

（4）负责湖泊旅游安全的综合协调和监督管理。

# 二、我国跨行政区湖泊治理的实践

## （一）跨省级行政区的太湖治理情况

### 1. 太湖概况

太湖是我国第三大淡水湖，湖面面积 2000 多平方千米。太湖流域行政区分属于江苏、浙江、安徽和上海，是典型的跨省级行政区湖泊，其中江苏省 19 399km²，占 52.6%；浙江省 12 093km²，占 32.8%；上海市 5178km²，占 14%；安徽省 225km²，占 0.6%。太湖在水位 2.99m 时的库容为 44.23 亿立方米，平均水深 1.89m。

目前太湖湖泊水资源供给不足，随着经济社会的发展，用水总量还会增加，流域湖泊水资源配置工程明显不足。工业废水、生活污水、含农药化肥的农田径流、畜产渔业养殖排放的有机污染物直接排入湖泊，也严重污染了自然水体。生态环境退化，水污染导致水生态环境退化，生物多样性和生态安全性下降，水生植物遭到破坏，水体自净能力减弱。为了加强对太湖的治理，政府采取了不少具体措施。

2. 太湖治理方式

（1）成立了太湖流域管理局，太湖流域管理局是水利部在太湖流域、钱塘江流域和浙江省、福建省范围内的派出机构，代表水利部行使所在流域内的水行政主要职责，为具有行政职能的事业单位。其主要职责是负责保障流域水资源的合理开发利用，流域水资源的治理和监督，统筹协调流域生活、生产和生态用水，流域水资源保护工作，组织编制流域湖泊保护规划，防治灾害，承担防汛抗旱总协调的具体工作，指导流域内水文工作，指导流域内河流、湖泊及河口、海岸滩涂的治理和开发，指导流域内水利建设市场监督治理工作，指导、协调流域内水土流失防治，负责职权范围内水政监察和水行政执法工作，查处水事违法行为，按规定指导流域内农村水利及农村水能资源开发有关工作，按照规定或授权负责流域控制性水利工程、跨省（自治区、直辖市）水利工程等中央水利工程的国有资产的运营或监督。

（2）太湖采取行政区与流域相结合的治理体制。国务院相关部门牵头，建立了综合协调机制，统筹决策太湖流域中的重大事项；国家水利部门、环境保护部门等有关部门，依照法律规定和国务院确定的职责分工，负有治理太湖流域的责任。太湖流域县级以上地方政府的有关主管部门，负责本行政区内太湖流域治理工作，依照管理条例规定和职责分工各负其责。

（3）成立了省部联席会议制度。建立了太湖流域水环境综合治理省部际联席会议制度，国家发展改革委对太湖流域水环境综合治理工作负总责，完善有关部门和跨省行政区各政府共同治理太湖水环境工作的协调机制。

（4）成立了专家咨询委员会，对方案及其相关专项规划实施进行跟踪评估，提交制度评估报告，开展调研和咨询活动，搜集和整理公众对太湖水环境治理的意见和建议，反映社情民意。

（5）加强了治理手段和措施。充分发挥市场的力量。建立体现湖泊资源市场价值的水价机制。合理确定各类用水的水资源费用，完善污水垃圾处理收费制度、排污费收费制度。严格标准，完善法规。构建科学、合理、完备的污染物总量控制指标体系、监测体系和考核体系。提升监管能力，切实强化执法。建立国家级和地方级两个层面的监测站网，强化资源整合、信息共享，做到信息统一处理、统一发布。强化治理，落实责任。实施行政断面水质目标浓度考核和污染物排放总量考核，作为干部政绩考核的重要内容。建立了严格的水环境治理领导问责制，规范问责程序，健全责任追究制度。健全环境质量目标和治理目标责任制，逐级签订了水环境治理工作目标责任状，层层落实任务和具体责任人。

### （二）跨市级行政区的鄱阳湖治理情况

1. 鄱阳湖概况

鄱阳湖地处江西省的北部，长江中下游南岸，总面积 4125km²，是我国第一大的淡水湖泊，沿湖跨南昌、余干、进贤、新建、湖口、都阳、星子、九江、永修、都昌、德安等 11 个市县区，是个典型的跨市级行政区湖泊，平均水深 8.4m，最深处能达到 30m。南北长 173km，东西最宽处约 74km，湖岸线长 1200km，容积约 276 亿立方米。鄱阳湖湖区生态环境优良，水生动植物资源丰富，土壤肥沃，盛产粮、棉、油等主要农产品和淡水产品。多年来，江西先后对湖区资源进行一系列开发利用，但仍缺乏统一规划，难以通过集中开发形成优势产业，湖区的经济水平与全省平均水平差距越来越大。自古号称"鱼米之乡"的鄱阳湖区，却因诸多因素的影响，严重制约了该区域的可持续发展。

2. 鄱阳湖治理方式

（1）成立了江西鄱阳湖国家级自然保护区，并下设了鄱阳湖国家级自然保护区管理局，对鄱阳湖流域进行综合治理。江西省级鄱阳湖候鸟保护区于 1983 年成立，成立之初主要是对保护区内的候鸟进行监测和保护。1988 年，保护区升级为国家级鄱阳湖自然保护区，不再仅限于候鸟，而是对区域内所有生物和自然资源进行综合治理。自然保护区的职能就是可持续地利用区内的自然资源，开展与生态保护相关的科学研究，保护生态环境和珍稀动植物。江西鄱阳湖国家级自然保护区在行政上隶属于江西省林业厅，鄱阳湖国家级自然保护区管理局是自然保护区的行政管理机构。管理局的主要职能是制定各项治理有关的规章制度。执行国家有关自然保护的法律法规。宣传相关政策法规，对区域内社会公众进行教育引导。开展与候鸟保护相关的科学研究。对保护区生态环境进行调查和监测。

（2）鄱阳湖的治理方式为流域一体化综合治理。根据"治湖必先治江，治江必先治山，治山必先治穷"的发展战略，组建了江西省山江湖开发治理委员会，并由这个委员会对鄱阳湖流域实行系统开发、综合治理。该委员会由省领导担任主任，成员由相关部门人员组成。委员会的主要职能是针对鄱阳湖流域的生态环境保护、自然资源开发利用及相关的社会经济发展中重大问题进行调查研究，提出解决这些问题的措施和方法，作为省政府决策的依据。协调各部门、各地区的关系，分工协作，统一行动，整合资源，形成合力，落实省委省政府有关鄱阳湖流域综合治理的保护、开发和利用的各种决策部署。在生态环境保护和建设、自然资源科学利用方面，组织实施单个部门难以承担的各种类型的科学研究、科学实验示范点建设与经验推广。针对流域治理、生态环境保护和自然资源开发利用问题，在科技、人才、资金等方面开展国内和国际的合作与交流。

（3）委员会下设办公室，为副厅级事业单位，关系挂靠在省科技厅下。其主要职能是负责日常事务。综合评估山江湖区域内有关重大工程的生态环境影响，组织区域实施可持续发展战略的综合研究，为省委省政府提供决策咨询。应用推广国内外资源综合开发利用和生态环境保护、治理的新技术，推广山江湖区域综合开发治理试验示范以及技术。规划山江湖区域资源、环境的综合开发治理工作，修订山江湖工程总体规划，审核山江湖区域内各种综合开发治理规划。组织协调全省遥感、地理信息系统与全球定位系统的研究开发应用。负责山江湖区域内各县市区相关区域的综合开发治理工作的业务指导和协调。

### （三）跨县级行政区的滇池治理情况

1.滇池概况

滇池呈南北向分布，湖体略呈弓形，弓背向东，东北部有一天然沙堤，长 4km，将滇池分为南北两部分，称为外湖和内湖；海拔 1887.5m，总面积 311.3km²，其中内湖面积 10.7km²，外湖面积 287.1km²，湖长 41.2km，最大水深 11.3m，平均水深 5.12m，容积 15.931 亿立方米。随着经济社会的不断发展，城市不断扩张，工业经济不断强化，滇池的生态压力也越来越大。

2.滇池治理方式

从滇池治理和保护的演变上来看，滇池成立了庞大和职能齐全的专门治理机构，并随着滇池水污染问题的恶化，滇池治理机构的级别越来越高，职能越来越全，权力也越来越大，滇池管理局从一个协调机构变化为一个具有除了经济和社会治理职能以外的、拥有全部资源和环境治理职能的全能机构，对流域区域内实施行政治理职能。为确保工作落实，滇池还建立了明确的工作制度。

①统筹协调制度，从市到乡镇都建立了多个层次的领导和协调机构，加强工作的统筹协调。

②目标责任制度，市政府与滇池流域县市区政府层层签订滇池治理保护责任书。

③督办督导制度，将滇池治理纳入市政府重点督办范围，定期督促检查，推动落实，成立了省市老领导和知名专家组成的滇池水污染防治专家督导组，加强滇池治理工作的指导、检查和监督。

④专家咨询制度，确保滇池的重大项目、重要措施在科学化的基础上作出决策。

⑤公开公告制度，定期向社会公告滇池治理工作和重大工程进展，邀请了各级人大代表、政协委员定期不定期进行视察，主动接受各方监督。

# 第七章　地下水污染与修复

## 第一节　地下水污染修复

随着工业的发展和城市化进程的加快，大气污染、水体污染和固体废物污染严重，地表水体恶化，淡水资源缺乏，对地下水的过度开采，导致地下水污染问题日益突出。因此，研究地下水水体污染状况，监测地下水的水质变化，采用合理经济的污染处理与防治技术，对保护地下水资源，实现经济社会可持续发展有重要意义。

### 一、地下水污染源

#### （一）工业污染源

工业的"三废"是地下水污染的最主要因素之一。工业废水通过水循环直接污染地下水。工业废水若不经过处理而直接排入地表水或地下水，会是导致地下水化学污染的主要原因。工业废气，如 $H_2S$、$CO_2$、$CO$、$SO_2$、氮氧化物、工业粉尘、苯并芘等物质随降雨沉降，通过地表径流进入水循环中，对地表水和地下水造成二次污染。

工业废渣包括各类矿渣、粉煤灰、选矿场尾矿及污水处理厂的污泥等。这些废物中的污染物由于降水等的淋滤作用，进入水体，造成污染。

#### （二）城市污染源

城市生活污水和生活垃圾是污染地下水的两大重要因素。生活污水主要污染指标是 SS、BOD、$NH_3\text{-}N$、P、Cl、细菌学指标等，生活污水一般是直排地表水，通过水循环对地下水产生污染。目前，生活垃圾多采用埋填法处理，通过淋滤作用渗滤液会慢慢渗入地下，污染地下水。

#### （三）农业污染源

由于农业活动而造成的地下水污染主要指畜禽养殖、土壤中剩余农药、化肥、动植物遗体的分解以及不合理的污水灌溉等，它们能够大量进入浅层地下，其中最主要的是畜禽养殖、农药、化肥的污染。

### （四）其他

其他人类活动和自然灾害也会影响地下水水质，如修建地铁、开凿运河引水、采矿等活动会改变地下水的水位，影响地下水的流动，进而影响地下水中污染的扩散降解。地震火山等自然灾害会将地壳深处的某些有害物质带入地下水，污染水体。

### （五）地下水污染危害

地下水污染是指人类活动使地下水的物理、化学和生物性质发生了改变，从而限制了人们对地下水的应用。受工业污染的地下水中含有大量有毒有害的物质，如某些重金属会引起生理上的病变，比如镉中毒之类的疾病。其他有机污染物大多有致畸致癌致突变的作用。城市生活污水及垃圾渗滤液中含有大量细菌，饮用被污染的地下水会极易感染，引起大量疾病；污染严重的地下水有恶臭，甚至影响工业应用。地下水污染也会一定程度上引起土壤污染。

## 二、地下水污染状况

凡是在人类活动的影响下，地下水水质变化朝着水质恶化方向发展的现象称为地下水污染。从概念我们也可以得出，产生地下水污染的原因是人类活动，尽管天然地质过程也可导致地下水水质恶化，但它是人类所不可防止的、必然的，我们称其为"地质成因异常"。地下水污染的结果或标志是向水质不断恶化方向发展，不是只有超过水质标准才算污染，有达到或超过水质标准趋势的情况也算污染。另外，此定义是为了强调水质恶化过程，强调防治。地下水污染具有隐蔽性和难以逆转性的特点。即使地下水已受某些组分严重污染，但它往往还是无色、无味的，不易从颜色、气味、鱼类死亡等鉴别出来。即使人类饮用了受有毒或有害组分污染的地下水，对人体的影响也只是慢性的长期效应，不易觉察。并且地下水一旦受到污染，就很难治理和恢复。主要是因为其流速极其缓慢，切断污染源后仅靠含水层本身的自然净化，所需时间长达数十年，甚至上百年。另一个原因是某些污染物被介质和有机质吸附之后，会发生解吸—再吸附的反复交替。因此，地下水污染防治是环境污染防治中的重点也是难点。

随着人类工业化的进展，地下水的污染情况日益严重。在我国，90%城市的地下水不同程度遭受有机和无机有毒有害污染物的污染，已呈现由点向面、由浅到深、由城市到农村不断扩展和污染程度日益严重的趋势。除了地表污水下渗外，许多矿山、农场、油田、化工厂、垃圾填埋场等形成了地下水的污染源，威胁着地下水的安全。

我国存在大量的地下水污染场地，这些场地给地下水资源带来了严重的威胁，急需开展场地污染治理研究。我国地下水污染的场地数量巨大，仅就城市生活垃圾填埋场渗滤液泄漏导致的地下水污染问题就十分严重，几乎所有的城市都被垃圾填埋场"包围"，而以前建设的垃圾填埋场大多没有有效的卫生防护措施，造成了浅层地下水污染的普遍问题。又如城市众多的加油站地下储油罐泄漏，以及污水排放管线的泄漏等问题也比较普遍，造成了地下水的污染，形成了众多的污染场地。

# 三、地下水污染修复技术

## （一）物理法修复技术

物理法修复技术指技术的核心原理或关键部分是以物理规律起主导作用的技术，主要包括以下几种方法：水动力控制法、流线控制法、屏蔽法、被动收集法、水力破裂处理法等。

### 1.水动力控制法

水动力控制法原理是建立井群控制系统，通过人工抽取地下水或向含水层内注水的方式，改变地下水原来的水力梯度，进而将受污染的地下水体与未受污染的清洁水体隔开。井群的布置可以根据当地的具体水文地质条件确定。因此，又可分为上游分水岭法和下游分水岭法。上游分水岭法是在受污染水体的上游布置一排注水井，通过注水井向含水层注入清水，使得在该注水井处形成一个地下分水岭，从而阻止上游清洁水体向下补给已被污染水体；同时，在下游布置一排抽水井将受污染水体抽出处理。而下游分水岭法则是在受污染水体下游布置一排注水井注水，在下游形成一个分水岭以阻止污染水向下游扩散，同时在上游布置一排抽水井，将初期抽出的清洁水送到下游注入，最后将抽出的污染水体进行处理。

### 2.流线控制法

流线控制法设有一个抽水廊道、一个抽油廊道（设在污染范围的中心位置）、两个注水廊道分布在抽油廊道两侧。首先从上面的抽水廊道中抽取地下水，然后把抽出的地下水注入相邻的注水廊道内，以确保最大限度地保持水力梯度。同时在抽油廊道中抽取污染物质，但要注意抽油速度不能高，但要略大于抽水速度。

3. 屏蔽法、被动收集法

屏蔽法是在地下建立各种物理屏障，将受污染水体圈闭起来，以防止污染物进一步扩散蔓延。常用的灰浆帷幕法是用压力向地下灌注灰浆，在受污染水体周围形成一道帷幕，从而将受污染水体圈闭起来。被动收集法是在地下水流的下游挖一条足够深的沟道，在沟内布置收集系统，将水面漂浮的污染物质如油类污染物等收集起来，或将所有受污染的地下水收集起来以便处理的一种方法。

## （二）化学法修复技术

地下水污染的化学修复技术指技术的核心流程使用化学原理的技术，归纳起来主要有两种方式。

1. 有机黏土法

这是一种新发展起来的处理污染地下水的化学方法，可以利用人工合成的有机黏土有效去除有毒化合物。利用土壤和蓄水层物质中含有的黏土，在现场注入季铵盐阳离子表面活性剂，使其形成有机黏土矿物，用来截住和固定有机污染物，防止地下水进一步污染，并配合生物降解等手段，永久地消除地下水污染。有机黏土法修复过程：通过向蓄水层注入季铵盐阳离子表面活性剂，使其在现场形成有机污染物的吸附区，可以显著增加蓄水层对地下水中有机污染物的吸附能力；适当分布这样的吸附区，可以截住流动的有机污染物，将有机污染物固定在一定的吸附区域内。利用现场的微生物，降解富集在吸附区的有机污染物，从而彻底消除地下水的有机污染物。

2. 电化学动力修复技术

电化学动力修复技术是利用土壤、地下水和污染电动力学性质对环境进行修复的新技术。它的基本原理：将电极插入受污染的地下水及土壤区域，通直流电后，在此区域形成电场。在电场的作用下水中的离子和颗粒物质沿电力场方向定向移动，迁移至设定的处理区进行集中处理；同时在电极表面发生电解反应，阳极电解产生氢气和氢氧根离子，阴极电解产生氢离子和氧气。

近年来电化学动力修复技术开始用以去除地下水中的有机污染物，这种方法用于去除吸附性较强的有机物效果也比较好。最新的发展趋向是将电化学动力修复技术与现场生物修复技术优化组合，来克服各自的缺点，从而提高有机污染物的降解效率。

## （三）生物法修复技术

所谓生物修复是指利用天然存在的或特别培养的生物（植物、微生物和原生动物）在可调控环境条件下将有毒污染物转化为无毒物质的处理技术。现在发展起来的主要是原位生物修复技术。

经过多年的发展，生物修复技术已经由细菌修复拓展到真菌修复、植物修复、动物修复，由有机污染物的生物修复拓展到无机污染物的生物修复。目前使用比较成熟的当属 BS 技术，该方法于 20 世纪 80 年代中期最早应用在德国。由于生物降解在该技术中作为主导控制因素，因此定义为生物修复技术（Biosparging，简称 BS 技术）。该技术通常用来治理地下饱和带（饱水带及毛细饱和带）的有机污染，是处理地下水及包气带土层有机污染的最新方法，也是最有前途的方法。其原理：利用微生物弱化污染物的毒性或把污染物转变成无毒性物质的处理方法。微生物消解有机化合物，提供自身所需养分和能量，将污染物分解为二氧化碳和水，随着微生物数量增长，污染物被消解并逐渐减少，微生物也因食物短缺逐渐减少进而消失。此种方法在美国曾对四氯乙烯、三氯乙烯等污染物处理做过现场试验。在荷兰，也曾用此方法处理含油污、苯、甲苯、含氯溶剂等污染物。

目前污染土壤的异位生物修复技术包括堆肥式处理法、预制床法、厌氧处理法、生物反应器法等几大类。地下水的异位生物修复技术还没有真正发展起来，相信能够在土壤异位修复技术的基础上加以改进，最终得以发展起来。

## （四）复合法修复技术

复合法修复技术是兼有以上两种或多种技术属性的污染处理技术，其关键技术同时使用了物理法、化学法和生物法中的两种或全部。如渗透性反应屏修复技术同时涉及物理吸附、氧化还原反应、生物降解等几种技术；抽出处理修复技术在处理抽出水时同时使用了物理法、化学法和生物法；注气—土壤气相抽提技术则同时使用了气体分压和微生物降解两种技术。一般认为，几种原理并列性较强的技术才能被称为复合技术。

1. 渗透性反应屏修复技术

渗透性反应屏修复技术（Permeable Reactive Barrier，简称 PRB 技术），PRB 技术也是目前最为广泛应用的修复技术之一。PRB 是一个就地安装反应材料的反应修复区，反应材料应满足降解和滞留流经该屏障体的地下水中污染物组分的目的。

PRB 技术的修复原理：顺着地下水的流动方向，在污染场址的下游安装渗透性反应屏，使含有污染物质的地下水流经渗透屏的反应区，水中污染物通过沉淀、吸附、氧化、还原和生物降解反应得以去除，同时 PRB 物理屏障可以阻止污染羽状体向下游进一步扩散。

　　PRB 技术一般根据不同污染场地特点，在反应墙中添加相应的化学试剂。通常情况下，Fe 是最为广泛应用的反应剂，其对常见的有机污染物及无机污染物去除效果较好。

　　另外，国外许多研究机构还针对一些特殊污染物进行 PRB 技术添加剂的实验研究。例如，采用 $Fe^{2+}$、$Fe^{3+}$ 或不含 Fe 的添加剂进行放射性污染物、重金属、采矿酸水治理等。由此可见，针对 PRB 技术所采用的反应剂种类，其修复过程的控制机理也不同。在采用 PRB 技术修复过程中，控制因素包括化学脱氯、pH 值控制、氧化还原反应、吸附过程及生物增强控制。

　　PRB 技术的工程设施较简单，安装操作可一次完成，大大降低了修复后期的运转及维护费用。

　　并且，可根据污染物场地特点及治理目标选择相应的修复设计方案，优化修复过程，提高修复效率。但是，该技术也存在一些局限性。与 P&T 技术相比较，工程设施投资较大。抽出处理工程所采用的钻井等设备在污染治理完毕以后还可以用于其他方面，如地下供水、人工回灌等，而渗透性反应墙设施则不具备这一条件。另外，渗透性反应墙修复工程一经投入，其设施就已固定在地下，很难再对治理方案做出修改或改动。

　　2. 抽出—处理修复技术

　　抽出—处理技术（Pump-and-Treat，简称 P&T 技术），是最常规的污染地下水治理方法。该方法是根据多数有机物由于密度小而浮于地下水面附近，根据地下水被污染的大致范围，通过抽取含水层中地下水面附近的地下水，把水中的有机污染物质带回地表，然后用地表污水处理技术处理抽取出的被污染的地下水。处理方法与地表水的处理相同，大致可分为三类：①物理法，包括吸附法、重力分离法、过滤法、反渗透法、气吹法和焚烧法。②化学法，包括混凝沉淀法、氧化还原法、离子交换法、中和法。③生物法，包括活性污泥法、生物膜法、厌氧消化法和土壤处置法等。为了防止由于大量抽取地下水而导致地面沉降，或海（咸）水入侵，还要把处理后的水注入地下水中，同时可以加速地下水的循环流动，从而缩短地下水的修复时间。

　　3. 注气—土壤气相抽提（SVE）技术

　　注气土壤气相抽提技术（Soil Vapor Extraction，简称 SVE 技术），实验过程中抽气压力为 0.9 个大气压，为了防止污染性气体在地下水中的迁移，注气—抽气气压比应在 4 ： 1 ～ 10 ： 1 之间。早期 SVE 技术主要用于非水相液体污染物的去除，目前也陆续应用于挥发性农药污染物充分分散等不含 NAPL 的土壤体系。

# 第二节  典型地下水污染修复技术

## 一、原位曝气

### （一）概述

原位曝气技术（Air Sparging，AS）是一种有效地去除饱和土壤和地下水中可挥发有机污染物的原位修复技术是与土壤气相抽提（SVE）互补，原理是空气注进污染区域以下，将挥发性有机污染物从饱和土壤和地下水中解吸至空气流并引至地面上处理。该技术被认为是去除饱和区土壤和地下水中挥发性有机污染物的最有效方法。另外，曝入的空气能为饱和土壤和地下水中的好氧生物提供足够的氧气，促进本土微生物的降解作用。

原位曝气技术是在一定压力条件下，将一定体积的压缩空气注入含水层中，通过吹脱、挥发、溶解、吸附—解吸和生物降解等作用去除饱水带土壤和地下水中可挥发性或半挥发性有机物的一种有效的原位修复技术。在相对可渗透的条件下，当饱和带中同时存在挥发性有机污染物和可被好氧生物降解的有机污染物，或存在上述一种污染物时，可以应用原位曝气法对被污染水体进行修复治理。轻质石油烃大多为低链的烷烃，挥发性很高，因此该技术可以有效地去除大部分石油烃污染。而且，该项技术与其他修复技术，如抽出—处理、水力截获、化学氧化等相比，具有成本低、效率高和原位操作的显著优势。

从结构系统上来说，原位曝气系统包括以下几部分：曝气井、抽提井、监测井、发动机等。从机理上分析，地下水曝气过程中污染物去除机制包括三个主要方面：①对可溶挥发性有机污染物的吹脱；②加速存在于地下水位以下和毛细管边缘的残留态和吸附态有机污染物的挥发；③氧气的注入使得溶解态和吸附态有机污染物发生好氧生物降解。在石油烃污染区域进行的原位曝气表明，在系统运行前期（刚开始的几周或几个月里），吹脱和挥发作用去除石油烃的速率和总量远大于生物降解的作用；当原位曝气系统长期运行时（一年或几年后），生物降解的作用才会变得显著，并在后期逐渐占据主导地位。

为保证曝气效率，曝气的场地条件必须保证注入气流与污染物充分接触，因此要求岩层渗透性、均质性较好。

## （二）AS 修复影响因素

在采用 AS 技术修复污染场址之前，首先需要对现场条件及污染状况进行调查。由于 AS 去除污染物的过程是一个多组分多相流的传质过程，因而其影响因素很多。研究这些复杂因素的影响作用对于优化现场的 AS 操作具有重要意义。AS 的影响因素主要有下述几方面，下面分别予以介绍。

1. 土壤及地下水的环境因素

土壤及地下水的环境因素主要有环境地质条件、污染物特征、土壤的非均匀性和各向异性、土壤粒径及渗透率、地下水的流动等。

（1）环境地质条件

通常情况下，当土体粒径较小（< 0.75mm）时，气体以微通道方式运动。当粒径较大（> 4mm）时，气体以独立气泡方式运动，由于此方式增大了气—液两相间的接触面积，从而可以获得较高的修复效率。事实上，有效粒径越小气体在土体中的水平运移能力越强，对于粒径特别细小的砂土（< 0.21mm），曝气过程中空气运动甚至表现为槽室流，此时气流覆盖区边界为明显不规则形状。

（2）污染物特征

AS 过程中首先被去除的是具有高挥发性和高溶解性的非水相流体 NAPLs 化合物，低挥发性和溶解性的化合物较难去除因而会出现修复"拖尾"现象。NAPLs 饱和蒸汽压高于 0.5mm Hg 时可以初步判定其具有一定挥发性，适于地下水曝气修复处理。污染物的亨利常数越高，污染物越容易通过挥发作用去除，亨利常数越低，所需曝气流量越大，修复时间也越长。

（3）曝气压力及曝气量

最小可曝气压力取决于曝气点附近静水压力和毛细管力，谁的粒径越大毛细管阻力越小，最小曝气压力也越小。土体的气相饱和度以及微通道密度会随着曝气压力的增大而增大，AS 的影响半径也越大。为避免曝气点附近造成不必要的土体扰动破坏和产生永久性气体通道，曝气压力不宜超过有效上覆应力。曝气流量增加可使气流通道密度增大、水相饱和度降低，影响半径增大，还会提高地下水含氧量，从而强化有机污染物降解去除效果，但提高曝气流量会使气体在土体中的分布不均匀，若形成局部优先流还会降低 AS 总体修复效果，且易造成原位土体的扰动破坏。

（4）曝气井口深度及几何结构

曝气井口宜安装于略深于污染土体，使曝入的空气既可到达整个污染区又不致操作成本过高，AS 过程中位于曝气点下方含水层中的溶解态污染物较难挥发去除。曝气井越深，空气向上运动时水平迁移范围越大，这有利于污染物的去除。但随着曝气井深度的增加，饱和土体中气体的相对渗透率不断下降，对污染物的去除不利。此外，通过离心模型试验还发现，曝气井口几何结构对空气流动形态和流速亦有明显影响。

（5）曝气方式

曝气方式主要分为连续和脉冲曝气两种类型，连续曝气过程地下水中气流分布相对稳定，脉冲曝气方式包含相态重分配过程，这在一定程度上有利于污染物的去除。

（6）土壤的非均匀性和各向异性

天然土壤一般都含有大小不同的颗粒，具有非均匀性，而且在水平和垂直方向都存在不同的粒径分布和渗透性。因此，AS 过程中曝入的空气可能会沿阻力较小的路径通过饱和土壤到达地下水位，造成曝入的空气根本不经过渗透率较低的土壤区域，从而影响污染物的去除。无论何种空气流动方式，其流动区域都是通过曝气点垂直轴对称的。而非均质土壤，空气流动不是轴对称的，而这种非对称性是因土壤中渗透率的细微改变和空气曝入土壤时遇到的毛细阻力所致，表明 AS 过程对土壤的非均匀性是很敏感的。

（7）土壤粒径及渗透性

内部渗透率是衡量土壤传送流体能力的一个标准，它直接影响着空气在地表面以下的传递，所以它是决定 AS 效果的重要土壤特性。另外，渗透率的大小直接影响着氧气在地表面以下的传递。好氧碳氢化合物降解菌通过消耗氧气代谢有机物质，生成 $CO_2$ 和水。为了充分降解石油产品，需要丰富的细菌群，也需要满足代谢过程和细菌量增加的氧气。

（8）地下水的流动

在渗透率较高的土壤中，如粗砂和沙砾，地下水的流速一般也较高。如果可溶的有机污染物尤其是溶解度很大的 MTBE 滞留在这样的土壤中，地下水的流动将使污染物突破原来的污染区，而扩大污染的范围。在 AS 过程中，地下水的流动影响空气的流动，从而影响空气通道的形状和大小。空气和水这两种迁移流体的相互作用可能对 AS 过程产生不利的影响：一方面，流动的空气可能造成污染地下水的迁移，从而使污染区域扩大；另一方面，带有污染物的喷射空气可能与以前未被污染的水接触，扩大了污染的范围。地下水的流动对于空气影响区的形状和大小的作用很小。空气的流动降低了影响区的水力传导率，减弱了地下水的流动，会降低污染物迁移的梯度。同时，AS 能有效地阻止污染物随地下水的迁移。

2. 曝气操作条件

在影响地下水原位曝气技术的条件中，曝气操作条件对该技术影响较大，需根据地质条件通过现场曝气实验确定。主要的曝气操作条件包括曝气的压力和流量、气体流型以及影响半径等。

（1）曝气的压力和流量

空气曝入地下水中需要一定的压力，压力的大小对于 AS 去除污染物的效率有一定程度的影响。一般来说，曝气压力越大，所形成的空气通道就越密。AS 的影响半径越大。AS 所需的最小压力为水的静压力与毛细压力之和。水的静压力是由曝气点之上的地下水高度决定的，而土壤的存在则造成了一定的毛细压力。另外，为了避免在曝气点附近造成不必要的土壤迁移，曝气压力不能超过原位有效压力，包括垂直方向的有效压力和水平方向的有效压力。

曝气流量的影响主要有两方面。一方面，空气流量的大小将直接影响土壤中水和空气的饱和度，改变气液传界面的面积，影响气液两相间的传质，从而影响土壤中有机污染物的去除。另一方面，空气流量的大小决定了可向土壤提供的氧含量，从而影响有机物的有氧生物降解过程。空气流量的增加使空气通道的密度增加，同时，空气的影响半径也有所增加。许多研究者用间歇曝气来代替连续曝气，获得了良好的效果。这是因为间歇操作促进了多孔介质孔内流体的混合以及污染物向空气通道的对流传质。

（2）气体流型

曝气过程中抑制污染物去除的主要机制是污染物挥发及污染物有氧生物降解。而这两种作用的大小很大程度上依赖于空气流型。在浮力作用下，注入空气由饱和带向包气带迁移，饱和带中的液相、吸附相污染物通过相间传质转化为气态，并随注入空气迁移至包气带。曝气能提高地下水环境中溶解氧的含量，从而促进污染物的有氧生物降解。空气流型的范围、形成的通道类型，都能极大地影响曝气效率。

（3）影响半径

影响半径（ROI）就是从曝气井到影响区域外边缘的径向距离。影响半径是野外实地修复项目的关键设计参数。如果对 ROI 估计过大，就会造成污染修复不充分；如果估计过小，就需要过多的曝气井来覆盖污染区域，从而造成资源浪费。

3. 微生物的降解作用

原位曝气技术与地下水生物修复相联合，称为原位生物曝气技术（BS）。其影响因素就要考虑微生物的生长环境了。AS 过程中空气的曝入增强了微生物的活性，促进了污染物的生物降解。对照 AS 与 BS 的修复效果，结果表明，在初始污染物浓度相同的情况下，微生物数量的增加直接导致了污染物总去除量的增加，降解率和降解量均得到提高。在生物降解条件下 AS 应用中，污染物由水相向空气孔道中气相的挥发是主要的传质机理，但好氧降解微生物的存在，使得通过曝气不能去除的较低浓度的污染物修复得更为彻底。

## （三）AS 修复过程

在土壤和地下水的修复过程中，由地下储油罐的泄漏以及管线渗漏等产生的污染物绝大多数属于可挥发性有机物（VOC）。这些可挥发有机污染物主要是石油烃和有机氯溶剂，它们是现代工业化国家普遍使用的工业原料。由于石油烃和有机氯溶剂都以液态存在，并且难溶于水，被称为非水相液体（NAPL）。

污染物从储罐泄漏后在重力的作用下，在非饱和区将垂直向下迁移。当到达水位附近时，由于 NAPL 密度的差异，密度比水小的 LNAPL（轻非水相液体）会沿毛细区的上边缘横向扩散，在地下水面上形成漂浮的 LNAPL 透镜体；而密度比水大的 DNAPL（重非水相液体）则会穿透含水层，直到遇到不透水层或弱透水层时才开始横向扩展开来。不论是 LNAPL 还是 DNAPL，在其流经的所有区域，都会因吸附、溶解以及毛细截留等作用，使部分污染物残留在多孔介质中。地层中的污染物由于挥发和溶解作用在非饱和区形成一个气态分布区，而在饱和区形成污染物羽状体。

AS 修复由于有机污染物泄漏而引起的地下水污染是一个多组分多相流的复杂动力学过程，这个复杂多相系统污染物可能存在的状态以及污染物迁移转化的途径。AS 过程包括以下几个主要过程：①对流、分子扩散和机械弥散；②相间传质；③生物转化。

## （四）AS 技术的优缺点

AS 技术通过曝气能为饱和土壤中的好氧微生物提供氧气，促进了污染物的生物降解，该技术与其他修复技术相比，具有易安装、低成本、高效率和原位操作的显著优势。因此，虽然曝气技术的运用仅仅二十余年，就一定程度上代替了抽出—处理技术，成为地下水有机污染处理技术的首选。

但是 AS 技术开展应用很大程度上还依赖于工程经验，这就导致了曝气系统设计的主观性较强，修复效率不高，在一定程度上增加了系统运行的成本。

### （五）AS 技术的适用

#### 1.适用范围

通常，AS 应用于挥发性、半挥发性、可生物降解的不挥发性有机物造成地下水和饱和土壤污染的地方，也可应用于脱水作用（在残留受污土壤中的气体提取）不可行的地方，包括高含水层以及厚的站污带。

#### 2.不适用条件

污染物存在自由基。曝气能够产生地下水丘，有可能导致自由基迁移以及污染的扩散。附近有地下室、地下管道或其他地下建筑。除非有气体提取系统来控制气体的迁移，否则在这些地方实施 AS，很可能会导致潜在的浓度聚集危险。受污染的地下水位于封闭的含水层里。AS 不能用于处理封闭含水层，是因为注入的空气会被该层截留，不能扩散到不饱和带。

## 二、原位生物修复技术

### （一）概述

大量研究表明，地下水及其土壤环境均含有可降解有机物的微生物，但在通常条件下，由于土壤深处及地下水中溶解氧不足、营养成分缺乏，致使微生物生长缓慢，从而导致微生物对有机污染的自然净化速率很慢。为达到迅速去除有机物污染的目的，需要采用各种方法强化这一过程，其中最重要的就是提供氧或其他电子受体。此外，必要时可添加 N、P 等营养元素，接种驯化高效微生物等。

与传统的物理、化学修复技术相比，生物修复具有以下优点：①生物修复可以现场进行，这样减少了运输费用和人类直接接触污染物的机会；②生物修复经常以原位方式进行，这样可使对污染位点的干扰或破坏达到最小；③生物修复通常能将大分子有机物分解为小分子物质，直至分解为二氧化碳和水，对周围环境影响小；④生物修复可与其他处理技术结合使用，处理复合污染；⑤投资小，维护费用低，操作简便。

生物修复的缺点是对于容易降解的污染物效果比较明显，但不能降解所有的污染物。绝大多数的微生物原位处理采用的是好氧模式（不排除特殊情况下的厌氧处理方法）。地下水中虽然具有氧气含量，但远未达到微生物处理的需求。例如，氧化 1mg 的汽油污染物质在理论上需要 2.5mg 的氧气，因此这一处理方法需要把氧气和营养物质注入地下。微生物原位处理的原理与其他微生物处理方法完全一致，最主要的区别就是微生物原位处理是在地下，环境条件比较复杂且难以控制，而一般的微生物处理是在地上的处理容器或处理池中进行的，相对容易控制。

生物修复是在人为僵化工程条件下，利用生物（特别是微生物）的生命代谢活动对环境中的污染物进行吸收或氧化降解，从而使污染的环境能部分地或完全地恢复到初始状态的受控或自发过程。用于生物修复的微生物有很多，其中主要包括细菌和真菌两大类，可降解的有机污染物种类大致分为石油及石化类、农药、氯化物、多氯酚（PCP）、多环芳烃（PAH）和多氯联苯（PCB）类化合物等微生物在对有机污染物进行生物降解时，首先需要使微生物处于这种污染物的可扩散范围之内，然后紧密吸附在污染物上开始分泌胞外酶，胞外酶可以将大分子的多聚体水解成小分子的可溶物，最后污染物通过跨膜运输在细胞内与降解酶结合发生酶促反应，有机污染物最终会被分解为 $CO_2$ 和 $H_2O$，同时微生物在代谢过程中获得生长代谢所需的能量。

微生物自然降解的速率一般比较缓慢，工程上的生物修复一般采用下列两种手段来加强：①生物刺激技术，满足土著微生物生长所需要的条件，以适当的方法加入电子受体、供体氧以及营养物等，从而达到降解污染物的目的。②生物强化技术，需要不断地向污染环境投入外源微生物、酶、氮、磷、无机盐等，接种外来菌种可以使微生物最快最彻底地降解污染物。外源微生物最好直接从需要修复的污染场地中进行筛选得到，这样可以避免微环境因素对接入菌种的影响，外源微生物可以是一种高效降解菌或者几种菌种的混合，使用该方法时常会受到土著微生物的竞争，因此，在应用时需要接种大量的外源微生物形成优势菌群，以便迅速开始生物降解过程。

## （二）生物修复技术影响因素

1. 环境因素

（1）土壤渗透率

土壤渗透率是衡量土壤传送流体能力的一个标准，它直接影响着氧气在地表面以下的传递，所以它是决定生物修复效果的重要土壤特性。

（2）地下水的温度

细菌生长率是温度的一个函数，已经被证实在低于 10℃时，地下微生物的活力极大降低，在低于 5℃时，活性几乎停止，超过 45℃时，活性也减少。在 10 ~ 45℃，温度每升高 10℃，微生物的活性提高 1 倍。

（3）地下水的 pH

微生物所处环境的 pH 需保持在 6.5 ~ 8.5 之间。如果地下水的 pH 在这个范围之外，要加强生物的降解作用，应调整 pH。但是，调整 pH 效果常不明显，且调整 pH 过程可能给细菌的活力带来害处。

2. 微生物

生物修复的前提必须有微生物。目前可以作为生物修复菌种的微生物分为三大类型：土著微生物、外来微生物和基因工程菌。对于生物修复的研究就是寻找污染物的高效生物降解菌，并对这些降解菌降解污染物所需的碳源、能源、电子受体等降解条件进行优化。

3. 碳源和能源

在代谢过程中，有些有机物既可作为微生物的碳源，又可作为能源。微生物分解这些有机化合物，同时获得生长、繁殖所需的碳及能量。也有些有机污染物不能作为微生物的唯一碳源和能源，当存在另外一些能被微生物利用的化合物时，这些化合物能同时被降解，但微生物不能从这类化合物的降解中获得碳源和能源，这种代谢方式称为共代谢。

共代谢作用最初定义为：当培养基中存在一种或多种用于微生物生长的烃类时，微生物对作为辅助物质的、非用于生长的烃类的氧化作用。把用于生长的物质称为一级基质，非用于生长的物质称为二级基质。随后共代谢（co-metabolism）的定义得到了更广泛的描述。

共代谢具有以下特点：①二级基质的代谢产物不能用于微生物的生长，有些代谢产物甚至对微生物有毒害作用；②共代谢是需能的，需一级基质代谢提供碳源和能源；代谢二级基质的酶来自微生物对一级基质的利用，一级基质和二级基质之间存在竞争性抑制。

共代谢研究中共代谢基质的选择是最重要的，相对毒性较低、价格便宜、较容易获得、能用来维持多环芳烃降解菌生长、不容易被其他非多环芳烃降解菌消耗的物质可以用作多环芳烃的共代谢底物，和目标底物相似或是其代谢的中间产物，能够明显提高降解率的物质可以作为多环芳烃的共代谢底物。

4. 营养物质

一般来说，地下水是寡营养的，为了达到完全降解，适当添加营养物常比接种特殊的微生物更为重要。最常见的无机营养物质是 N、P、S 及一些金属元素等。这些营养元素的主要作用有以下几点：①组成菌体成分；②作为某些微生等代谢的能源；③作为酶的组成成分或维持酶的活性。在地下水环境中，这些物质一般可以通过矿物溶解获得。但如果有机污染物质量浓度过高，在完全降解之前这些元素可能就已耗尽。因而人为地添加一些营养物质对于彻底降解污染物并达到更快的净化速率有时是必要的。添加营养物以增加生物降解的方法通常称为生物刺激。为了避免产生二次污染，加入前应先通过实验确定营养物质的形式、最佳浓度和比例。

5. 电子受体

限制生物修复的最关键因素是缺乏合适的电子受体，电子受体的种类和浓度不仅影响污染物的降解速率，也决定着一些污染物的最终降解产物形式。通常分为三大类：溶解氧、有机物分解的中间产物和无机酸根（如硝酸根、硫酸根、碳酸根等）。最普遍使用电子受体的是氧，因为氧能提供给微生物的能量最高，几乎是硝酸盐的两倍，比硫酸盐、二氧化碳和有机碳所释放的能量多一个数量级，而且土壤环境中利用氧的微生物非常普遍。因此有必要保持足够的氧气供微生物利用。

为了提高地下环境中的生物修复氧气量，主要包括以下几个方面。

（1）生物曝气（BS）

生物曝气是 AS 的衍生技术。该技术利用本土微生物降解饱和区中的可生物降解有机成分。将空气（或氧气）和营养物注射进饱和区以增加本土微生物的生物活性。BS 系统与 AS 系统的组成部分完全相同，但 BS 系统强化了有机污染物的生物降解。为了保证处理区能充分氧化，同时又能具有较高的好氧生物降解速率，与 AS 系统相比较而言，BS 系统曝气速率相对较低。在实际应用中，不论 AS 还是 BS 都有不同程度的挥发和生物降解发生。AS 系统一般与 SVE 系统联合使用，而 BS 系统一般并不需要 SVE 系统来处理土壤气相。

（2）微泡法

微泡法是利用混合的表面活性剂水溶液和空气在高速旋转的容器里生成空气—水—表面活性剂的微气泡，其直径为 10 ～ 120μm，体积 60% 以上是气相。

微气泡具有很高的比表面积和溶氧量。从而大大降低有机污染物与水之间的表面张力，使有机物更容易黏附于气泡表面并向内部扩散，并对有机物的氧化降解有潜在的利用价值。研究人员将含有 125mg/L 表面活性剂的微泡（大约只有 55mL）注入污染的地下水环境中，它可集中地将氧气和营养物送往生物有机体，从而有效地将厌氧环境转变为好氧环境，提高微生物代谢速率。该法具有效率高、经济实用等优点。

（3）过氧化氢和臭氧

臭氧和过氧化氢的输入可以极大地提高地下水中的溶解氧含量，当所加 $H_2O_2$ 的量合适时，土壤样品中烃类污染物的生物降解速率较加之前增加 3 倍。但其最大缺点在于对微生物的毒性和自身的不稳定性。

（4）固态释氧化合物

固态释氧化合物（ORC）是一种用于地下水原位生物修复的长效材料。在 ORC 注入点的下游某监测点处，总 BTEX 浓度降低了 75%，MTBE 降低了 20%，萘降低了 52%，三氧甲苯降低了 67%，生物降解效果显著。在整个治理期间，污染区域没有人为地加入外来微生物和营养物质。由此可见，对于天然存在的土著微生物，只需添加合适的电子受体，就可达到好氧生物降解有机污染物目的。它一般由过氧化物和其他的辅助成分组成，将其放入潮湿的地层中，过氧化物就会和水反应得到氧气，为微生物好氧降解石油烃提供最有效的电子受体（氧）。

ORC 是通过滤袋打井放入地下蓄水层，或先将 ORC 与水混合形成泥浆状后再注入地层。过氧化物在释氧过程中由于化学反应造成的水体 pH 升高，会抑制微生物的活性，进而影响污染物的有效去除。可运用 ORC 注入的新形式，将混凝土、沙子、过氧化钙、粉煤灰、氯化铵、磷酸钾和水按一定比例混合制成 ORC 小块，其中过氧化钙为释氧的有效成分，粉煤灰调节 pH，氯化铵和磷酸钾为微生物提供营养源。该研究虽然在制块过程中会损失部分氧，但其释氧时间超过 3 个月，取得了较好的修复效果。

ORC 修复地下水的优势体现在其利用生物降解进行原位修复，产品不造成二次污染，能耗低，价格相对廉价，既可以独立作用也可和其他修复技术互补利用。修复过程几乎不影响其他作业，操作和后期监测简单，相对于其他技术更具可靠性和实用性（如抽出处理系统）；其劣势在于其修复时间较长，对微量污染物的修复效果差，对土壤和地下水中污染物要长期监测，可能需要注入微生物需要的营养，可能对石油烃中某些物质或产品添加剂效果不好，对高浓度的污染区域可能需要多次添加和辅助其他修复技术，可能明显改变含水层的一些性质，对地层性质需要有较为全面的了解，地层中的还原性物质（如亚铁离子）会消耗氧气。

### （三）生物质基活性炭吸附法

天然生物质材料主要成分为有机高分子，是炭质材料的重要前驱体，不仅数量巨大、污染小、可再生，而且本身具有丰富的活性官能团。制成活性炭后这些活性官能团仍可部分保留，赋予其表面亲水性，通过物理、化学作用，选择性地吸附溶液中的重金属离子。目前，生物质基活性炭吸附废水中重金属离子的技术仍处在实验研究阶段，如何通过优化制备工艺，充分利用活性炭表面的理化性质，进一步提高对重金属离子的吸附性能仍有待于深入研究。

## 三、抽出—处理技术

### （一）概述

抽出—处理修复（Pump-Treat，P&T）技术，是最早出现的地下水污染修复技术，也是地下水异位修复的代表性技术。自 20 世纪 80 年代开展地下水污染修复至今，地下水污染治理仍以 P&T 技术为主。传统的 P&T 技术是把污染的地下水抽出来，然后在地面上进行处理。随着污染治理研究的不断深入，该技术已有了更广泛的含义，只要在地下水污染治理过程中对地下水实施了抽取或注入的，都归类为 P&T 技术。

P&T 修复技术最大优点就是适用范围广、修复周期短。最为突出的一个很典型例子就是某市运输粗苯的车辆侧翻，造成粗苯泄漏污染了附近两口灌溉井，现场采取了抽水处理法，井内水污染很快得到控制，并在短时间内水质恢复到受污染前的水平。另外该技术设备简单，易于安装和操作；地上污水净化处理工艺比较成熟。

该技术也存在一定的局限性。主要有以下几点：①由于液体的物理化学性质各异，只对有机污染物中的轻非水相液体去除效果很明显，而对于重非水相液体来说，治理耗时长而且效果不明显；②该技术开挖处理工程费用昂贵，而且涉及地下水的抽提或回灌，对修复区干扰大；③如果不封闭污染源，当停止抽水时，拖尾和反弹现象严重；④需要持续的能量供给，以确保地下水的抽出和水处理系统的运行，同时还要求对系统进行定期的维护与监测。

### (二)P&T 技术修复系统构成

P&T 技术的修复过程一般可分为两大部分：地下水动力控制过程和地上污染物处理过程。该技术根据地下水污染范围,在污染场地布设一定数量的抽水井,通过水泵和水井将污染了的地下水抽取上来,然后利用地面净化设备进行地下水污染治理。在抽取过程中,水井水位下降,在水井周围形成地下水降落漏斗,使周围地下水不断流向水井,减少了污染扩散。最后根据污染场地的实际情况,对处理过的地下水进行排放,可以排入地表径流、回灌到地下或用于当地供水等。这样可以加速地下水的循环流动,从而缩短地下水的修复时间。目前已有的水处理技术均可以应用到地下水 P&T 技术的地上污染物处理过程中。只是受污染地下水具有水量大、污染物浓度较低等特点,所以在选用处理方法时应根据地下水特点进行适当的选取和改进。

P&T 技术中选择合适的抽提井位置和间距是设计中很重要的一步。抽提井的位置应保证高浓污染区的羽流地下水可以被快速地从污染区转移。一方面,抽提井的设置应能完全阻止污染物的进一步迁移。另外,如果污染物是抽出地下水的唯一目标,地下水的抽出率应该在保证阻止羽流迁移的基础上尽量小,因为抽出的地下水越多处理费用越高。另一方面,如果地下水需要净化,抽出率就需要提高从而缩短修复时间。当地下水被抽出后,临近的地下水位就会下降并产生压力梯度,使周围的水向井中迁移。离井越近压力梯度越大,形成一个低压区。在解决地下水污染问题时,抽提井低压区的评估是一个关键,因为它能表征抽提井能达到的极限。

# 第三节　地下水污染防治对策

## 一、我国农村地下水污染以及污染防治对策

农村地下水是一种非常重要的水资源,因其水量稳定、水质好,是非常重要的工矿用水、农田灌溉用水和饮用水资源。近些年,由于乡村振兴战略的实施,我国的农村经济得到了迅速发展,但人们在农村经济发展的过程中却忽视了农村地下水资源的保护,导致农村地下水遭到了严重的破坏,地下水污染形势越来越严峻,农村地下水污染已经危及农民的日常生活和农业生产。因此,我们必须重视农村地区的地下水污染问题,查明农村地区地下水污染不断加剧的原因,进而

提出解决农村地下水污染问题的合理对策，防止污染进一步加剧。

## （一）农村地下水污染主要原因

### 1. 工业污染

随着城市化的加快和新农村建设的全面推进，农村周边乡镇企业和工厂越来越多。随着工厂数量的增多，大量污染物的排放导致了农村生态环境的恶化。农村地区由于监管不到位，许多企业生产工艺和污染防治设施都比较落后，甚至并未将污水、废气处理达标后就排放。同时大量的废气排放会引起大气污染，随降雨污染地面、水质，废水直接排放造成水污染，废物乱置引起地表水污染，由于地表渗透进一步造成农村地下水的污染。

### 2. 农药和化肥污染

化肥与农药在农业生产中起着非常重要的作用，合理施用化肥与农药能够促进农作物生长，增加产量，也可以降低生物灾害对环境及农作物产生的影响，进而逐步促进农业生产实现良性发展。由于我国农业生产科技水平不高，农民重视生产产量，忽视质量建设，对化肥过于依赖，而不重视有机肥。但过量施用化肥，会引起土壤活性下降，其分解、转化、吸附污染物的自净能力也会下降，进而引发农业面源污染，从而导致对地下水的污染。部分大量用于农业生产的农药在土壤中具有较强的移动性，使用后易淋溶渗入到地下水中。由于地下水环境中微生物数量较少，并且处在避光和缺氧状态下，农药渗入到地下水后往往不容易降解，具有持久性，并且农药对地下水的污染往往是不可逆转的。部分农药通过降水入渗或通过包气带（土壤）进入饱水带的地下含水层中，还有部分农药通过落水洞、水井以及补给地下含水层的河水一起渗入到地下含水层中，在承压含水层补给区发生淋溶作用时，随着地下径流扩散，造成地下水发生区域性、大面积污染。因此，化肥和农药对地下水的污染问题不容忽视。

### 3. 农业灌溉用水污染

由于水资源的短缺，在我国许多农村地区废污水被用于农田灌溉。废污水中的污染物以及难降解的物质由于灌溉会聚集在土壤中，随着地下水的补给，污染物以及难降解物质会进入地下水环境，进而污染地下水。灌溉水源中的氯离子含量对土壤和浅层地下水有影响，长期灌溉会使地下水氯离子含量增大，用含有大量氨氮和其他含氮化合物的水源进行长期灌溉会使土壤中氨氮含量增高，土壤中氨氮含量若长期超过植物吸收量，会使浅层地下水中的氨氮含量增高。在污水灌溉中由硝化作用产生的 $NO_2^-$ 和 $NO_3^-$ 会进入地下水，并随污灌的不断进行逐层向下层渗透，导致地下水的 $NO_3^- - N$ 和 $NO_3^- - N$ 污染，长期连续污灌可能造成浅层地下水的有机污染。

### 4. 畜禽养殖污染

农村畜禽养殖场数量较多，分布散乱无序，一些规模以下养殖场存在养殖废水、粪便直接排放的现象。畜禽养殖业产生的污染物对地下水水质的影响主要是通过渗透途径，污染物渗入地下污染地下水，会引起地下水溶解氧含量减少，含氮量增加，水质中有毒成分增多，严重时会使地下水体发黑、变臭，失去其使用价值。

### 5. 垃圾及生活污水污染

农村垃圾乱堆放以及生活污水乱排放也是导致农村地下水污染的一个重要因素。当前，我国许多农村地区的污水综合处理和利用系统仍不完善，在这些地区，日常的生活污水都是通过明渠或暗管的方式进行处理和排放，不能有效实现雨污分离。农村地区的污水管网不完善，污水不能做到全收集、全处理，这已成为环境治理的突出问题。农村生活污水处理技术不完善，不同的处理技术价格不同，有的村庄没有根据实际情况选择合适的生活污水处理技术，导致污水处理效果不好。生活污水若不经任何处理就排放，时间长了会污染河流和地下水，也会进一步影响居民的生活质量。随着我国新农村建设和城镇化的开展，农村经济取得了较大发展，村民的消费能力和消费水平也得到相应的提高，产生的生活垃圾也逐渐增多，垃圾的构成愈加复杂，处理难度不断增大，农村垃圾问题越来越严重。由于微生物的作用，垃圾中含氮有机物会转变为亚硝酸盐和硝酸盐，由于垃圾的随意堆放，在雨水的冲洗下，这些污染物会渗透到地下，进而污染地下水。

## （二）农村地下水污染防治对策

农村地下水污染形势严峻，而且有蔓延扩大的态势，为了遏制农村地下水污染，必须采取一系列对策防治农村地下水污染，已发生污染的农村地区要采取针对性措施进行治理。

### 1. 强化工业企业的监管

强化对农村工业企业的监管，工业企业必须采取符合要求的污染防治设施和防渗措施。对污染防治设施落后、污染严重、存在地下水污染风险的企业，必须限期整改，未按要求进行整改的企业应关停，防止企业乱排污导致地下水污染。对污染防治设施和技术相对先进的企业，定期进行监督检查，确保污染防治设施长期稳定运行，定期排查消除可能存在的地下水污染风险。

2.科学施用农药、化肥

积极引导科学施用化肥农药，大力发展生态种植模式。持续开展化肥农药减量增效行动，推进绿色防控。综合采取测土配方施肥、调整种植结构、增施有机肥、实施有机肥替代化肥等措施，科学使用化肥。科学使用农药，限制高毒、高残留农药的生产和使用，推进农作物病虫害专项防治，推广高效低毒低残留农药，从根本上减少农药使用量。积极推广农作物病虫统防统治和物理防治技术。加强农药销售管理以及农药使用的监管，严格控制林地、草地和园地农药使用量，积极组织技术培训，提高农药科学、安全、合理使用水平。

3.加强灌溉水的水质管理

加强农业灌溉用水水质监测及管理，防止污染物进入农田土壤环境。定期组织对农业灌溉水水质进行检测，对于不达标灌溉水，应采取相关措施，保证农田灌溉水水质安全。若长期使用污水灌溉导致土壤污染严重并威胁农产品质量安全的，应及时调整种植结构。

4.加强畜禽养殖业的管理

加强畜禽养殖污染防治。合理规划养殖区，远离村庄、水源，加强畜禽养殖场标准化建设，建立健全畜禽养殖中的污染物全过程闭环管理机制，推进畜禽粪便和污水减量化、无害化、资源化综合利用。进一步规范畜禽养殖场环保设施建设，严控养殖场污染物的处理和排放，畜禽养殖废水应处理达标，畜禽粪便应确保有配套的防渗工程。推广农村养殖业废水、粪便科学处理新技术、新设备，促进种养有机结合，创新模式，发展生态、循环农业。积极实施养殖污染达标、减量排放工程。加强对畜禽养殖监管，严格规范兽药和饲料添加剂的生产以及使用，禁止生产和使用抗生素、重金属超标等不合格兽药和饲料。加强对畜禽养殖重点区域以及重点养殖场的监测，建立规模化畜禽养殖企业档案。

5.合理处理垃圾和生活污水

全面考虑农村生活垃圾和农业废弃物利用、处理，结合农村实际情况，完善农村垃圾的收集、运输和处置。对非正规垃圾堆放点进行排查整治，对在农村地区随意倾倒、堆放垃圾的行为进行严厉查处。有序推进农村生活垃圾分类工作，进行农村生活垃圾就地分类和资源化利用试点示范，促进农村生活垃圾源头减量。健全农村生活垃圾收转处置体系，完善配套垃圾桶、垃圾箱、垃圾转运车、中转站等垃圾分类处理设施，尽快实现农村生活垃圾收运处置体系全覆盖。

针对农村生活污水治理现状，进一步推进农村生活污水治理工作。完善污水处理设施及配套管网。应结合农村所在地理位置、人口密度、农村经济等情况，筛选农村生活污水治理实用技术和设施设备，采用适合本地区的污水治理技术和模式，采用人工湿地、生物与生态组合等污水处理模式，对农村生活污水处理实行统一规划、统一建设、统一管理，提高农村生活污水治理水平和处理率，确保生活污水乱排放得到基本控制。推动城镇污水处理设施及服务向农村延伸，加强厕所改造与农村生活污水治理的有效衔接。

6. 完善相关法律法规

目前我国法律法规中涉及农村地下水污染防治的较少，国家立法机关应建立和完善农村地下水污染的相关法律，细化农村地下水保护及污染防治方面法规条例。各级政府应结合本区域农村地下水污染现状，有针对性地制定区域内法律规范，通过针对性的地下水保护和污染防治措施，达到因地制宜的效果。

7. 加大宣传力度

可以通过广播、电视以及标语等形式，对农村地下水保护及污染防治等进行宣传。通过宣传教育，普及农村居民的地下水污染危害知识、环保知识以及相关法律法规知识，让农村居民意识到地下水的重要性以及地下水污染的严重性。农村地下水污染与村民的环保意识有很大关系，所以在农村地下水污染防治过程中，应增强农村居民对地下水的保护意识，让农村居民意识到保护农村地下水人人有责，从而让每一个人都能投入到地下水保护工作中，依靠群众力量提高地下水保护以及污染防治效果。

8. 加强地下水监测工作

现阶段我国对于农村地下水的监测管理工作还不完善，各地政府都需要加强农村地下水监测及管理工作。有关部门应该建立健全农村地下水监测网，监测点位应实现从浅层到深层，从水量到水位、从平原到山区的全方位立体控制。采用先进的监测设备与监测技术，确保地下水监测结果的准确性和可靠性。通过定期开展农村地下水监测工作，及时掌握农村地下水污染的状况，为农村地下水污染的精准防治提供数据支撑。

9. 开展地下水污染修复

我国地下水污染修复起步较晚，相关修复参数缺乏，修复技术薄弱。目前，我国地下水污染修复技术的应用主要以实验室小试和小规模中试为主，由于缺乏工程案例、基础数据和工程参数的积累，可供参考的大规模地下水污染修复成功案例还不多。对存在地下水污染的农村区域，应有计划地开展农村地下水污染修复试点工作，积极探索地下水污染修复新技术，修复完成的地区应及时进行评估，总结经验后进行推广，逐步对存在地下水污染的农村区域进行修复治理。

## 二、城市地下水污染治理与防治对策探究

### （一）城市地下水污染概述

1. 城市地下水污染特征

（1）隐蔽性

与地表水相比，由于地理环境不同，难以发现地下水污染。地表水受到污染，可通过观察其气味、颜色进行检测。地下水受到污染，由于其具有隐蔽性，通常难以在第一时间发现，因此，城市地下水污染易影响人们的健康。

（2）不可逆性

不可逆性主要指城市地下水的流动性、净化能力较差，城市地下水污染一般需要经过较长时间方可被发现，增加了城市地下水的治理的难度。在城市地下水资源管理过程中，应重点关注城市地下水污染防治工作，降低城市地下水污染的可能性、控制城市地下水污染的难度。

2. 城市地下水污染现状

近年来，随着工业化和城市化进程的加快，城市地下水的质量、恶化问题已经引起相关部门的关注。在我国社会经济发展过程中，城市地下水资源是生产和生活的重要来源，因此，随着我国社会经济的快速发展，合理开发、保护城市地下水资源较为重要。

目前，废水进入土壤，将进一步污染城市地下水，使城市地下水中的放射性物质超标，造成较为严重的损害现象。随着城市人口增长、生活质量提高，大量的废水渗入土壤，导致城市地下水严重污染，水质严重恶化。

3. 城市地下水污染的危害

（1）污染环境

城市地下水污染对环境、人类健康的影响较为明显。

（2）作物产量和质量下降

大多数地区的居民会使用废水灌溉庄稼，若植物从废水中吸收过多的氮，会降低其承受机械破坏的能力，减少农作物的养分，降低蔬菜、水果等物品的品质，无法保障冬季贮藏的耐受性。

（3）危害人体健康

城市地下水污染直接关系到饮用水的质量，饮用水被有机物质的组合污染后，会导致肝癌、胃癌、肝炎、结肠癌等疾病。

## （二）城市地下水污染的防治措施

城市地下水不易受到直接污染，其位于地下深处，且城市地下水流速低、污染物入渗速度慢，需要经过较长时间方可发现。城市地下水污染易被忽视，治理城市地下水污染的难度也较大。城市地下水治理工作，应加大资金投入，并继续开展相关研究、发现、保护，从源头上控制污染，避免加重城市地下水污染。相关部门应监测城市地下水污染情况，对于不按规定排放污染物的企业，进行严厉处罚。

1.加强城市地下水监测

污染物进入城市地下水需要一段时间，地下水污染检测设备主要有酸性检测仪、水污染检测仪、动态检测仪等，通过动态分析仪检测城市地下水的污染情况，对城市地下水资源质量动态进行监测。对定期检测结果进行详细记录、分析，检测城市地下水资源质量，若城市地下水资源被过度污染、水质波动过大，有关部门应及时采取针对性措施，避免城市地下水进一步受到污染。

2.控制水源

（1）农业灌溉必须科学合理，相关部门应坚持加强、优化城市供水管网建设，促进清洁用水和喷灌的发展，提高其普及率，避免浪费水资源。

（2）充分利用现有的排水系统，并在此基础上充分重视城市污水处理站的建设，建立完善的城市排水系统，禁止任意排放生活污水、工业废水，可避免城市地下水渗入污染城市地下水。

（3）应加大对生活垃圾的管理力度，相关部门应采取有效的预防措施，减少固体废物对城市地下水水质的不良影响。

3.完善城市地下水污染防治体系

城市地下水资源的地质勘查、监测由资源部负责管理，目前，各管理部门职责重叠，缺乏全面的协调机制，环境保护、城市地下水污染防治体系处于混乱状态，应完善环境保护监测体系，为防治城市地下水污染提供可靠保障。

城市地下水环境监测与评价是城市地下水资源管理与保护的前提，通过长期监测城市地下水，可控制城市地下水资源、环境的质量，且应不断加强基础设施建设，加快城市地下水监测建设和完善，建立城市地下水监测网。

相关单位须及时解决各种城市地下水污染问题，逐步建立一个良性循环。在城市地下水污染较低的地方，应检测各种技术手段、设备，在问题较小的位置，应彻底消除城市地下水污染，为水污染防治工作提供参考依据。

4.优化水污染防治技术

过滤分离技术可用于膜过滤、初滤、微滤和微粒过滤，根据不同物料进行不同的固液分离操作。

初级过滤通常用于从废水中分离悬浮固体，使用网格、筛网。膜过滤的电位、压差可使功能膜在废水处理中广泛应用，重力分离技术可促进沉积物分离。除此之外，可以采用沉淀池对工艺进行补充，颗粒过滤利用过滤介质，将微胶团污染物从废水中分离。废水的化学处理主要弥补物理分离的局限性，消除不溶性核苷酸污染物。氧化还原可去除含汞废水中的汞物质，去除染料废水和电镀废水中的氰化物，提高废水的处理效果。

5.加强宣传教育

（1）宣传和教育可使污染源制造者更好理解相关错误，提高公众意识和能力，加强监督，及时发现相关问题，协助相关部门进行管理干预，具体应根据污染源现场的实际情况，宣传方法与内容应满足现代化发展需求。

（2）通过利用大数据和信息技术进行监督管理，可促进相关知识的传播，提高教育政策的影响力。通过调动群众反馈，降低监督管理的成本，通过使用科技手段，提高信息反馈的便捷性、全面性，可利用智能设备提供真实的污染反馈，并帮助收集相关信息。

在防治城市地下水资源污染的过程中，应增强环境保护意识，认识到城市地下水资源的重要性，以此为城市地下水资源保护提供有力保障。应结合实际情况，有效控制地表水污染后，逐渐将环境保护转向城市地下水资源保护。

6.合理规划各流域的产业发展

为了保证全国供水安全，应合理控制供水网络，应加强规划关系，有效整合和协调上下游污染，加强企业污染控制、管理，尤其是饮用水和河流的管理。合理分析当前污染恢复能力、下游污染状况，建立并不断完善科学的污染补偿机制，有效控制上游区域。

作为水资源综合管理过程的一部分，须进行相互监测、管理，可实行一票否决制度，通过严格控制改善城市地下水质量。城市地下水的流动与地表水的流动情况相一致，水处理过程跨区域、河流等，通过综合处理，以保证水处理的效果。

在治理过程中，应充分探究流域、区域能力，分析不同区域和部门的利益，考虑流域水资源的利用和保护措施，进行合理的工业布局、污染控制等工作。

7. 加强对工业城市地下水环境的监测

部分重点产业的生产，会导致城市地下水严重污染，因此，加强城市地下水环境的监测和管理较为重要。

（1）应定期检查、评估相关工业企业、周围城市地下水环境的安全风险，检查、监督重点工业企业的污染控制。

（2）应定期监测城市地下水污染，工业企业可建立城市地下水影响分类管理体系，及时列出污染严重的重点工业企业，并采取相应的激励和制裁措施，惩罚污染企业的同时鼓励其改善污染情况。

# 第八章　森林植被的生态修复

## 第一节　气候与植被恢复

地球上任何地区的植被都是在一定的气候条件长期作用下的结果。因此，任何明显的气候变化都会对植被产生影响，改变着植被演替的方向或速度。对于退化植被来说，有利的气候条件更是其自然恢复的动力和机制。

### 一、植被分布与气候分析

陆地植被的分布有水平地带性分布和垂直地带性分布。研究结果表明，植被的地带性分布规律既与气候的空间分布特征有关，又与植物的生态类型及其对环境响应能力有关。

#### （一）植被的地带性分布与气候的关系

气候的空间变化是有规律的。在地球表面上，太阳辐射随着地理纬度变化：低纬度的赤道地区，全年地面接收太阳总辐射量最大，季节分配较均匀，终年高温，长夏无冬；随着纬度的增高，地面受热逐渐减少，一年中季节差异明显；到了高纬度地区（如北极），地面受热最少，终年寒冷、长冬无夏。这样，从南到北就形成了各种热量带，赤道地区是地球上最热的地区，从赤道向两极沿纬度气温逐渐下降，形成了以温度划分的热带、亚热带、暖温带、温带冷温带、寒带等不同热量带。另外，由于地球上的大陆均被海洋所环绕，海洋上产生的大量水汽，通过大气环流和降水输送到陆地。由于海洋向陆地输送的水汽沿途不断形成降水而减少，同时受到大陆高山、高原阻隔，陆地上的降水量在同一纬度的不同地点，往往差异很大，呈现从沿海到内陆渐次减少的现象。因此，在同一个热量带内，沿海地区空气湿润，降水量大；距离海洋较远的地区，大气降水量减少，干旱季节长；到了大陆中心，大气降水量更少，气候极为干旱。例如，我国的大陆性气候明显，从沿海到内陆，按降水量多少依次分布着湿润、半湿润、半干旱、干旱和极端干旱气候区。而在我国北方内陆高山地区，随着海拔的升高，温度逐步降低，降水量逐步升高，温度和降水呈负相关。

地球表面植被的空间变化也是有规律的。地球表面植被的地带性分布规律包括水平地带性分布规律和垂直地带性分布规律，水平地带性分布规律分为径向和纬向地带性分布规律。植被的径向地带性分布规律在北半球的欧亚大陆区最为明显，它从沿海向内陆植被类型依次从森林、森林草原、典型草原变化到半荒漠、荒漠。例如，在我国北方地区从沿海到内陆植被类型径向变化规律为森林、森林草原、典型草原、草原化荒漠、荒漠。在北半球，从赤道热带地区到极地寒带地区，植被类型的纬向地带性变化规律依次是热带雨林、亚热带常绿阔叶林、温带落叶阔叶林、寒温带针叶林、极地苔原带。在我国，从南到北沿纬度也依次分布着热带雨林区、亚热带常绿阔叶林区、温带落叶阔叶林区和寒温带针叶林区，表现出明显的纬度地带性。植被的垂直地带性分布规律主要发生于高山地区，从山底平原到山顶，常可看到植被呈带状依次变化。例如，分布于我国内陆干旱区的祁连山山脉，从山麓到山顶依次分布有荒漠、荒漠草原、草原、森林高山草甸等植被。

大量研究结果表明，地球表面植被的空间变化规律与气候的空间变化规律是一致的。植被类型的纬度地带性分布与温度的纬度地带性分布是一致的，山地植被的垂直变化规律受温度、降水的垂直变化规律抑制；植被类型的径向变化与降水量的径向地带性变化一致。由于水、热、光照条件是一切植物生存和繁衍的必要、限制条件，光照强弱、气温高低、降水量多少直接影响植物的生存、生长发育和生物产量。因此，一定的气候条件下总是对应着一定的植被种类和植被类型，植被类型的空间变化总是随着气候的空间变化而变化。这说明，植被变化与气候变化存在着密切关系，植被变化取决于气候变化。

## （二）植物的气候生态位

地球上的一切植物的生存和繁衍都需要一定的气候条件，特别是光照、水、热条件，所以地球上的植被随气候条件的空间变化而呈现地带性分布。达不到这样的气候条件，植物在自然状况下就不能正常生存或者说不能长期存活下去，这种植物所需要的气候条件，就是植物的气候生态位。由于一个地区的气候条件总是处于不断变化之中，植物经过了长期的自然选择，也逐步适应了气候条件的变化，能够在变化中的气候条件下生存。

但是，植物并不是对所有的气候变化都能够适应，它只是在一定的气候条件下生长发育最好，种群繁衍最为迅速。当气候条件发生轻微改变时，植物也能够适应，但生长发育、种群数量和生物产量可能会受到抑制。当气候变化超过了植物的适应能力的时候，植物往往会受到伤害，特别是极端气候事件的发生往往给植物造成致命的伤害。也就是说，每一种植物都有自己适宜的气候生态位，在这个生态位上，适合植物的生存和繁衍，在气候条件偏离这个植物生态位时，植物的生长就会受到影响，严重时会导致植物消亡。

不同植物生存和发展不仅所需要的气候条件有很大不同，而且所能适应的气候变幅也有很大区别。也就是说，不同植物有着不同的气候生态位，不同植物气候生态位的宽度也有很大差别。

### （三）植被分布与气候的关系

根据气候条件对植物的作用及植物对气候变化的响应，我们将植物的气候生态位分为微气象生态位、基础气候生态位和功能气候生态位。植物的微气象生态位是植物需要的局部近地表微气象条件。这些微气象条件包括近地表温度湿度辐射、风沙活动等，这些微气象条件既打着区域气候背景条件的烙印，也受局部地形、土壤、水分等环境条件的影响。这些微气象条件对植物的生存和繁衍影响极大，它可能导致植物种组成、局部植物群落类型、优势种种类、群落的功能特征发生明显改变，产生与地带性植被完全不同的隐域或半隐域植被，产生偏离顶极气候群落的偏途顶极群落。基础气候生态位是指植物生存与繁衍所需要的气候背景条件。从植被的演替系列来看，基础气候生态位决定着地带性植被的类型、种类组成和顶极群落的基本功能特征。因此，对于一个顶极气候群落来说，没有人为干扰的情况下，大的气候背景稳定，其群落类型植物种组成及生物多样性一般也不会发生大的波动。功能气候生态位是指植物展现其功能特征所需要的气候条件。对于一个植物群落来说，其植被高度、盖度和生物产量等属于功能特征，这些功能特征往往是功能气候生态位所决定的。由于年际气候条件总是不断变化的，其植被盖度、高度和生物量也会随着降水的多少、温度的高低而变化。

## 二、气候对植被恢复的驱动机制

在退化植被恢复过程中，气候的驱动作用是显而易见的。其主要表现在三个方面：①在消除人为干扰后，群落的物种组成、丰富度、盖度、高度和生物量会自然增加，气候条件的改善可以加速这一过程。②大部分一年生植物或短命植物都在雨季萌发，较多的降水和较高的气温，有利于其萌发和存活，使土壤种子库的潜在植被转变为现实植被。③大多数退化植被恢复演替的方向都是地带性植被，终点为顶极群落，这是气候驱动机制的最根本体现。

在全球尺度上，人类对环境的干扰，如 $CO_2$ 等温室气体排放量的增加，可能会引起世界性的气候变化。但在区域或更小尺度上，人类对植被的破坏，一般不会引起大尺度的气候变化，如区域年均降水和年均温度均很少受到局地植被破坏的影响。但是，局域植被的破坏可以引起局地小气候的明显恶化，如造成空气湿度的下降、裸露地表温度的升高、地面反射增强、无霜期的缩短、地表风沙流增强等。当局域人为干扰消除以后，大尺度的气候背景条件仍不会发生明显改变，降水和气温仍会随其发展规律而呈有规律的变化，只有那些对局部植被产生影响的微气象条件有可能发生明显变化。因此，气候对退化植被恢复的驱动作用和作用机理，在不同尺度和层面上有很大不同。下面我们主要从降水的短期、中期和长期变化三个尺度论述气候变化对植被恢复的驱动作用和机制。

## （一）降水年际变化对退化植被恢复的驱动机制

一般来说，各种气候因子年际间都会发生变化，但年际变化最明显、对植被影响最大的还是降水的变化，包括降水量、强度、时间和频率。大多数情况下，降水条件的改善，包括有效降水量的增加、降水持续时间延长，都有利于退化植被的恢复。反之，如果降水不是限制条件时，降水量的增加、降水强度的增大，其对植被恢复的驱动作用可能会不明显，甚至反而对退化植被产生不良影响。

1.降水年际条件改善对退化植被恢复的驱动作用

降水年际条件改善对退化植被恢复的驱动作用主要体现在以下三个方面：①降水量的增加和降水持续时间的延长，有利于植物种子萌发和幼苗生长，可提高植物种子萌发成活率，增加实生苗数量，增大种群密度。特别是在干旱荒漠地区，春、夏降水是植物种子的萌发和幼苗生长的决定因素。在降水多的年份，沙漠一年生植物大量萌生，而在干旱的年份，则可能极少有植物种子萌生。另外，降水量丰沛，也对幼苗的存活和生长有利，使幼苗的成活率明显提高。显然，降水增加对种子萌发和幼苗成活率的促进作用对于退化植被的恢复是有利的。②当年降水量的增加，植株生长大多数情况下会表现出生长旺盛，分枝分蘖增多，叶色光亮，植被高度、盖度和地上生物量都会明显增加。而植被高度、盖度和生物产量的增加，也意味着植被功能特征得到改善，说明退化植被的功能恢复。③降水量增加，植物的繁殖能力特别是无性繁殖能力明显增强，加快了种群蔓延和扩散速度。干旱区，对于大多数植物来说，降水增加使得植物在保证基本生存的条件下，有更多的水资源可以用于繁衍和种群扩散。这时，植物不仅会由单一繁殖方式向多种繁殖方式转变，而且繁殖率也会增高。

2.降水年际条件改善对退化植被恢复的驱动机制

如上所述，降水年际条件的改善可以促进退化植被的恢复，其主要机制包括以下几个方面：

第一，降雨量增加带来降水持续时间的延长，为土壤种子的萌发提供了较为充裕的时间，使萌发的有效种子数量增加。种子萌发不仅需要适宜的土壤含水量，而且需要其持续一定的时间，否则即使种子萌发了，也很难出苗，或在苗期死亡。如果降水持续时间得到延长，就会使萌发的种子很快出苗和扎根，成活率升高。

第二，降水量的增加可以改善植物的土壤水肥条件。降水不但可以使植物得到更多的水分供给，保证植物恢复生长所需的水分，而且在干旱条件下，土壤水分含量的增加，也可促进土壤养分的有效性，使更多的土壤养分能够被植物吸收，用于恢复生长。特别是在干旱地区，土壤水分含量一般较低，直接限制着植物的生存和繁衍，降水量的增加对土壤水分的补充很重要，可以提高植物生存和繁衍的概率。

第三，降水量的增加可以改善植物群落中的微气象条件，有利于植物的生长。一般情况下，降水量的增加可以增加空气湿度，降低夏季地表温度，减少地表反射，使植物体温下降、蒸腾耗水减少。特别是在多风的沙质土壤地区，降水还可以降低风沙活动强度，减弱风沙流活动对植物的危害。微气象条件的好坏与植物生长关系相当密切，因此降水增加对植物微气象条件的改善显然是退化植被恢复的重要机制。

由于降水存在着明显的年际变化，多雨年份有利于退化植被的恢复，但干旱年份退化植被的恢复也会受到抑制。那么，在消除人类干扰之后，退化植被在降水的年际变化间逐步走向恢复的过程是：植被在多雨年份的恢复，一般情况下是不会完全被干旱年份降水减少的影响所抵消的。因为对于乔木、灌木和多年生草本来说，在多雨年份可能会新生很多枝条或根茎苗，使地表覆盖增加，而在干旱年份这些枝条或根茎苗一般是不会死亡的。虽然，当年降水量也会引起一年生植物种的增加，但次年如果遇到干旱年份，新侵入的一年生植物种就会消亡。研究结果表明，一年生植物的物种数量会随着年际降水量的变化而波动，年度降水量的改善在群落恢复的早期不能成为群落植物种组成变化的驱动因素。

## （二）中期降水变化对植物恢复的影响

如上所述，植被高度、盖度和生物量的恢复是和年际降水量变化密切相关的。群落的植物组成的饱和度、生物多样性也同样与年降水量有密切的关系。相关研究结果表明，一般情况下，无论是年降水量还是季节降水量的增加，都会引起群落的植物组成的饱和度和生物多样性的增加。因为降水的增加，使一些种子的萌发和侵入加快，导致植物种数量增加。但这些新增加的种对降水往往非常敏感，如果在生长后期，甚至是来年降水量减少，它们就会消失，使植物种的数量随降水的年际变化或季节变化而波动，而不像植被盖度高度和生物量那样存在明显的累积恢复效应。因此，群落植物组成和生物多样性，一般不会随着短期降水的增加而呈现增加的趋势，而只有中期降水量的增加，才有可能使植物种数量、生物多样性得以逐步增加。

1. 中期降水增加对退化植被恢复的驱动作用

连续几年的降水量增加称为中期降水量增加。连续几年降水的增加可以对退化植物群落的物种结构产生重要影响。中期降水量的增加对退化植被恢复的驱动作用主要表现在以下几个方面：①促进植物种群数量稳定增加。连续几年降水条件的改善，大部分植物种群的数量都会明显增加，特别是新侵入种一般能够形成具有维持种群稳定和发展的最小群体数量。对于这些新的侵入种，只有当其种群数量达到一定水平时，其种群才会形成一定的结构，才具有繁衍、竞争的能力，才能长期存活下去。因此，最小种群数量的形成，是保证群落植物种增加的必要条件。②使群落中植物种群的分布更加分散，均匀度增加。植物种群是否均匀分布，是群落生物多样性能否增加的一个重要决定因素。气候条件的连续改善，会减弱或消除退化植被或草地环境条件的空间异质性，使植物更容易从原有斑块中向外扩散，随机扩散的概率也会提高，导致均匀度增加。

2. 中期降水增加对退化植被恢复的驱动机制

气候条件的连续改善会形成良好群落微气象条件且持续存在，有利于更多植物种的侵入。例如，在半干旱地区，如果连续几年多雨少风，流动、半流动沙丘的地表则可能会形成物理或生物结皮，不仅风沙活动会明显减弱，而且地表温度会下降，在消除了春季风沙流的打磨和夏季地表高温灼伤的危害后，更多的植物种就会侵入，使群落植物种组成数量增加。

促进植被盖度的增加，使一些窄生态位植物在其他植物的庇护下得以生存。气候条件的连续改善，首先会使退化植被高度、盖度明显改善。而植被高度和盖度的连续改善，会对新侵入的植物种产生有效的庇护，使其得以稳定发展，从而使群落的植物种组成数量稳步增加。使多年生植物在侵入早期安全越冬。对于大多数多年生植物来说，都具有苗期生长缓慢，当年越冬能力差的特点。虽然，某个季节或年份降水量增加也会促进一些多年生植物的侵入，但如果下个季节或年份降水量减少，这些新侵入的多年生植物就难以抵御严冬低温和春季风沙干旱的胁迫，会造成其再次消亡。只有连续的气候条件改善，才能够保证更多的多年生草本植物的侵入并稳定存活，增加群落的植物种组成和生物多样性。

### （三）长期气候变化对植物恢复的影响

长期气候变化，是指能够影响一个地区平均气温指标变化的，以十年为尺度的气候变化，也可以说是一个地区气候背景的变化。它一般受全球气候变化的影响，如温室气体排放量增加和全球气候变暖所引起的区域气温升高和降水量变化等。这种气候变化比较缓慢，具有一定的持续性，对植被的影响比较深远，不仅决定着植被演替的方向和速度，也影响着植被恢复的终点和气候顶极群落的特征。

不同时间尺度气候的变化对植被恢复的作用表现在空间尺度上。短期气候变化的作用空间应该主要在植物个体和种群上，中期气候变化的作用空间主要为植物群落，而长期气候变化的作用空间主要为地带性植被。而实际上，它们之间的作用范围并不是可以截然分开的，相互之间的界限也不是非常明显。特别是在湿润地区，或受隐域性气候条件，或其他环境条件影响的地区，不同时间尺度气候条件的交叉作用、重叠作用是显而易见的。但是，这并不妨碍我们了解退化植被恢复过程中不同时空尺度气候的作用。只要我们从宏观到微观逐步进行分析，分离各尺度气候变化对植被恢复的作用是完全有可能的。

## 三、植物的生态修复功能

植物是初级生产者。它通过光合作用利用太阳能将 $CO_2$ 和 $H_2O$ 转化为生物能有机质，在维持生态系统的物质循环和能量流动中发挥着重要作用。除此之外，植物还具有调节气候、促进土壤发育、保持水土、净化空气、防风固沙、减轻环境污染等重要功能，在修复退化生态环境，维系生态系统健康等方面具有重要作用。

### （一）促进生态系统的物质循环和能量流动

1.促进生态系统的物质循环

生态系统的物质循环（又称为生物地球化学循环），是指地球上各种化学元素，从周围的环境到生物体，再从生物体回到周围环境的周期性循环过程。

植物为生态系统的物质循环提供了丰富的物质基础。相关资料显示，各种生态系统的第一性生产量：河口海湾、冲积平原的植物区系和集约程度高的农田（如甘蔗田）生态系统的生产量最高，每昼夜为 10 ~ 20g/m²；森林、浅湖泊和灌溉农田生态系统的平均生产量每昼夜为 3 ~ 10g/m²；高山、海洋和深湖泊生态系统的生产量每昼夜为 0.5 ~ 3g/m²；海洋和沙漠生态系统的生产量最低，每昼夜为 0.1 ~ 0.3g/m²。因此，可以说没有植物的光合作用，在生态系统中就没有物质的生物地球化学循环。

植物对生态系统物质循环的贡献：既为消费者提供了食物，又为生态系统物质循环提供了物质基础，而且植物在水的地球物理循环中扮演着重要角色，因为植物每生产 1g 干物质需要蒸腾大约 500g 水。与此同时，植物还会分泌包括酶类在内的各种分泌物，这些分泌物对于土壤矿物质的分解起到了重要的促进作用。

生态系统物质的生物地球化学循环依赖于植物的光合作用，因此植物生长情况的好坏、生物产量的高低，都会影响到生态系统的物质循环。虽然生态系统的物质循环受到多种因素的影响，但从某种意义上讲，茂密的植被、较高的生物产量，对于生态系统的物质循环总是有利的，而衰退的植被、较低的生物产量，则使生态系统缺少物质循环的基础。

2. 促进生态系统能量流动

在生态系统中，能量流动伴随物质循环同步发生。在植物利用太阳能将空气中的 $CO_2$、环境中的水和其他物质转化为有机物的同时，也将太阳能转化为化学能或生物能。植物可以通过各种方式转换能量，并储存于有机物中。生态系统中，能量是依靠食物链传递的。无论是消费者还是分解者，它们都是通过与生产者建立直接或间接的生物关系，并通过这种关系来完成物质的循环和能量流动。而在生态系统中，能量传递进程的长短，不仅取决于食物链的长短和能量的转化效率，而且与生态系统初级生产者储存的能量有关。在食物链长短和能量转化效率相同的情况下，初级生产者储存的能量越多，能够为消费者和分解者提供的能量就越多；在能量转化效率相同的情况下，初级生产者储存的能量越多，其食物链就可能延伸得越长。

## （二）消费者食物和栖息地的提供者

1. 为食草动物提供食品

植物处于生态系统食物链的最底层，主要是为食草动物提供食物。在地球上并不是所有的植物都可作为动物的食物，绝大多数植物都存在一定的消费者。即使是对人类或家畜有毒的植物，在其周围也或多或少地存在一些草食消费者。食草动物通过采食植物获得所需要的蛋白质、脂肪、碳水化合物、维生素、矿物质等养分及水分。另外，很多植物都具有药用价值，可以为动物治疗疾病并起到保健作用。

地球上，陆生食草动物种群主要生存于草原地区。草原是地球上分布最广、面积最大的一类生态系统，主要生长着草本植物和一些灌木，是牛、马、驴、羊、骆驼等大型草食动物聚集的地区。森林生态系统也是地球上分布很广、面积很大的一类生态系统，主要生长着一些草本植物、灌木和乔木，生活在森林地区的一般为中小型草食动物，如松鼠、考拉、猴子等，这些草食动物大多生活于树上。水体生态系统，如海洋、湖泊、水库等，主要生长水生植物，其草食动物主要为鱼类及蜗牛等软体动物。还有很多植食性动物，如各种昆虫、鼠类等。人们还通过种植多种饲草和饲料作物，如玉米、苏丹草、苜蓿等，为家畜、家禽提供食物。

对于食草动物来讲，植物种类的多少、生长的好坏、产量的高低，都直接影响着动物种群的种类和数量。茂盛高产的植被类型，往往可以孕育多种多样的动物类群和数量。对于退化动物类群和种群，如果能够获得充足的食物来源，对于其种群的恢复是极其有利的。因此，加强对退化植被的管理，既可促进退化植被的恢复，也可为退化食草动物种群提供更多的食物来源，从而加快其恢复。

2. 为动物提供栖息地

植物之所以能够为动物提供栖息地，与其生物学特性有关。稠密繁茂的叶片既可以遮风、避雨、挡光，又可以很好地遮挡猎食动物的视线，使之得到很好的保护，强劲的枝干可以支撑动物在其上行走、休息或搭建巢穴。因此，很多动物或长期生存于植物之上，或以植物作为隐蔽、休息、繁衍后代的场所。其中，乔木一般比较高大，树干明显，枝条硬实，叶片稠密，可为猴子等树栖动物提供良好的栖息条件，也是鸟类搭建巢穴的良好场所；灌木一般较乔木低矮，但枝叶更为稠密，对动物的遮蔽性更好；草本植物较为低矮，但很稠密，因此灌木和草本植物均是一些小型鸟类和一些小型动物搭建巢穴和栖息的场所。还有很多植食性昆虫，既以植物为食，又以植物为栖息地，常年生活于植物之上。

在植物物种极其丰富的热带雨林地区，从林冠上方到地面垂直距离最大可达到 50m，光照条件越来越弱，温度依次降低且变幅越来越小，湿度依次增大且更少变化，风力降低。在这个纵深的空间范围内，许多有着不同生活方式的动物都能找到适合自己的生存环境，而退化生态系统的结构趋于简单，能够为动物提供栖息的环境种类也很有限，从而也成为退化生态系统中动物物种逐渐趋于单一的重要原因。

植物作为动物的栖息地，对于动物种群的生存和繁衍极为重要。当植物群落类型、结构发生改变或退化、丧失，最终都会导致依靠其为生的动物种群发生改变或丧失。维持植物群落的稳定，对于维持以其为生存环境的动物种群，特别是与其具有共生关系的动物种群，具有重要意义。

3. 为人类提供各种食品和其他生产生活用品

植物也是人类的主要食物来源。人类通过取食植物获得生存的大部分营养物质。可供人类食用的植物主要包括白菜、萝卜、马铃薯等蔬菜作物，苹果梨、橘子等水果作物，水稻、玉米、小麦等粮食作物，葵花、油菜、胡麻等油料作物。这些作物均由人工种植，属于人工栽培作物。另外，还有很多野生植物及其果实，如野生桑葚、蕨菜、核桃、松子等，可供人类食用。这些植物为人类提供碳水化合物、维生素蛋白质、脂肪、矿物质等必需营养，关系着人类的健康与发展，因此建立可持续的植物性食物来源，丰富其种类，保证其质量，对于人类的健康发展具有重要意义。

人们利用植物的另一个用途是其药用价值。具有药用价值的植物，称为药用植物。世界上的很多植物具有药用价值，很多国家和地区的人们，特别是具有古老文明史的国家，如中国、印度、埃及等，都在使用药用植物进行疫病防治。如金莲花、香蒲、菖蒲、泽泻、慈姑等具有补血、化瘀、消炎功效；香蒲的蒲棒和花粉（蒲黄）具有消炎、止血作用；芦苇的根茎具有清热解毒、利尿、生津止渴、镇吐等作用；海莲所含的木榄碱可抑制肉瘤和肺癌。

很多植物还有很多其他用途。如植物是造纸的重要原材料；可为机械制造、仪器仪表、化工建筑、交通、通信、农业等行业提供生产所需木材；也可为生活所需家具生产和家居装潢提供原材料。

## （三）改善小气候，提高环境质量

植被对小气候的调节作用非常明显。生活在大片森林地区的人们，夏季会感觉到降雨多，风力弱，气候凉爽，空气湿润，紫外辐射降低，而冬季则是降雪较多，风少且弱，气温高于周围地区。这些局部环境的变化，都是植被对小气候调节的结果。植被对小气候的调节机制主要表现在以下几个方面：

1. 降低光照强度和紫外线辐射

照射到植物群落的阳光，一部分被植物吸收，一部分被反射，还有一部分透过枝叶间隙而到达地面。由于冠层下直射阳光的减少和照射时间的缩短，使冠层下光照强度降低，紫外线辐射降低，从而减少阳光直射对人体或其他生物体造成的危害。

### 2. 降低风速，减少空气流动

植物的枝叶大多数比较柔嫩，可随风发生摆动。风作为携带动能的气流，在遇到植物时会将动能传送给植物，从而本身携带能量减少，致使风速下降。当植被较为高大、浓密时，可将风所携带的能量大幅消减，使风速明显降低。另外，在茂密的植物群落内部，由于枝叶的相互遮蔽，气流也是很难流动的。风速降低，空气流动缓慢，有利于保持植物群落内部的空气湿度和气温的稳定，从而控制小气候变化。

### 3. 改善植物群落内部的空气湿度

相关研究表明，一般情况下，群落内部的空气湿度要比空旷地明显高很多。其中，高原草地内部空气湿度较空旷地高 20% ~ 80%；发育良好的森林植被其内部空气湿度比空旷地高 50% ~ 150%。植被之所以能够提高空气湿度，主要原因是植被具有较为稠密的林冠层，它可以抑制空气向外扩散，使地面蒸发的水分被很好地控制在林冠之下。同时，冠层下的枯枝落叶层比土壤能够蓄积更多的水分，其水分的缓慢蒸发可以有效增加和保持林中空气的湿度。另外，夏季林中温度较低，也减少了空气干燥。

不仅如此，因为植物群落对外界环境是开放的，各种群落内的小气候势必会扩展到群落以外，影响一定范围的外界气候。

### 4. 减弱温度的波动

阳光进入植被冠层下照射强度和持续时间减少，群落内的温度会较空旷地发生明显变化。一般情况下，在森林群落内，白天和夏季的温度比空旷地要低，但是昼夜及全年的温差要小得多。同时，冠层上植物叶片相互遮盖，阻止空气流通，热量不易消失。群落地面还有枯枝落叶层，能缓和土壤表面的温度变化速度，也保证了群落内较小的温差。据相关研究，在我国北方发育良好的人工林中，由于生长季温度的提高，无霜期可以延长 3 ~ 10d。

## （四）减轻环境污染，保持空气清新

### 1. 保持空气清新

植被可以净化空气，保持空气清新。其主要途径有三条：①绿色植物通过光合作用吸收 $CO_2$，放出 $O_2$，能有效维持大气中 $O_2$ 和 $CO_2$ 的比例平衡。据估计，陆地上绿色植物提供地球上 60% 以上的氧。②有些植物的叶片具有阻挡、滞留、吸附、过滤粉尘的作用，可以看作是"天然的吸尘器"。③某些植物叶子的挥发气体及根系的分泌物可以杀灭空气中的一些病原菌，对大气进行消毒，成为"天然的防疫员"。据相关测定，草坪上空的细菌含量仅为公共场所的三万分之一。因此，大面积植被的建立，特别是城镇绿地的建立，可以有效保持空气清新，改善生活环境。植物进行光合作用，有效地调节了空气的成分。

2. 消除大气污染

植物可以吸收、固定、转化大气中的某些有害、有毒气体，从而起到消除大气污染的作用。植物消除大气污染物的作用主要通过两个途径：①通过叶片吸收，减少大气中的毒物含量。②植物可将某些毒物在体内分解，转化为无毒物质，自行解毒。例如，$SO_2$进入植物叶片内形成毒性很强的亚硫酸和亚硫酸根离子，亚硫酸根离子能被植物本身氧化并转变为硫酸根离子，硫酸根离子的毒性比亚硫酸根离子的毒性小 30 倍。这样，植物就能自行解毒，避免受害。

影响植物消除大气污染能力的因素有很多，归结起来主要有三点：①植物的种类。不同植物种类净化大气污染物的能力不同。例如，木槿和雀舌黄杨对氯气的净化作用就强于龙爪柳和夹竹桃。而一般情况下，阔叶树比针叶树吸收 $SO_2$ 的能力强。②污染源的距离。一般情况下净化效果与污染源距离成反比，即离污染源越近，净化效果越好，离污染源越远，净化效果越差。③污染物的浓度。一般情况下，植被的净化效应与有毒气体的浓度成正比，即浓度越高净化效果越好，但其浓度不能超过植物的忍受程度，否则将对植物造成危害。

3. 减少土壤和水体环境污染

植物具有固定、吸附、吸收分解土壤环境中污染物的能力，从而可以降低或消除土壤环境污染程度。其途径和机制主要包括五个方面：①植物对污染物的黏附和固定，即植物在新陈代谢的过程中，从体表和根系中分泌大量黏性物质，这些物质可以对污染物进行黏附和固定，从而减少污染物的毒害和影响。②对污染物的吸收同化，即植物在生长过程中大量吸收土壤、水体中过多的氮、磷等，减少土壤氮磷过多对地下水的污染或水体的富营养化。植物的干物质中，95% 是碳、氮、磷等元素，植物每生产 100g 干物质，就要吸收利用 1 ~ 3g 氮、0.1 ~ 0.6g 磷。③植物在水体中可以降低水的流速，使水流携带的污染物发生沉积，从而减轻水体的污染浓度。④对污染物的分解或降解。例如，裸麦可以降解脂肪烃，水牛草可以降解萘等。某些污染物经植物吸收后可以转化为气体物质，最后释放到大气中，这种解毒净化的方式称为植物挥发。例如，植物可以吸收 $Hg^{2+}$，在体内转化为 $CH_3Hg$，进而在微生物的辅助下将其还原为 Hg，成为蒸汽从土壤中释放出来。除了汞之外，可以发生类似作用的还有硒。⑤对污染物的富集提取作用，即很多植物在污染环境中都能吸收一定量的污染物，有的植物对某些污染物具有很强的富集作用。被植物吸收或富集在植物体内的污染物，主要是重金属，可以通过枯萎凋落或收割利用等方式使之离开受污染土壤，从而减轻土壤的污染程度。因而，利用富集植物对污染物专性吸收的性能，将土壤和水体中的有害污染物转移和储藏到植物的茎叶中，通过收割茎叶搬运处理，从而达到净化污染物的目的。

4. 屏蔽环境噪声

森林具有减弱噪声的作用。据研究，宽度为 50m 的绿化地带，交通噪声可下降 20 ~ 30dB，为人类提供安宁、舒适的工作、学习环境。人们把森林比喻为"噪声隔音板"，是森林减弱噪声的形象表述。事实上，人类采用森林降低噪声强度已取得明显的效果。

汽车、建筑业等的发展，使城市噪声污染问题愈显突出。噪声污染的控制有多种措施，包括草地在内的植被作用也十分重要。据相关研究，草坪植物具有良好的吸音效果，能在一定程度上吸收和减弱 125 ~ 8000dB 的噪声。乔、灌、草结合其效果更好，据北京市园林研究所测定，20m 宽的草坪，可减噪声 2dB 左右。在国外有一些飞机场，用草坪建设机场地面，既可减少飞机场的扬尘，又能减缓噪声。

影响植物减污能力的因素很多：①植物的种类，即不同植物消除污染物的种类、途径和能力有很大差别。例如，灯芯草等对酚的净化能力较强，香蒲和眼子菜对石油废水的有机污染物消污减污能力较强，眼子菜对 DDT 富集能力较强，山核桃比白栎消减镉污染的能力高五倍，紫云英富集硒的能力比滨梨高几十倍，等等。②污染物的种类，即有些污染容易被植物吸收、吸附、降解和转化，有些则不易受到植物的影响，或者说植物对其吸收、吸附和降解转化能力较弱。例如，大多数植物均可吸收利用土壤和水体中过量的氮、磷、钾，而只有少数专性富集植物能够对镉、铜、锰、锌等重金属污染物发挥作用，对于地膜等塑料污染物则几乎没有任何植物能够对其起到分解作用。③污染物的浓度，即污染程度低于植物的耐受能力时，植物能够较好地发挥净化作用，如果污染浓度超过了植物的耐受程度，植物不仅不能发挥其净化作用，反而还会受到伤害。④环境条件，如阳光照射强度、土壤水分含量、土壤酸碱度、阳离子代换量、土壤质地等，都会影响植物对污染物的净化能力。

值得注意的是，植物对污染物的吸收和同化作用，很多情况下还会导致某些污染物在植物体内的滞留和富集，如果这种植物被人类或其他生物作为食物利用，将引起新的污染和毒害，造成二次污染。因此，利用植物消除土壤环境污染时，除了应根据污染物种类选用最适合的植物外，避免其二次污染也十分重要。

### （五）改良土壤，促进土壤发育

#### 1. 土壤的形成和改良

土壤的形成和发育是生物与环境相互作用、共同发展的产物，并主要由生态系统中的生物作用维持更新。其过程是：①植物枯死、衰老以后都要回到土壤中去，经过分解者的分解后，成为土壤有机物质的重要来源。②根系的分泌作用改善了根际的微环境，为土壤微生物的活动创造了条件，微生物的氧化、还原、分解等作用成为土壤物理、化学性质改变和土壤结构改良的重要生物条件。

#### 2. 促进土壤发育

草地植被在土壤表层下面具有稠密的根系并残遗大量的有机质。这些物质在土壤微生物的作用下，可以改善土壤的理化性状，并能促进土壤团粒结构的形成。

#### 3. 生物固氮作用

草地中的豆科牧草，根系上生长大量的根瘤菌，具有固定空气中游离氮素的能力，可为草地生态系统提供大量的氮肥。因此，具有改良土壤的作用。以豆科牧草为主的草地，平均每公顷每年可固定空气中氮素 150～200kg。例如，生长3 年的紫花苜蓿草地可形成氮素 150kg，相当于 330kg 的尿素。

# 第二节　生物自我修复

生物作为地球上的主要生命形式之一，在环境的长期自然选择下，大多对环境变化具有自适应和自调节能力。当环境条件不利于其生存和发展时，大多数生物会调整自身的生存和繁衍方法，以减少受害程度或增加生存的概率；而当环境有利于其生存和发展时，生物会对所受伤害进行自我修复，并采取一些新的生存和繁衍策略，以迅速扩大其种群数量并且占据有效资源。

## 一、植被自我修复的主要表现

虽然自然界的植物种类数以万计，但其生命形式多种多样，因此不同的植物群落对环境的适应方式和能力更是千差万别，但是大多数植物在受到自然和人为干扰的情况下，会表现出相同或类似的受害方式，在自然和人为干扰消除以后，又会展现相同或类似的修复途径，只是不同植物所表现出的受损程度或修复的起点、速度有所差别而已。在大多数情况下，退化植被的自我修复主要表现在以下几个方面。

## （一）植物种群在流沙裸地中迅速蔓延，覆盖地表

严重的滥垦、滥牧和滥伐，会导致植被的严重破坏，甚至造成流沙和裸地。在外界干扰消除之前，这些流沙裸地一般植物种类和个体很少，地表裸露。但在外界干扰消除以后，无论气候条件是否改善，大部分流沙裸地都会逐步被植物占据，植物种类和种群数量明显增加，地表也会被植被覆盖。在流沙裸地上迅速出现的植物种中，一般都以一年生植物为主。

但是，土壤基质不同，其所出现的植物种类有很大差别。例如，在半干旱地区的科尔沁沙地，在沙质草甸土的裸地斑块中，最先出现的植物多为一年生的禾本科植物，如画眉草、虎尾草、狗尾草等，而在流动沙丘上，最先出现的植物种主要是藜科的一年生植物沙米，伴生种为狗尾草。其中，沙米属于沙地的先锋植物，无论是原生演替，还是次生演替，大部分流动沙丘植被恢复的起点都是沙米，而虎尾草、画眉草只是当地退化草地沙化前某一阶段的优势种。

## （二）植物生长旺盛，个体增大

在放牧、樵采、砍伐等人为干扰下，大多数退化植物会出现枝叶稀疏、生长不良、生产力下降、无花少果的现象。而在外界干扰消除以后，退化植被中的大多数植物会表现出生长速度加快、分枝数量增加、个体增大、生长繁茂、枝叶稠密的迹象，整个群体显示出生机勃勃的景象。这种现象，无论气候条件是否会有所改善，都会出现。但是，如果在人为干扰排除的同时，气候条件又有所改善，这种现象将更加明显，如果气候条件没有改善，还略有恶化，这种现象依然会出现，只是表现程度会有所降低。

## （三）植物种群中幼苗比例增加，年龄结构趋于合理

对于多年生植物来说，如果生态环境明显恶化或受到人类活动的强烈干扰，其繁殖能力都会减弱，群落中实生苗或新生根茎苗数量就会减少，一些乔木或灌木种甚至多年不会出现实生苗，植物种群年龄结构呈倒金字塔形，呈现衰退性。这时，群落中以老龄植株为主，种群缺乏更新能力。在环境得到改善或人类干扰消除之后，植被在修复过程中多年生植物的繁殖更新状况会明显改善，群落中的实生苗或新生根茎苗就会增加，种群年龄结构发生逐步逆转，由倒金字塔形变为正金字塔形，群落中幼龄植株会逐步占据优势，呈现发展趋势。

影响植物更新的因素很多，除了自然因素外，植物种类、年龄结构、分布格局是最重要的因素。相比之下，在多年生植物当中，乔木的繁殖系数相对较低，繁殖周期较长；大多数灌木的繁殖系数较高，而且很多灌木也具有种子繁殖、根

茎繁殖、劈蘖繁殖等多种繁殖方式；草本植物的自然更新能力较强，其繁殖周期短，繁殖率高，而且很多植物具有多种繁殖方式。因此，在退化植被修复过程中，一般情况下，乔木的修复进程较慢，草本植物的修复进程相对较快。植物的分布格局也对植物的更新和扩散有很大影响，因为很多植物的种子散播距离较近，一些靠营养繁殖的植物蔓延范围更是有限的，这时如果植物分布较为均匀，则有利于植物的扩散和植被修复，如果聚集分布则植被修复速度受到限制。

### （四）种的丰富度增加，群落结构趋于复杂

对于大多数退化植被来说，消除外部干扰以后，无论气候条件是否会得到改善，在一定时期内群落中植物种的数量都会有增加的趋势，使群落结构趋于复杂化。这种物种多样性和群落结构的修复速度，不但会受气候变化的影响，而且随其所处退化阶段和环境条件的不同而有很大的差异。一般情况下，修复早期其物种丰富度相对增加较快，修复后期物种丰富度相对增加较慢，退化程度越严重，修复速度越慢，退化程度越轻，修复速度越快。另外，物种数量的增加一般先以一年生或越年生植物种为主，之后多年生植物逐步增加。

### （五）群落处于修复演替阶段

在植被消除干扰后，随着环境的改善和植被修复过程中植物种间竞争的加剧，各种植物在群落中的地位就会发生改变。一些早期占优势的种，随着在群落中地位的减弱，而变为非优势种，甚至消亡，而另一些种则因在群落中作用的增强，而升为优势种。这时，群落就出现了修复演替。修复演替是植物群落自修复和自发展的明显标志，每一次修复演替的发生，均说明群落修复又递进了一步。如果植被始终处于没有外部干扰的情况下，在区域气候的控制下，退化植被修复演替的终点是区域气候顶极群落或偏途顶极群落。

## 二、退化植被的自我修复机理

在外部干扰消除以后，退化植被之所以能够显现自我修复作用主要是因为其具有如下机制：

### （一）在土壤中储存了大量种子，为植被修复奠定了物质基础

不论是陆生植物，还是水生植物，大多数植物都具有种子繁殖能力。这些具有种子繁殖能力的植物，繁殖能力强弱不同，有些种子繁殖量较高，可以高达数万个，有些植物种子繁殖能力较低，只有几十个甚至几个。但无论其繁殖能力高

低，绝大多数植物产生的种子都会落到地面，进入土壤，并被保留在土壤之中。因此，土壤成为植物种子的保存库，即成为人们常说的土壤种子库。由于不同植物的寿命有很大差别，如一些植物种子的寿命可长达几十年甚至几百年，而也有一些植物的种子只能保存几年甚至几个月。因此，在土壤种子库中积累了不同年份形成的种子，数量极大。在退化植被的土壤中，甚至在流沙裸地中植物种子的数量仍然很大，表层土壤中的种子库数量也可达数百至上千个。这些土壤种子库中的种子被认为是一种潜在植被，是退化植被，特别是严重退化植被迅速修复的重要种源。一些研究结果已经表明，植物地上幼苗群落的密度与土壤种子库密度存在显著相关性。其中，在地上幼苗与土壤种子库的关系中，一年生植物和多年生草本植物表现更为密切。这说明，当外界人为干扰排除以后，或当环境有所改善时，土壤种子库中的植株种子就会迅速萌发，将潜在植被变为现实植被。土壤种子库的这种作用，是退化植被得以迅速修复的物质基础，也是决定退化植被修复进程和速度的主要内在因素之一。

## （二）灌丛的保种作用及其种源特性

灌丛是一类没有主干或主干不明显，茎干矮小，树高一般低于3m、枝叶稠密的木本植物。无论是在湿润地区，还是在干旱地区，都存在大量灌丛。通过野外观察发现，退化植被，特别是退化草地或沙地植被中，虽然草本植物退化很严重，有些地方甚至接近流沙裸地，但有时还会残留灌丛，而且在灌丛下还有一些生长发育较好的草本植物。当外界干扰排除或外界条件改善后，不但灌丛本身会通过各种途径进行扩散，而且灌丛下的草本植物也会迅速从灌丛下向外扩散。此现象说明，在外部干扰较为强烈的情况下，这些灌丛具有明显的保种作用，而在外部环境得以改善时，其冠层下的草本植物就会向外蔓延，使之成为植被修复的重要种源。显然，灌丛的这种保种和"种源"作用不仅对于防止外界干扰对草本植物的彻底破坏起到一定的保护作用，而且对于退化植被的自我修复具有重要意义。

灌丛之所以在植被退化及修复过程中起到保种和种源作用，其机制主要有以下几点：①由于灌丛具有稠密枝叶，因而其林冠下的小气候较灌丛外要好，特别是在环境恶劣的干旱、半干旱风沙区，灌丛枝条既可以有效防止风沙流对林冠下草本植物的打磨，又可减轻地面高温对草本植物的灼伤，因而对草本植物的保护作用更为明显。②很多灌木种具有稠密枝条，而一些灌木枝条上长有尖刺，所以可以有效保护冠层下草本植物免受或少受家畜啃食。一般情况下，枝条越稠密，尖刺越多，对其林冠下草本植物的保护作用越强，反之则越差。③灌丛具有拦截凋落物、降风滞尘的作用，因而灌丛的冠层下面凋落物的数量、有机质含量以及土壤细顺粒含量往往较高。另外，灌丛的根系也具有一定的改土作用。因此，灌丛下的土壤较冠层外面具有更高的肥力，形成肥岛效应，促使草本植物的定居和生长。

### （三）改变繁殖、生长方式，以促进自我修复

为了适应环境的变化和取得较好的生长效果和繁殖效率，大多数植物在不同环境条件下会采取不同的生长、繁殖方式。无论是多年生植物还是一年生植物，在受到环境胁迫时都会将更多的物质和能量用于营养生长，以增强存活概率，而环境改善时会将更多的物质和能量用于生殖生长，以提高繁殖效率。多年生植物，在恶劣环境中会更多地采取无性繁殖方式，以保证繁殖的有效性，而在环境条件改善时，则更多采取有性繁殖方式或有性无性相结合的繁殖方式，以提高繁殖效率。

此外，在恶劣环境下植物结的种子硬实率较高，其种子萌发具有分批性，以躲避环境多变造成种子和幼苗的损失，在良好环境下植物结的种子硬实率会有所下降，其种子萌发整齐性较高。研究结果表明，在环境胁迫中，大多数植物会加快根系生长，并将更多的物质和能量用于根系生长，以使在环境改善的情况下，植物会加快上部的生长，并将更多的物质能量分配于地上生长。

# 第三节　植物与微生物的修复机理

污染土壤的植物修复，是受污染生态系统人工修复的重要途径之一。而污染环境的植物修复与植物种类及其生理生态学特征密切相关。掌握植物对污染物质的吸收、固定、转化与积累功能的生理生态学理论，对于指导污染环境的植物修复具有重要意义。微生物是生态系统中的分解者，不仅在生态系统的物质循环和能量流动中扮演着重要的角色，而且对于净化环境，维持生态系统的健康发展具有重要意义。了解微生物的一些重要生态功能，对于在生态系统修复中有效发挥其作用是有益的。

## 一、植物修复的生理生态学原理

污染环境的植物修复是利用植物及其根际圈微生物体系的吸收、挥发和转

化、降解的作用机制来清除环境中污染物质的一项新兴的污染环境治理技术。具体来说，就是利用植物本身特有的利用污染物、转化污染物的能力，通过氧化—还原或水解作用，使污染物得以降解和脱毒；利用植物根际圈特殊的生态条件加速土壤微生物的生长，显著提高根际圈微环境中微生物的生物量和潜能，从而提高对土壤有机污染物分解作用的能力以及利用某些植物特殊的积累与固定能力去除土壤中某些无机和有机污染物的能力，被称为植物修复。

## （一）修复植物对污染土壤的治理

修复植物对污染土壤的治理是通过其自身的新陈代谢活动来实现的。植物为了维持正常的生命活动，必须不断地从周围环境中吸收水分和营养物质。根是植物吸收水分和营养物质最主要的器官，这是因为植物的水分和矿物质元素等主要来源于土壤。

植物对污染物质的吸收源于三种情形：①"躲避"作用，即在植物根际圈内污染物质浓度较低时，依靠自身的调节功能完成自我保护，也可能无论根际圈内污染物质浓度有多高，植物本身就具有这种"躲避"机制，可以免受污染物质的伤害，但这种情形可能很少。②植物通过适应性调节，对污染物质产生耐性，吸收污染物质。这时植物虽也能生长，但根、茎、叶等器官以及各种细胞器受到不同程度的伤害，生物量下降，此种情况可能是植物对污染物被动吸收的结果。③植物能够在土壤污染物质含量很高的情况下正常生长，而且生物量不下降，如重金属超积累植物及某些耐性植物等。

植物根系对污染物质的降解在污染土壤修复中起重要作用。植物的根系在从土壤中吸收水分、矿物质，合成多种氨基酸植物碱、有机氮和有机磷等有机物的同时，也向根系周围土壤分泌大量的糖类物质、氨基酸、有机酸和维生素等有机物。这些物质既能不同程度地降低根际圈内污染物质的可移动性和生物有效性，减少污染物对植物的毒害，也能刺激某些土壤微生物、土壤动物在根系周围大量地繁殖和生长，这使得根际圈内微生物和土壤动物数量远远大于根际圈外的数量。而微生物的生命活动如氮代谢、呼吸作用和发酵及土壤动物的活动等，对植物根也产生重要影响，它们之间形成了互生、共生、协同及寄生的关系。

生长于污染土壤中的植物通过根际圈与土壤中污染物质接触，通过植物根及其分泌物质和微生物、土壤动物的新陈代谢活动对污染物产生吸收、吸附等一系列行为，在污染土壤植物修复中起着重要作用。另外，植物根系的生长也能不同程度地打破土壤的物理化学结构，使土壤产生大小不等的裂缝和根槽，这可以使土壤通风，并为土壤中挥发和半挥发性污染物质的排出起到导管和运输作用。

进入植物体内的污染物质在植物的代谢过程中会通过分泌、挥发等途径排到体外。分泌的器官主要是植物的根系和茎、叶，分泌的物质主要有无机离子、糖类、植物碱、萜类、单宁、酶、树脂和激素等生理上有用或无用的有机化合物，以及一些不再参加细胞代谢活动而需要去除的物质，即排泄物。挥发性物质除随分泌器官的分泌活动排出体外以外，主要是随水分的蒸腾作用从气孔和角质层中间的孔腺扩散到大气中。进入植物体内的污染物质虽可经生物转化过程成为代谢产物，并经排泄途径排出体外，但大部分污染物质与蛋白质或多肽等物质具有较高的亲和性而长期存留在植物的组织或器官中，在一定的时期内不断积累增多而形成富集现象，还可在某些植物体内形成超富集，这是植物修复的理论基础之一。但是，当这些污染物质含量在植物体内超过临界值后，就会对植物组织、器官产生毒害作用，进而抑制植物生长，甚至导致其死亡。在这种情况下，植物为了生存，也常会分泌一些激素（如脱落酸）来促使其积累量高的污染物质的器官如老叶加快衰老而脱落，重新长出新叶用以生长，进而排出体内有害物质，这种"去旧生新"的方式也是植物排泄污染物质的一条途径。

## （二）选择修复植物及强化修复作用

受损生态系统生物修复的重要途径是利用植物对污染环境进行的修复。而选择或培育修复植物，并采取有效措施强化其对污染物的吸收积累、降解、转移等作用，是人工修复污染的重要工作。

### 1. 选择与培育修复植物

筛选修复植物是生物修复的首要工作。由于修复植物必须能在特定的污染环境、特定的污染土壤上生长，因此应尽可能筛选与特定污染土壤条件相一致的修复植物或从污染现场去寻找在污染条件下可以生长的修复植物。如果满足不了这一要求，也应该尽可能地人为模拟，以便筛选出的修复植物更有实际应用的价值。当选定了修复植物的种类之后，可以通过人工培育的方法提高其修复性能。选育工作的效率和水平影响很大的是选育目标的确定，要根据植物修复的各种作用方式和修复植物的一些缺陷来确定选育目标。根在植物修复中的作用是至关重要的，根系吸收表面积大小、根系分布情况、根系分泌能力及特性等涉及对污染物质的吸收降解及根际圈微生物区系的繁殖能力的因素，都会直接影响到植物吸收吸附污染物的性能，因而根系表面积、根系分布方式及根分泌特性等根部性状是重要的选育目标。叶片是植物重要的自发和排泄器官，同时较大的叶面积及较长的光合作用时间也利于植物的蒸腾作用和生物量增加，叶面积指数和功能叶片寿命长短也是重要的选育目标。茎主要起到水分和物质运输的作用，同时是多数植物保持整株直立的关键因素，因而发达的茎组织和抗倒伏能力是必不可少的选育目标。对于提取污染物的植物来说，生物量越高越能提高修复效果，而生物量通常与株高成正比，因而株高也是重要的选育目标。

植物提取需要有超量积累植物。根据美国能源部的标准，筛选超量积累植物用于植物修复应具有以下几个特征：①即使在污染物浓度很低时也有较高的积累速率。②能在体内积累高浓度的污染物。③能同时积累多种污染物。④具有抗虫和抗病能力。⑤生长快，生物量大。

### 2. 促进修复植物的早萌快发

修复植物大多数为野生植物。野生植物的种子一般较小，发芽率低，既不容易播种，也不容易保护全苗。在这种情况下，可应用种子包衣技术，在种子外部包上一层拌有一定数量微肥和农药的包衣剂，即使种子个体增大，便于播种，也有利于种子吸水萌发和苗期生长。为了提高修复植物的生物量，还可以适时适量进行灌溉和施肥，并进行必要的病虫害防治。

### 3. 修复植物的搭配种植

对于污染土壤来说，多数情况是几种污染物质混合在一起的复合污染，如果待一种污染物质治理后，再种植另一种修复植物去治理另一种污染物质，既费时又费力。因此，根据污染物的种类，将几种具有相应修复功能的植物进行搭配种植，可以同时对复合污染进行治理，不仅有利于提高修复效率，而且可以节约财力、物力和时间。

## 二、微生物的生态修复功能

### （一）微生物的营养类型和营养需求

#### 1. 微生物的营养类型

微生物的种类繁多，主要有细菌、真菌和原生动物几大类，各种微生物对营养的需求也有很大不同。根据微生物最初获得能源的方式不同，可分为光能菌和化能菌，前者利用光能，后者利用氧化无机物或有机物产生的化学能。从摄取碳源形式的不同，又可分为自养菌和异养菌。自养菌又称无机营养菌，它是利用空气中的 $CO_2$ 或环境中的碳酸盐作为合成细胞中的唯一碳源。异养菌又称有机营养菌，主要利用有机形式的碳作为碳源。根据摄取碳源和最初获取能源方式的不同，微生物又可再分为光能自养菌，如蓝细菌、绿硫细菌、紫硫细菌、藻类等；化能自养菌，如硝化细菌、铁细菌、硫化细菌、氢细菌等；光能异养菌，如紫色非硫细菌等；化能异养菌，包括绝大多数细菌和全部真核微生物。在生态系统或污染环境中，担负有机物降解的微生物都是化能异养菌和光能异养菌。

2. 微生物的营养需求

微生物的营养物主要包括碳、氮、生长因子、无机盐和水。碳主要来源于大气 $CO_2$、无机碳和有机碳。对于异养微生物来说，其碳主要来源于有机物，而不同种类的微生物利用有机碳的能力也有所不同，如洋葱假单胞菌可从 90 多种有机物中摄取碳。在各种碳源中，单糖、双糖、淀粉、醇类、有机酸脂肪、纤维素较为容易被微生物利用和分解。

氮是微生物合成蛋白质和核酸必需的物质，而蛋白质是微生物细胞中主要的结构物质，核酸是细胞中重要的遗传信息物质。环境中的氮源主要来自铵盐、硝酸盐和蛋白质分解产生的氮。含氮有机化合物，如有机农药、有机染料也可为微生物提供氮源。在有机污染环境中，氮源经常是微生物种群生长的限制因子。人们经常用碳氮比来判断氮源供应是否充足。为了污染物安全迅速降解，一般要求碳氮比例为 200 : 1 ~ 10 : 1。

生长因子是指那些需求量很少，但缺少它们微生物则不能生长和繁殖的物质，如氨基酸、嘌呤碱和嘧啶碱以及维生素等。在自然环境中，大多数微生物可以自己合成生长因子，但也有一些微生物需要其他微生物合成自己所需生长因子进行生长和繁殖，如乳酸菌就需要多种外源维生素供应。

微生物还需要氮素以外的其他矿物元素，如磷、硫、钾、钠、钙、镁、铁、锌、硒等。这些元素或构成细胞内的生物分子，或参与细胞的生理代谢。微生物需要的这些元素可从环境中的矿物盐中获得，也可从一些有机杀虫剂中获取。

水在微生物生长繁殖中具有重要作用，水分不足或水分过量对于微生物的生存繁衍或生物降解都是不利的。

## （二）微生物对污染环境的修复作用

微生物能够从有机、无机物中获取所需养分，因而对某些污染物具有降解、去毒等作用，起到净化环境的效果。

1. 微生物对污染物的降解作用

降解微生物种类繁多，如细菌、真菌和藻类都可以降解有机污染物。其中，细菌是降解有机污染物的主力军。由于不具有细胞核的一类微生物都归入细菌之列，所以细菌种类很多，能够降解污染物的细菌种类也很多。例如，埃希氏菌属、肠杆菌属、气单胞菌属的细菌可以降解林丹、DDT 和 PAHs；假单胞菌属、甲基球菌属、甲基单胞菌属的细菌能够对石油烃、苯甲酸、氯苯、有机磷农药、甲草胺等污染物起到降解作用；属于放线菌的棒杆菌属、节杆菌属、放线菌属、诺卡氏菌属的细菌可以降解 PCBs、氯代脂肪烃、烷基苯等。真菌和藻类也具有降解有机污染物的能力，在净化污染环境中发挥着重要作用。藻类主要生活在水中，主要利用 $CO_2$ 合成有机物，但在黑暗时也会利用少量有机物，在自然界藻类和菌类共栖降解有机物。如假丝酵母属、丝胞酵母属的大部分酵母菌都可降解石油烃，小球藻对 33 种偶氮染料中的大部分都有一定的脱色作用。

2. 微生物的去毒作用

微生物除了对污染物具有降解作用外，另一个重要作用是可以使污染物的毒性降低，使污染物在毒性上发生改变，即所谓去毒作用，去毒作用是指在微生物的作用下污染物的分子结构发生改变，从而降低或去除其对人、动物、植物和微生物等敏感物种的有害性。

促使活性分子转化为无毒产物的酶反应通常在细胞内进行，形成的产物通常有三种转归方式：①直接分泌到细胞外。②经过一步或几步特殊的酶反应，进入正常代谢途径，然后以有机废物的形式分泌到细胞外。③进入正常代谢途径后以 $CO_2$ 的形式释放出来。

微生物对污染物的去毒作用可以通过多种途径实现：①水解作用，即在微生物的作用下，脂键或酰胺键水解，使毒物脱毒。例如，有机磷农药马拉硫磷在羧酯酶作用下，水解成一酸或二酸。②羧基化作用，即在微生物作用下，苯环上或脂肪链上发生羟基化，即由 OH 代替 H，使污染物失去毒性。③去甲基或去烷基作用，即许多杀虫剂含有甲基或其他烷基，这些烷基与氮、氧和硫相连，在微生物作用下会脱去这些基团变为无毒性的。④脱卤作用，即许多杀虫剂和有毒工业废物含有氯或其他卤素，去除卤族元素可以使有毒化合物转化为无毒产物。⑤甲基化，即对有毒的酚类加入甲基可以使酚类钝化。例如，广泛使用的杀菌剂五氯酚以及四氯酚，甲基化后形成无毒的物质。⑥其他途径，例如，将污染物的硝基还原为氨基，或通过脱氨基，使其毒性降低等。

但是，并不是所有的反应都有去毒作用，有一些反应的产物比前体化合物的毒性更强。而且毒性的含义是有范围、有条件的，对某一种物种是无毒的，但对另一种可能是有毒的，所以在使用之前要考虑周全，防止二次污染的发生。

### （三）改良土壤，促进植物生长

1. 固氮作用

氮素是植物正常生长发育所不可缺少的养料，因为没有氮素植物便不能合成生物细胞的蛋白质。植物对于氮素的需求量很大，农作物要想达到高产，土壤持续供应氮量非常重要。但由于岩石中基本上不含氮素，土壤的氮素成分不能从成土母质中得到，因而土壤中贮藏的可供植物利用的氮素非常有限。空气中约80%是氮气，相当于每公顷土壤上空的大气柱中含有分子态氮约80 000t，但是植物却不能从大气中直接利用。土壤中有一类微生物，能直接吸收空气中的氮气作为氮素养料，把氮转化为氮的化合物或蛋白质，在它们死亡和分解后，这些氮素就能被植物吸收利用。这是土壤氮素的主要来源，也是大多数植物合成有机蛋白质的氮素养料。能固氮的这类微生物被称为固氮菌，其吸收利用空气中氮气的作用称为固氮作用。

固氮菌分两类，一类是单独生活在土壤里的能独自固定氮气的细菌，称为自生固氮菌或非共生固氮菌；另一类是生长在植物体内的与植物有共生关系的固氮菌，这种固氮菌只有在与植物共生情况下才能进行固氮，这种固氮菌称为共生固氮菌。

共生固氮菌与植物存在四种共生固氮关系：①形成菌根的根菌，如与兰科、杜鹃科植物形成菌根的甜菜茎点霉的固氮能力较显著，在100g无氮培养基中培养，能固氮10.52mg。②与豆科植物共生的根瘤菌，它们生活在豆科植物的根瘤中，与豆科植物形成共生关系，并固氮。③与非豆科植物形成根瘤的微生物，如非豆科植物马桑和橙木也能形成根瘤并固氮。④形成叶瘤的固氮细菌，如茜草科和薯蓣科的个别热带植物种类能在叶上形成叶瘤，这些叶瘤也具有固氮作用，如茜木的叶瘤中含有和根瘤菌相类似的细菌，能固定氮素。非共生固氮菌包括多种细菌、放线菌、真菌、酵母菌等，如好氧型的固氮菌、厌氧型的梭菌能利用其呼吸作用中的能量，直接将空气中的氮合成蛋白质。非共生微生物的固氮量相当大，约为$2 \sim 56$kg($/hm^2 \cdot a$)。微生物的固氮作用将使土壤中的含氮量明显增加，从而可以有效促进植物的生长。

2. 改良土壤，增加土壤肥力

相关研究表明，土壤中的微生物长期作用于土壤，可改良土壤，增加土壤肥力。土壤微生物的这种作用源于三种机制：①土壤中的微生物数量极其巨大，在肥沃的土壤中每克有细菌54万个，最多时有1亿个细菌存在。微生物个体虽小，但其合成的生物量是不可忽视的。有人估算，在生长紫花苜蓿的黑钙土中，每公顷的细菌数量高达 8000kg，而一般农田土壤平均也有 500kg 以上。这样巨大的微生物生物量对于增加土壤有机质，改善土壤肥力无疑起着重要的作用。②分解动物尸体、粪便、植物的凋落物和施入土壤中的有机肥料，释放出营养元素，供作物利用，并且形成腐殖质，同时对大量植物残体进行腐殖质化，促进土壤团粒结构的形成，改善土壤的理化性质，提高土壤蓄水力，增加土壤肥力。③分解矿物质。例如，磷细菌能分解出磷矿石中的磷，钾细菌能分解出钾矿石中的钾，以利于作物吸收利用。

3. 促进植物生长，提高植物抗旱能力

大量研究表明，某些微生物对于植物生长具有明显的促进作用，提高植物的生产能力；有些微生物可以提高植物的抗逆性和竞争能力。

微生物之所以能够促进植物的生长，提高植物的抗旱性和竞争力，其主要原因有：①某些微生物具有固氮作用，能够为植物生长提供更多的养分。例如，豆科植物根瘤菌的固氮作用不仅可以促进豆科植物本身的生长，还可促进其他共生植物的生长。②某些微生物，如丛枝菌根菌可以提高植物对水分的吸收，从而可以增强植物的抗旱性和竞争能力。③某些微生物可以促进植物对营养元素的吸收。例如，丛枝菌根菌对植物产量的促进作用就主要是由于丛枝菌根菌促进植物对磷元素的吸收。④某些微生物，如菌根菌的入侵，可以降低植物叶面气孔阻力，增强植物的蒸腾作用，提高植物水势，从而影响植物对水分的吸收和敏感性。

4. 防治草地或农田毒害杂草

杂草生物防治的重要内容之一是利用微生物防治草地或农田毒害杂草。用来防治毒害杂草的病原微生物一般寄主范围狭窄或专一，以保证对其他植物无害。如澳大利亚利用锈菌防治灯芯草粉苞苣，该种锈菌在田间传播速度很快，很快就可控制该种杂草的危害。在我国北方的天然草原，已经发现防除醉马草的锈菌、白粉菌和黑粉病等专性寄生菌，从而使醉马草的生物防治成为可能。

# 第四节　人工生态修复的物理、化学机理

受损生态系统的人工修复除应用生物修复外，更多的是采用机械修复和化学修复的方法。了解生态修复的物理、化学原理，对于科学选用相关方法，提高应用成效是有益的。

# 一、人工生态修复的物理学原理

在生态修复中，应用物理和机械方法的事例很多，如水土保持中的土谷坊、沟壑土坝等工程的建设，沙漠化防治中黏土覆盖、污染土壤治理中物理固化与分离技术的应用、草方格等机械措施的应用等。下面介绍几项森林植被生态修复中的物理学原理。

## （一）森林植被风沙治理中的力学原理

### 1. 力学原理

森林土地沙漠化的主要特征之一是土壤风蚀和风沙流活动。沙是土壤风蚀和风沙流形成和运动的物质基础，风是风沙流形成和运动的自然动力。当达到一定风速（不小于 5m/s）的风作用于裸露沙地表面时，就会引起风蚀和风沙流运动。大范围的土壤风蚀和风沙流活动，就会造成土地沙漠化和风沙环境。

土壤风蚀和风沙流活动是以风作为动力的。当风速不小于 5m/s 时，随着风力的增强，土壤风蚀和风沙流活动加剧。但是，土壤风蚀和风沙流活动不仅取决于土壤质地和风速，更取决于地面植被状况，即地面的粗糙度。地面越粗糙，粗糙度越大，摩擦力越大，风速越小。

实验观测表明，风沙流活动主要发生于近地面层，尤其是近地面 20cm 以内。其原因是：①沙质土壤以粒径 0.05 ~ 0.5mm 颗粒为主，而这种小的土壤颗粒主要以跃移方式运动，不可能距地面很高。近地面层运动的风沙流对环境危害极大。当风速增加时它会引起新的风蚀，而且风蚀力要强于净风几倍至几十倍。当风速下降或遇到障碍物时，风沙流携带的沙就会沉积，形成积沙，危害道路和屋舍等。但风沙流近地面运动，对于风沙防治来说相对也比较容易。②如果没有特别强劲的风力，沙粒因重力作用而不可能飞得很高，即使风力很大，因风沙流强度很大而使沙粒相互碰撞机会增加，导致能量消耗而不能飞得很高，飞得很高的只能是粒径不大于 0.001mm 的土壤黏粒。

### 2. 力学原理的应用

风沙力学的原理告诉我们，增加地表覆盖，提高地面粗糙度，不仅可以有效地降低风速，减少土壤风蚀，而且可以阻止风沙流运动，减轻风沙流危害。在风沙环境治理中，建立人工植被，设置各种沙障、农田覆草等措施，其主要作用就是降低风速，减轻风对地面的直接作用或阻止风沙流动，固沙阻沙，减少风沙流动的危害。

（1）机械阻沙

机械阻沙主要指高立式沙障，包括高立式阻沙墙、高立式栅栏和高立式阻沙板等。其中栅栏作为一种高立式沙障，是采用高秆植物或作物，如灌木枝条、玉米秸、芦苇等，直接栽植于沙面上，埋入深度 30 ~ 50cm，外露高度 1m 以上。或将这些材料编制成笆块，钉在木框上，制成防沙栅栏。目前，也有用尼龙网制成栅栏用于防风阻沙的。

栅栏的防风阻沙效果与其结构密切相关，其中栅栏的孔隙度（栅栏孔隙面积与总面积之比）是影响其防护效果最重要的因素。从风洞流场测定结果来看，紧密性栅栏（孔隙度为 0）的背风区有一个大的涡流区，在栅栏上方有一个高速区，它们之间形成了一个很大的速度梯度，动量向下传输很强，这样导致背风区域风速恢复很快，防护范围降低。疏透性栅栏（孔隙度为 0.5）背风面不形成离开地表的等直线闭合区，且变化也缓慢得多。在栅栏上方的高速区，其范围也小得多，因而防护范围也明显较大。孔隙度为 0.5 ~ 0.6 的栅栏防护效果最好。

（2）机械固沙

这里所说的机械固沙，是用惰性材料如沙砾石、黏土和麦秸、稻草等覆盖流沙表面，或喷洒沥青乳剂等化学胶结物质固定流沙表面，在流沙表面形成切断层或阻断层，把气流与松散沙面隔离开来，流沙与风力作用接触面积减少，或在流沙表面形成胶结层，在风力作用下，由于沙面胶结而不会受到侵蚀，从而阻止了沙子的流动。

目前机械固沙最常用的方法是草方格沙障。风洞试验表明，设置草方格沙障后，改变了下垫面的性质，增加了地面粗糙度，增大了对风的阻力。当风沙流流经沙障时，障前、障后出现一个阻滞及涡旋减速区，加速了能量的损耗，从而达到固沙、阻沙的目的。

（3）输导沙工程

输导沙工程包括下导风、输沙断面和羽毛排等类型。它是通过一定的工程设计改变下垫面性质，或借助修筑的物体加速风沙流流速或改变其运动方向，从而达到减少风沙流沿程阻力，阻止气流分离发生，促进与加速风沙流，使沙子以非堆积搬运的形式进行疏导，顺利通过所保护的区域。

下导风工程又称聚风板工程，是由栅栏工程发展而来的，主要用于防治公路积沙或积雪。它由立柱、横撑木和栅板组成。栅板可由木板、芦苇、柳条制成。羽毛排导沙工程是我国风沙防治工作者发明的。它是根据道路、河流为防止洪水冲刷所设倒流堤的原理，采用"羽毛苇排"来导走风沙流，以保护路堑和隧道口不被风沙侵蚀。

## （二）污染土壤的物理修复原理及应用

污染土壤的物理修复方法包括物理分离修复、固化低温冰冻修复、蒸汽浸提修复和电动力学修复等。它作为污染土壤修复的一类新方法，近年来得到了迅速发展。这里只介绍其中几项常用方法及其原理。

### 1. 土壤污染物的物理分离原理与应用

土壤污染物的物理分离主要是基于土壤介质及污染物的物理特征不同而采用不同的操作方法使之发生机械分离。如依据分布、密度大小的不同，采用沉淀或离心分离；依据粒径大小，采用过滤或微过滤的方法进行分离；依据磁性有无或大小的不同，采用磁性分离；根据表面特性，采用浮选法进行分离。

物理分离技术主要用在污染土壤中无机污染物，特别是重金属的修复处理上。通过物理分离，从土壤、沉积物废渣中提取出重金属，清洁土壤，恢复土壤正常功能。其中，对于分散于土壤中的重金属颗粒，可以根据它们的颗粒直径、密度或其他物理特性，用筛分或其他重力手段去除铅，用重力分离法去除汞，用膜过滤法去除金和银。对于被土壤黏粒和粉粒所吸附的单质态或盐离子态重金属，物理分离技术能够将沙和沙砾从黏粒和粉粒中分离出来，将待处理土壤的体积缩小，使土壤中存在的污染物浓度浓集到一个高的水平，然后再采用高温修复技术或化学淋洗技术修复污染土壤。物理分离技术工艺简单，费用低，但需要挖掘土壤，因此修复工作所耗费的时间取决于设备的处理速度和待处理土壤的体积。

### 2. 土壤固化或稳定化修复技术及其原理

固化或稳定化技术中，固化的技术原理是机械地将污染物包被起来，固定约束在结构完整的固态物质中，通过密封隔离含有污染物的土壤，或者大幅降低污染物暴露的易泄漏、释放的表面积，从而达到控制污染物迁移的目的。稳定化是利用稳定剂来处理，如磷酸盐硫化物和碳酸盐等都可以作为污染物稳定化处理的反应剂，将污染物转化为不易溶解、迁移能力或毒性变小的状态和形式，即通过降低污染物的生物有效性，实现其无害化或者降低其对生态系统危害性的风险。固化或稳定化技术是防止或者降低污染土壤释放有害化学物质过程的一组修复技术，通常用于重金属和放射性物质污染土壤的无害化处理。稳定化不一定改变污染物及其污染土壤的物理、化学性质，它只是降低土壤中污染物的泄漏风险。但二者也紧密相关，常列在一起进行讨论。

固化或稳定化技术一般常采用的方法为：先利用吸附质如黏土树脂和活性炭等吸附污染物，浇上沥青，然后添加某种凝固剂或黏土合剂，使混合物成为一种凝胶，最后固化为硬块。凝固剂或黏合剂可以用水泥、消石灰、硅土、石膏或碳酸钙。凝固后的整块固体组成类似矿石结构，金属离子的迁移性大大降低，从而降低了重金属和放射性物质对地下水环境污染的威胁。固化/稳定化技术一般需要将污染土壤挖出来，在地面混合后，放到适当形状的模具中或放置到空地上进行稳定化处理，也可以在污染土地原位稳定处理。相比较而言，现场原位稳定处理比较经济，并且能够处理深度达到30米处的污染物。

3. 土壤蒸汽浸提修复技术及其原理

土壤蒸汽浸提技术是利用物理方法将不饱和土壤中挥发性有机组分（VOCs）去除的一种修复技术，它通过降低土壤孔隙的蒸汽压，把土壤中的污染物转化为蒸汽形式，主要适用于高挥发性化学污染土壤的修复，如汽油、苯和四氯乙烯等污染的土壤。土壤蒸汽浸提技术的基本原理是在污染土壤内引入清洁空气产生驱动力，利用土壤固相、液相和气相之间的浓度梯度，在气压降低的情况下，将污染物转化为气态后排出土壤。它利用真空泵产生负压，驱使空气流过污染的土壤孔隙而解吸并夹带有机组分流向抽取井，并最终于地上进行处理。为增加压力梯度和空气流速，很多情况下在污染土壤中也安装若干空气注射井。该项技术可操作性强，处理污染物的范围宽，可由标准设备操作，不破坏土壤结构以及对回收利用废物有潜在价值等优点，因其具有巨大的潜在价值已被应用于商业实践。

4. 电动力学修复技术及其原理

电动力学修复技术是从饱和土壤层、不饱和土壤层、污泥沉积物中分离提取重金属、有机污染物的过程。其基本原理是利用插入土壤中的两个电极在污染土壤两端加上低压直流电场，在低强度直流电的作用下，水溶的或者吸附在土壤颗粒表层的污染物根据各自所带电荷的不同而向不同的电极方向运动，土壤中的带电颗粒在电场内定向移动，土壤中污染物在电极附近聚集，这样就将溶解到土壤溶液中的污染物吸收到一起而去除。这项技术可修复的金属离子包括铬、汞、镉、铅、锌、锰、钼、铜、镍、铀等，有机物包括苯酚、乙酸、六氯苯、三氯乙烯以及一些石油类污染物，最高去除效率可达90%。

## 二、人工生态修复的化学原理

虽然引起森林植被退化的人为原因很多，但大致还是可以分为两类，即不合理土地利用引起的退化和污染引起的土壤退化。

### （一）退化、沙化土壤的化学修复原理

1.退化、沙化土壤的生物化学修复机制

人类的不合理利用容易引起土壤的退化、沙化。土壤退化的主要特征是土壤质地变差，肥力降低，生产力下降。沙化土壤是退化土壤中比较严重的一种形式，主要表现为：①土壤内聚力差、松散，易流动。②在风力作用下更容易发生风蚀，而且易干燥。③土壤粗化和贫瘠化。④生产力极其低下。

最好的修复退化、沙化土壤的生物化学方法是大量施用有机肥料。各种有机肥料包括生物体排泄物（如动物粪便、厩肥）和泥炭类物质和污泥等。

有机肥料培肥改土的机理有：①有机肥料生物体排泄物含有一定量的微生物，可加速植物残体的矿化过程，丰富土壤的微生物群落。②有机肥料含有有机酸，如乳酸、酒石酸等，可与重金属形成稳定性的络合物，改善重金属污染土壤状况，泥炭类有机物能够增加土壤的吸附容量和持水能力。③厩肥含有多量胡敏酸胶体，它能与黏粒结合，形成团粒，在酸性或石灰性土壤中，均能促进团粒结构的形成。有研究表明，以泥炭为垫料的猪厩肥用来改造有毒土壤，效果很好。④施用有机肥料，可以直接增加土壤有机质和养分含量，而土壤有机质含量和养分含量的高低，既关系到土壤的发育，又影响作物的生长。

实践证明，在农田中大量施用有机肥可明显改善土壤的理化性质和肥力状况。在风沙环境治理过程中，通过发展畜牧业的规模养殖来增加沙质土壤的有机肥施用量，不仅可大幅度提高产量和降低成本，还可有效防止土壤风蚀。

2.酸性土壤的化学修复

由于燃煤形成的酸雨现象在我国广泛存在，受酸雨污染影响的土壤和受其他重金属或有机物轻度污染的土壤，可采用施用有机物质、改良剂、黏土矿物等的方法，使退化土壤性能得以改善，或使污染物变成难迁移态或使其从土壤中去除。

石灰性物质是一种成本较低、使用方便的土壤化学改良剂。经常采用的石灰性物质有熟石灰、硅酸钙、硅酸锌钙和碳酸钙等。石灰性物质能够通过与钙的共沉淀反应促进金属氢氧化物的形成，以中和酸性土壤，使土壤酸性达到植物生长能够接受的范围。使用时，要将石灰磨细成粒径很小的粉状，以提高颗粒的比表面积，使石灰性物质与金属离子充分接触和反应。

### （二）污染土壤的化学修复原理及应用

由于工业化的进行，土壤中被排放了大量废水、废渣等污染物，这造成了土壤污染。污染土壤的化学修复，主要包括化学氧化、化学还原、化学淋洗和溶剂

浸提等。

1. 污染土壤的化学氧化修复

化学氧化修复是一项污染土壤人工修复技术。其基本原理是将化学氧化剂掺进污染土壤中，使之与污染物产生氧化反应，使污染物降解或转化为低毒、低移动性产物。该技术主要用来修复被油类、有机溶剂、多环芳烃（如萘）、PCP、农药以及非水溶态氯化物（如三氯乙烯 TCE）等污染物污染的土壤，对饱和脂肪烃则不适用。最常用的氧化剂是 $K_2MnO_4$ 和 $H_2O_2$，以液体形式泵入地下污染区。通过氧化剂与污染物的混合、反应使污染物降解或导致形态的变化。为了更快捷地达到修复的目的，通常用一个井注入氧化剂，另一个井将废液抽提出来，并且含有氧化剂的废液可以循环再利用。

2. 污染土壤的化学还原与还原脱氯修复

对地下水构成污染的污染物经常在地面以下较深范围内，在很大的区域内呈斑块状扩散，这使常规的修复技术往往难以奏效。一个较好的方法是创建一个化学活性反应区或反应墙，当污染物通过这个特殊区域的时候被降解或固定，这就是原位化学还原与还原脱氯修复技术。其基本原理就是利用化学还原剂将污染物还原为难溶态，从而使污染物在土壤环境中的迁移性和生物可利用性降低。通过注射井，向土壤下层中注射的还原剂有亚硫酸盐、硫代硫酸盐、羟胺、FeO、$SO_2$ 等，并给予一定压力使其在治理目标区内扩散。

3. 污染土壤的化学淋洗修复原理

土壤化学淋洗修复原理是借助能促进土壤环境中污染物溶解或迁移作用的溶剂，通过水力压头推动清洗液，将其注入被污染土层，然后再把包含有污染物的液体从土层中抽提出来，进行分离和污水处理。清洗液可以是清水，也可以是包含冲洗助剂的溶液。清洗液可以循环再生或多次注入地下水来活化剩余的污染物。通常受到低辛烷或水分配系数的化合物、羟基类化合物、低分子量醇类和羧基酸类污染物污染的土壤比较适合采用这种技术进行清除。

4. 污染土壤的溶剂浸提修复原理

溶剂浸提技术通常也被称为化学浸提技术。其原理是利用溶剂将那些不溶于水，吸附或粘贴在土壤、沉积物或污泥上的有害化学物质，如 PCBs、油脂类、氯代碳氢化合物、多环芳烃（PAHs），从污染土壤中提取出来或去除。该项技术一般不用于去除重金属和无机污染物，适合采用溶剂浸提技术的最佳土壤条件是黏粒含量低于 15%、湿度低于 20% 的土壤。

# 第九章 生态修复技术及其应用

## 第一节 水生态修复施工关键技术

### 一、水源涵养

水源涵养功能主要表现在以下几个方面：

第一，滞洪和蓄洪功能。在降雨时，森林植被的林冠、枯枝落叶层、土壤均能截留缓冲一部分雨水洪水，把多余的水资源暂时储存下来。迄今为止，学者在森林植被拦蓄洪水的定型研究上有统一的结果，但是对森林植被滞洪蓄洪的定量分析上仍存在争议，普遍认为蓄水量受植被类型、土壤质地、地质地貌类型等方面的影响，不能一概而论。

第二，枯水期的水源补偿功能。经过多国学者开展的长期观测和研究表明，降雨时植被涵养的水源入渗受变为地下径流，在枯水期补给河流，增加了干旱时节江河的径流量。

第三，改善和净化水质的功能。植被本身可以吸收和过滤降雨中的化学物质，降雨经过植被林冠、土壤后水中的化学成分已经发生了变化。有专家认为，森林植被的存在还可以改变河流的水质。

第四，水土保持功能。由于植被对降雨的吸收和缓冲，直接减少了雨水对土壤的冲刷，土壤保持是地貌学的问题，同时美国农学家也十分关注，共同研究表明，生物量的积累可以有效地控制土壤的侵蚀。

### （一）水源涵养理论研究

"水源涵养"的概念最初来源于森林生态系统，目前多数关于水源涵养的研究仍附属于森林水文学部分。森林是陆地生态系统的主体，水是生态系统物质循环和能量流动的主要载体，它们二者之间的关系是当今生态学和林学领域重点研究的核心问题。目前大多数研究中提到的水源涵养功能的研究主要是指森林生态系统的水源涵养功能研究，至于其他的生态系统，如草原生态系统、湿地生态系统，水源涵养的能力也较强，但是因为各种原因目前还没有重视起来，关于它们的研究都比较少。森林水文过程是指在森林生态系统中水分受森林的影响而实现运动和重新分配的过程，有降雨、降雨截留、干流、蒸发、地表、地下径流等过程，这些过程总称为生态系统的水源涵养功能。可以说森林的水源涵养作用就是水分与森林相互作用的过程，森林生态系统是通过林木林冠截留雨水，根下土壤对水分的涵养、枯枝落叶层对水分的吸收等过程来实现涵养水源的。

林木水源涵养功能的实现主要通过树木的林冠层截留雨水、枯落物持水、森林土壤的水分吸收和森林林木蒸发等过程来完成，不同的森林类型由于不同的生物量和群落结构具有相差别的涵养水源的能力。不同森林类型水源涵养能力的研究与比较是现在涵养水源功能研究方面的热点问题。根据水源涵养的机理，自上而下分为三个方面，即林冠截留的研究、枯枝落叶层的研究和土壤蓄水的研究。

土壤层的截留是对降雨的第三次分配，雨水降落到林地之后，大部分通过土壤孔隙渗入土层，在缓解洪水的同时也涵养了水源，具有重要的水源涵养功能。有专家认为土壤是生态系统发挥水源涵养功能的重要场所，绝大部分涵养的水源都来源于土壤的涵养作用。土壤既是生态系统储蓄水分的主要场所，同时也是生态系统截留降雨的主要场所。相关研究表明，土壤蓄水能力受土壤的孔隙度与土壤的非毛管孔隙影响。一般土壤稀疏，物理结构好，孔隙度高的土地具有较高的入渗率。

### （二）水源涵养林

水源涵养林的建设不仅能够保护环境，还是获取优质水源的理想方法。学者们乃至广大民众普遍接受"建设和保护水源涵养林，是拥有便宜、清洁，经济实惠水源的最好方法"这一说法，所以目前很多国家都十分重视水源涵养林的建设。水源涵养林除蓄水外还可固土、净化空气、提供森林旅游等，可见研究水源涵养林的收益巨大。

## 二、水质净化

### （一）饮用水水源地水质净化与水生态修复

我国饮用水水源主要以大的河流湖泊为主，然而，据水利部门统计，全国七成以上的河流湖泊遭受了不同程度污染。在我国的七大水系中，已不适合做饮用水源的河段接近 40%；城市水域中 78% 的河段不适合做饮用水水源。

随着水源水体的富营养化现象不断加重，水体中有机物种类和数量激增以及藻类的大量繁殖，现有常规处理工艺不能有效去除水源水中的有机物、氨氮等污染物，同时液氯很容易与原水中的腐殖质结合产生消毒副产物（DBPs），直接威胁饮用者的身体健康，无法满足人们对饮用水安全性的需要。同时随着生活饮用水水质标准的日益严格，水源水处理不断出现新的问题。另外，时有发生的突发性水质污染事件，对城市供水系统的安全构成了严重威胁，对城市的影响往往是灾难性的；如何围绕原水水质不同、出水水质要求各异以及技术经济条件局限等特点，寻求饮用水水源处理对策和适宜处理技术是目前研究和实践的重点。

按照处理工艺的流程和特点，微污染水源污染控制和水处理可以分为前期面源控制（前置库）、提高水体自净能力，取水口预处理、常规处理、深度处理。

随着点源污染逐渐得到控制，农村与农业面源污染问题更显突出，已成为水体富营养化最主要的污染源。目前，面源污染治理的主要技术有两类：其一为源头控制技术；其二是向受纳水体过程中的削减技术，包括生态过滤技术、前置库技术等。而前置库技术具有投资小、运营管理简单的特点，在欧美和日本已有很多成功的案例，是值得推荐的生态工程技术。

前置库是利用水库存在的从上游到下游的水质浓度变化梯度特点，根据水库形态，将水库分为一个或者若干个子库与主库相连，通过延长水力停留时间，促进水中泥沙及营养盐的沉降，同时利用子库中的净化措施降低水中的营养盐含量，抑制主库中藻类过度繁殖，减缓富营养化进程，改善水质。前置库净化面源污染的原理包括沉淀理论、自然降解、微生物降解和水生植物吸收等，其中微生物降解是必不可少且极其重要的环节。通过前置库中存活着的微生物群对水体中的污染物进行分解、吸收和利用。因此，微生物种群的结构和数量特征决定了前置库的处理效率。

传统的沉降系统仅是通过泥沙及污染物颗粒的自然沉淀至底，存在沉降效率较低（25% ~ 30%）、水力停留时间长（2 ~ 20d）、污染物聚集底部无法降解进而影响水力停留时间等缺陷。新型的碳素纤维沉降系统能够充分发挥材料高效的截留、吸附颗粒性污染物的优势，将沉降系统的处理效率提高30% ~ 50%。同时依靠生态草表面的高活性生物膜对沉降的污染物进行降解和转化，减少底部沉积物的堆积，延缓沉降系统的排泥。

传统的强化净化系统采用砾石床过滤、植物滤床净化、滤食性水生动物净化等措施，存在系统堵塞、有二次污染、系统受气候影响较大等缺陷，设置碳素纤维生态草的强化净化系统能够有效弥补系统在上述情况时出现的处理效率下降的问题。

碳素纤维由于具有优良的机械性能和碳素性质的多种特点，所以在水处理方面也具有良好的性能。碳素纤维放进污染水体中后，其超强的污染物捕捉能力和生物亲和力，使附着的微生物短期内形成生物膜，通过在水中不断地摇摆捕捉污染物并进行分解处理。另外，碳素纤维发出的音波，能吸引微生物以及捕食微生物的后生动物，甚至会成为高等水生生物的繁殖环境。根据上面所述，碳素纤维用于水处理是以水质净化和生态修复为主要目的。

碳素纤维生态草是用于净化受污染水域，修复水环境生态的优良选择，目前已成功应用于世界各地的水体生态环境修复和水污染防治领域。用于水源地水质保障工程时，其实现了对环境的零负荷与可靠的生物安全，更为重要的是，它有效解决了目前水源地水质保障工程存在的难点问题，切实改善水源地水质，具有广泛的应用前景。

## （二）城市景观水体净化与修复分析

1. 城市景观水体范围

（1）污水厂出水城市景观再利用；

（2）城市河道、环城水系；

（3）园林公园水景；

（4）住宅水景；

（5）高尔夫球场水景。

2. 城市景观水体特点

（1）人工挖凿、自然生态系统缺失

城市景观水体的设计，一般也大多只考虑景观手法和文化上的表现，而很少考虑水质治理问题。因此，设计与治理缺少同步考虑：防渗处理设计成硬质如钢筋混凝土等，这种设计最大的问题在于破坏了底质系统，使水质受到严重影响；驳坎破坏了沿岸带的生态功能，也不能亲水；硬质的底质、硬质的驳坎等，造成了水生动植物系统的脆弱与失调，生动自然美丽的湿地景观似乎离我们越来越远。

（2）水体营养源过高

因为水资源的短缺，污水厂出水成为重要的城市景观水水源补给，但是因为大多数污水处理厂处理效率不高，水质较差。而且污水处理厂出水的排放标准与地表水的水质标准之间存在较大差距，这一区别使污水处理厂的出水成为地表水的直接的持续的污染源。

（3）水动力不足

俗话说流水不腐，那是因为流水有循环与自净的功能。在城市景观水体中，大部分的公园、住宅等景观水体都因为客观场地条件的限制而缺乏流动，成为死水一潭；而城市的河网近些年由于防洪抗汛、保持水位等的需要，水体的流动都依靠泵阀管道的人为控制，阻断了天然的水体流动交换。缺乏流动，水体溶解氧不足，污染物质难以分解，水体恶化。

（4）城市生活污染

由于城市及城郊的废气污染较其他地区要高、空气沉降、酸雨等带来的污染物成为城市景观水体的一个重要污染源。同时在景观区，游客投掷的垃圾及喂养鱼类的饵料也是景观水体的重要有机污染物的来源之一，在南方等城市，内河与社区紧密相连，由于城市管网的不完善以及居民的不良生活习惯，生活废水、生活垃圾也成为困扰城市环城水系、河道的重要难题。

（5）景观性

城市景观水体的景观要求较高，因此很多设计人员过多地考虑景观的特点而忽略了水质。在针对景观水的处理的设计中，我们既要注重水质又要考虑到其景观的美学的特点。

3. 城市景观水体净化与修复

城市景观水体净化与修复处理方法有多种：

（1）机械过滤

设计隐蔽，景观园林采用得较多，但处理效果非常有限，且耗能。

（2）疏浚底泥

在一定时间内转移大量污染物，提高水体透明度。是目前城市河流采取的基本方法。但该法工程费用较高，且破坏了原本存在水泥中间层的微生物污染控制系统，不利于水体的生态恢复。

（3）引水换水

浪费水资源，且会产生"冲淡效应"，可能还远远没有藻类的繁殖速度快。

（4）化学灭藻

短时间灭藻效果迅速，但易出现耐药藻类，效率下降，且存在新的环境污染，影响水生生物的正常生长，易富集累积。长期投放会对水系周边土壤造成严重污染破坏。

（5）微生物投加

短时间起到迅速的净水效果，无景观问题的考虑。但是存在周期问题，需按期多次投加、维护，综合成本较高。

（6）人工湿地

具有较好的景观效果，建设运营费用低，适用于微污染水体。但占地较大，城市占地费用较高。维护管理要求较高，北方的冬季湿地过冬是个难题。

（7）放养鱼类

比例的控制较复杂，且水环境如果未达到健康的环境下，存活难以保障，容易引发外来物种的侵害。

（8）植物浮岛

景观效果较好，但处理效果有很大局限性，处理效率低。

（9）曝气复氧

水体增氧，抑制黑臭的必须方式。关键在于设备的选择是否节能，降低能耗，提高效率。

（10）生态载体法

采用结合碳素纤维生物净化材的生物净化槽工艺，搭建生态链，激活水体自身修复系统的根本解决办法，且维护费用较低，无二次污染，无物种侵害。此法的关键在于生物载体的选择。载体（填料）的挂膜质量、生物处理效率、生物空间效果、材料的耐久性、生物卵床的效果等。因依靠水体自我生态系统的搭建与恢复，处理见效时间较慢。

综上，上述各种方法都各有利弊。我们将在具体施工工程中综合考虑到场地的情况及项目地的功能，进行因地制宜的设计与治理，加强维护与管理。

# 三、水生态补偿机制

## （一）水源地生态补偿机制

### 1. 水源地生态补偿机制的定义

机制原指机器的内部构造和工作原理，后引入社会领域，称为社会机制，简称机制。其内涵可以表述为：弄清楚事物的各组成部分，并协调各组成部分之间关系以更好地发挥作用的具体运行方式。生态补偿机制是由生态补偿要素及其关系协调组成的，建立生态补偿机制的目的是促使生态补偿制度能稳定运行，是环境保护的内在要求。生态补偿机制的内涵至少应反映出四个核心要素：定位问题、基本性质问题、外延问题、补偿依据和标准问题。生态补偿概念的发展相伴相随并引领生态补偿的研究方向。具体到水源地生态补偿机制是指以保护水源地生态环境健康、实现水资源可持续利用为目的，根据水生态系统服务价值、水生态保护成本、发展机会成本，综合运用行政和市场手段，调整水生态环境保护和建设相关各方之间利益关系的一种制度安排。

2. 水源地生态补偿机制的内涵

水源地生态补偿的实施过程是定向的利益输送过程，但经济相对发达的下游地区给予相对贫困的库区的补偿并不是单纯意义上的扶贫，而是一种社会分工和优势互补。在这个利益输送和激励过程中，利益的载体是什么？定向输送的生态补偿利益中针对水生态补偿的占比是多少？利益输送的定向是否精准？项目实施的实际效果如何？如何对补偿绩效进行定量考核？一系列问题都与水生态补偿项目的政策导向、绩效评估、公众生态环境意识密切相关，决定着水源地生态补偿项目的落地示范效应。

水源地生态补偿具有特殊性。水既是资源也是环境，水环境具有易破坏、易污染的特点，特别容易受到人类不当活动的影响，这种污染与破坏会随着水的流动而向外迁移、扩散。因此，水源地生态环境保护的特殊性要求水源地生态补偿工作不允许存在反复和短板；且特别需要考虑当地居民的可持续生计，需要把人类活动对水源地的影响控制到最低程度。

相关研究表明，以农业生产为主和以非农经营为主的生计策略是不同的，前者更倾向于选择物质补偿和技术补偿两种生态补偿方式，而后者则倾向于政策补偿和资金补偿两种补偿方式，并且以农业生产为主的生计策略更偏好多种生态补偿方式的组合。

3. 建立水源地生态补偿机制的基本原则

生态补偿原则毫无疑问极其重要，因为它引领着"怎么补"的行动指南和价值取向。水源地生态补偿机制的构建、具体实施和修正与完善都需要在具体原则的指导下进行。

根据已颁布的与水源地保护相关的法规，结合水源地与其他生态功能区的区别，这里认为，在建立水源地生态补偿机制的过程中应遵循的基本原则包括公平合理原则、污染者付费原则、受益者付费原则、保护者受益原则、政府主导与市场相结合原则、可操作性原则。

（1）公平合理原则

水资源是大自然赐予人类的共有财富，属于公共物品，所有人都拥有享受水资源的权利。制定水源地生态补偿的标准应体现出公平性和合理性，公平合理应是补偿标准核算需要遵循的最基本原则。在利用环境资源方面，公平性主要包括两方面内容；一是针对同一代人之间的代内公平，即追求同代人在环境资源利用方面的人人公平；二是针对当代人与后代人之间的代际公平，即当代人在利用环境资源时应给后代人留下足够的资源以保证后代人的利用，不能竭泽而渔，通过过度开发环境资源而增加当代人的福利。公平合理地确定与生态补偿有关联的相关利益者之间的利益关系一直以来都是水源地生态补偿的关键问题，水资源环境可持续发展的实现高度依赖于补偿手段、补偿依据和补偿标准的合理确定。

（2）污染者付费原则

国际上，污染者付费原则被经济合作与发展组织（DECD）理事会视为环境政策的基本准则。其行为污染环境的任何组织和个人（生态破坏者）都应该因自己的污染行为接受惩罚。污染者付费能带来两个变化：一是因为污染环境行为将受到处罚，生态破坏者将不得不主动采取措施控制污染排放；二是污染环境的组织和个人缴纳的费用可以用来聘请第三方污染治理机构实施治理环境污染。这一原则通过使污染行为必须付费，从而实现生态环境破坏这一具有负外部经济性的行为内部化，在社会成本投入较少的前提下做到污染环境损失的最小化。该原则也广泛运用于其他污染物排放的控制中。就水源地保护而言，任何对库区水质造成破坏的行为主体都应该得到处罚，以惩罚污染者减少对水源地的破坏，以起到约束环境破坏行为的作用；同时，也能为库区的生态建设提供必要的资金，为治理水源地环境污染和环保项目建设提供财力支持。

（3）受益者付费原则

除了污染环境的行为应该为此付费外，因环境改善而受益者也应该为此支付一定费用。所谓受益者付费原则是指在水资源开发、利用和保护过程中，因流域水环境改善而从中受益的人为此而支付一定的补偿费用。因为具有明显的外部性，水源地生态环境的改善会使整个流域的居民受益；反之，水源地受到污染则会损害整个流域居民的利益。受益者付费原则是对污染者付费原则的一种延伸，根据公平合理原则，生态环境改善的受益者自然有责任有义务为环境保护和治理者提供适当的补偿。大致而言，水源地上游和库区周边的组织和个人是生态环境的治理者和保护者的主体，中下游则是水源地生态环境改善受益者的主体。在水源地集水区，受益者比较容易确定，即水源的使用者;但在有些水源地及其流域，受益者则比较模糊，界定的难度较大，这种情况下一般由于该区域的政府财政负责支付一定费用。

（4）保护者受益原则

水源地区域的居民和所在地政府在被要求对水源地实施保护和治理措施的同时，也同时被要求放弃引进或建设污染型项目以发展当地经济，使得原本具有的经济发展权受到制约。凡是江河源头区域在国土功能区规划中均被划定为禁止开发区，工业项目尤其是污染型工业项目一律不准上马，如果不对水源地实施补偿，则毫无疑问地会出现良好生态环境与贫困同时出现的局面；而在贫困状态下环保则是不可持续的，也不符合科学发展观的要求。尤其在调水工程中，水源地的保护者作为受损者更应该得到补偿，以激励水源地区域居民持续保护并改善水环境的行为；否则水源地保护者和生态环境建设者将缺乏保护和建设的动力，不利于水源地生态补偿机制的良好运行。

（5）政府主导与市场相结合原则

水源地生态补偿涉及的主体众多，利益主体之间的关系错综复杂，没有放之四海而皆准的补偿标准和方法，不同水源地和流域所实施的生态补偿方法也各不相同，各有特色。水资源作为一种公共产品，生态环境保护属于公共事业的范畴，在目前生态市场发育不成熟，水资源的市场配置上存在缺陷的背景下，以政府手段为主导方实施生态补偿具有现实性和合理性。所以，当前我国的水源地生态补偿由政府主导，各级政府通过财政转移支付的方式向水源地保护者和建设者支付一定的费用作为补偿金。但是，市场手段和机制应该被引入到水源地生态补偿，例如通过水资源交易进行生态补偿。政府发挥主导和推动作用，同时充分发挥市场机制的优势，采取政府行政参与与市场交易相结合的方式实施生态补偿。此外，各水源地的经济发展状况不尽相同，应该根据自身特点，制定符合实际要求的生态补偿政策，因地制宜实施生态补偿。

（6）可操作性原则

水源地生态补偿的效果如何还取决于生态补偿的具体措施是否具有良好的可操作性。水源地生态补偿落实的程度如何直接取决于补偿措施的可操作性，至关重要。对于水源地生态补偿主客体的界定在理论上并不难，但在实际的界定中则可能并不清晰。例如，水源地环境的改善和水质的提高不仅会对下游用水区域有益，也有益于水源地居民和整个区域甚至是国家和民族。这种情况下，如何准确分辨出既是受益者也是保护者的受益和受损的程度，进而制定精准、合理的补偿和收费标准，则显得尤为重要。如果界限或标准模糊，则会导致生态补偿的可操作性较差，或者虽然界定了却无法实施补偿。因此，水源地生态补偿须综合考虑各种因素，如经济发达程度、当地居民的支付能力与支付意愿、公众的认知水平等，以提高补偿的可操作性。

（7）透明性原则

水源地生态保护是与民生有很大联系的社会性问题，需要发展受限地区及受益地区公众的共同参与和共同监督。因此，水源地生态补偿标准、主客体和措施等的确立，应及时向社会公众公布，充分体现公开、透明原则，及时接受公众的质疑和建议，鼓励社会公众参与生态补偿的全过程管理，以此提高社会公众对水源地生态补偿的支持力度。制定水源地生态补偿措施时，水源地政府部门应制定考核细则定期进行考核，开通生态补偿管理网上平台，补偿资金筹集和使用情况公开化、透明化，接受公众监督，保证水源地把补偿资金重点用在水源地生态建设上。

## （二）流域水生态补偿机制

流域水循环系统的整体性、河流水系的连续性和流动性，以及行政区域和经济社会各部门之间的相互分割性，导致水资源开发利用过程中出现了成本与效益的不对称现象。实施流域水生态补偿正是解决这一问题的有效手段。流域水生态补偿需要协调处于同一流域的各个区域的生态、经济利益。水作为流域水生态的主要制约因素，具有流动的特性。因此，对特定区域内流域水质的保护能够使受益成果辐射到区域以外，而特定区域使用流域水资源的质量取决于其上游对水质的保护程度。

环境补偿机制正越来越多地应用于世界各地，用以平衡一个地区因发展对环境造成的破坏与另一个地区希望改善环境之间矛盾。环境补偿的目的是确定一个合适的环境补偿金额，以确保整体生态状况不会受到损害。生态补偿作为环境补偿的一部分，在国际上又被称为"生态服务付费（CPES）""生态效益付费（PEB）"，体现了生态保护与社会发展间的祸合关系。

当前，世界上许多地区根据经济社会发展过程中出现的生态退化、生态功效下降等问题，结合区域的可持续发展策略，进行了不同种类的生态补偿理论与实践探索研究。各种不同性质的生态补偿及实现机理具有生态补偿的衍生特征。

1. 生态补偿

生态补偿作为一种实现经济社会发展与生态保护可持续发展的"绿色策略"，具有较强的政策亲和功能和现状耦合性能。生态补偿的种类已扩展到能源、环保、水资源、海洋、耕地（土地保护）、区域均衡等门类，并形成了具有门类特性的生态补偿理论基础与实践机制。

生态补偿作为管理环境资源，实现流域/区域均衡发展的综合集成手段，具有生态、经济、管理、制度方面的相关特性：

（1）从生态视角看，生态补偿指借助人为干预，实现生态系统功能的自我修复和还原的外界干预措施。生态环境是否得到保护、恢复、治理是衡量生态补偿成功与否的标志。生态补偿在冲破环境演化自然规律的基础上，利于准确反映经济活动的各种环境代价和潜在影响，实现生态保护的实施者与受益者在时间利益上的均衡分配。

（2）从经济学意义上考虑，生态补偿主要指克服环境外部不经济性，实现环境外部效益内部化的一种制度安排。生态补偿由 20 世纪 90 年代以前的单纯的对环境破坏者收费拓展到 90 年代后期的对生态环境保护者补偿的双重含义。在此过程中，作为衡量区域间、区域内部个体间发展均衡的重要指标——社会公平性的出现，将生态补偿的经济学含义延伸到社会学领域。

（3）随着制度体制与经济学的结合，生态补偿作为一种机制，成为内化生态环境保护者与破坏者之间相关利益活动产生的外部成本为原则的一种具有经济激励特征的制度。

（4）高速的经济增长导致对自然资源的超负荷开发利用，并引发在生态资源和功能价值分配上的不公平性。效率和公平作为衡量社会均衡发展的重要指标，存在对立统一的关系。生态补偿作为社会经济发展与生态环境保护两相兼顾的一种调节手段，通过发挥其经济激励特性，使环境保护的利益相关者找到理想的利益结合点，利于生态资源的保护和社会生产力的提高。

（5）从法学意义上讲，生态补偿是从社会学的角度对不同利益群体生态保护责任分配的一种制度层面的界定。

2. 流域水生态补偿

在"水资源取之不尽"和"水资源无价"占统治地位时期，人们只是一味地将流域作为索取的对象，没有对过度开发利用水资源造成的生态环境问题进行补偿；在人们意识到自己的行为给流域生态造成的影响日益严重时，作为改善水生态环境以便提供自然资源和生态服务的流域生态补偿的理念日益流行，使得在生态经济系统内部出现了索取和保护补偿的双向输入和输出。

当前，随着流域水资源紧缺形势日趋严峻、部门间竞争性用水的矛盾突出，流域水生态补偿成为协调流域间利益冲突的有效手段。尽管国内外已针对流域生态补偿进行过相关研究和实践探索，但对于流域水生态补偿尚没有较为公认的定义。当前对流域水生态补偿的描述通常以具体的研究实例为基础，针对性强，缺少对生态补偿本质的理解。因此，流域水生态补偿在遵循流域生态演变、流域经济发展规律的基础上，呈现出不同的理论特点和发展分支。

流域水生态补偿指对流域水生态功能（或服务价值）实施保护（或功能恢复）行为的补偿。随着国际上对生态补偿相关机制研究的日趋深入，以及流域水资源竞争性开发利用、水污染加剧、水生态环境恶化等一系列问题的出现，使得流域水生态补偿作为一种全面、系统的资源管理策略和政策调控手段，备受环保及生态人士关注。各国学者结合各自区域的实践经验，在对生态补偿定义进行完善的基础上，给出对流域水生态补偿的概念。

（1）流域水生态补偿是一种对流域生态环境进行潜在保护的经济手段，是生态补偿机制在流域生态保护中的创新运用。流域水生态补偿作为流域各级政府实施的环境协商与利益博弈的经济行为，对财富分配和缩小贫富差距具有一定的调控作用。以往流域水生态补偿的实施经验表明，公平有效的补偿机制有助于实现贫困最小化和财富的转移。

流域生态补偿应包括：

①对流域生态系统本身保护（恢复）或破坏的成本进行补偿；

②通过经济手段将经济效益的外部性内部化；

③对个人或流域保护生态系统和环境的投入或放弃发展机会的损失的经济补偿；

④对流域内具有重大生态价值的区域或对象进行的保护性投入。

因此，从某种意义上讲，流域水生态补偿主要通过一定的政策手段将流域水生态保护的外部效应内部化，并给流域生态保护投资者以合理的回报，激励流域上下游从事生态保护投资并使生态资本增值。

（2）水资源具有水量水质的双重属性，水资源量质联合控制是落实最严格水资源管理制度的依据。流域水生态补偿机制是以水质、水量环境服务为核心目标，以流域水生态系统服务价值增量和保护成本与效益为依据，运用财政、税收、市场等手段，调整流域利益相关者之间的利益关系，实现流域内区域经济协调发展的一种制度安排。结合当前流域的分区管理现状，基于河流水质水量的跨行政区界的生态补偿量的计算办法，将流域水体行政区界河流水质和水量指标列为生态补偿测算内容，为"跨区域的流域生态补偿"。这是指为各级地方政府之间，在因行政管辖权划分所产生地方利益不同而导致的流域资源分配和跨界环境污染等生态问题上，所进行的一种环境协商与利益博弈的经济行为。

（3）随着区际流域生态问题的日益凸显，跨界流域水生态补偿机制的构建成为妥善解决水生态与环境效益外部性问题的有效途径。为促进流域水生态补偿方式明晰化，构建流域区际生态保护补偿机制实质上是利用横向财政转移支付的方式，将上游生态保护成本在相关行政区之间进行合理的再分配过程。

# 第二节　生态修复技术在水环境保护中的应用

## 一、生态修复技术在治理水环境中运用的原理

在治理生态系统中水环境污染问题时，应用生态修复的关键技术主要是运用微生物这种特定生物物种，将其放置特定条件下治理与消除水环境中的各种污染物。它在原理上应用了生态工学，有效控制与调节水污染问题，对水环境的生态结构实施改造，以达到恢复水环境的原有生态面貌目标，使水环境的修复实现生态性的平衡发展规划。使用生态学的系统或原理，以及生态效应去净化水环境，加之微生物的修复使受损的水环境系统得到改善。该技术在应用方面具有自然园地实施的优点，将其分为化学修复法、物理修复法等。其在生态系统中的应用彰显了安全性与适用性，遵循生态系统自然发展的规律，对生态环境的保护与治理提升了重视度，彻底展现出用生态理念治理与保护水环境的技术创新性。

## 二、生态修复技术的种类以及具体应用

### （一）生态修复技术的种类

从大方向上划分生态修复技术有污染水体类、富营养化的湖泊类以及海洋类等，对于污染水体类而言又包括对植物、动物、微生物进行修复的生态技术，主要是利用植物、水生类动物种群彻底清除掉水环境中的污染物，并恢复水环境的生态结构，因此该种技术属于物理性生态技术；而富营养化的湖泊类生态技术，主要是使水生植被得到恢复，进一步优化水环境的结构，进而将生态系统恢复至平衡状态；海洋类生态技术，主要是恢复与保护水环境中的海洋生物种类。

### （二）生态修复技术在水环境治理中的具体应用

污染水体类修复技术主要应用在水环境萃取金属污染物，同时吸取与过滤具有毒性的金属污染物，进而降低金属污染物毒性的进一步扩散程度，还运用微生

物在水环境中进行代谢的原理降解有机污染物，有利于净化、修复水环境的生态结构；富营养化的湖泊类生态技术主要应用在水生植被的修复方面，运用获取的生物量抵消水环境污染的内负荷，有效控制水环境的面源性污染，而后依照湖泊类水生植被不断演替的生态规律进行重建，促进优化水生植被的生态结构；海洋类生态技术主要针对已经被破坏的海洋系统进行修复，去除海洋环境中的氮、磷。但由于应用时涉及了较高的经济价值，缩小了应用的范围，不能将该技术作为生态修复的主体技术。

## 三、生态系统中水环境保护、治理措施

### （一）提升社会群众对生态环境的保护意识

提升社会群众以及政府领导对生态环境实施保护的意识，通过加强对生态水环境等知识性教育以及培训，强化与提升他们对生态系统的保护意识、责任意识。树立保护环境社会全体群众人人有责的理念，对生存环境产生保护的危机感，既要改善生活水平还要注重对生态环境实施保护的措施，以维持生存环境的持续发展与利用。

### （二）修建沼气池与缓冲带

利用水环境被污染的生态条件修建沼气池、缓冲带，将污染物中的微生物转换至特定条件下，把有机物放置在沼气池中生成沼气，同时将其有力利用在生活中。伴随修建沼气池的深入，我国已经大规模地修建了沼气池。然而修建缓冲带能够有效治理水环境污染问题，尤其是控制水土的恶性流失、控制风蚀的侵袭、保护水环境的整体质量，使水环境得到生态性修复。该缓冲带的修建在某种程度上具有保护的性能，并是永久性治理生态环境的污染，对沉淀物、农药等重污染物进行过滤与净化，真正发挥缓冲带治理的作用。

### （三）建设新生物的生态环保工程

首先选择具有活性的微生物酶的生物产品，运用新技术进行研究。该微生物能够在各种环境与状态下以最快速度去分解水环境中污染的有机物，降低污染物的指标与含量。另外，还能抑制具有臭味的物质在水环境中不断产生，提升对工业废水、污水治理的整体效果。该微生物在应用时只需直接投入水环境中，因此节约了治理生态污染的成本。该措施已经在国外较早被应用，主要是应用在水环境污染治理工作中，同时具有较好的治理成效，因此我国也在逐渐普及该治理

措施。

## 四、水生态修复环境治理改善自然水体水生态修复

### （一）净化河流的基本原理

生物膜法对于河流进行的净化作用，其实质就是水体自净能力的一种人工强化，把一个普通的自然过程变化为天然＋人工过程的组合形式。模拟天然河床上附着的生物膜及其产生的过滤与净化作用，由人工提供滤料或载体，增加相应的比表面积，以供超量微生物附着絮凝生长，形成净化水体所需的生物膜。当污染的河水流经人工增殖的生物膜时，污染物和载体或者滤料上面附着生长的菌胶团开始碰撞接触，菌胶团表面由于细菌和胞外聚合物的作用，对污水中的有机物起到了絮凝或吸附，这种状态与介质中的有机物会形成一种动态的平衡，从而导致的结果就是菌胶团表面不但附有大量的活性细菌，还有较高浓度的有机物，这些都成了细菌繁殖的有利条件。细菌的大量繁殖，会吸收消耗污水中的有机物，这样污水中的有机物浓度就会大幅度降低，水质也就得到了明显的改善。

生物膜技术发挥作用主要有以下四个阶段：

外部扩散阶段：污染物向生物膜表面移动；

内部扩散阶段：污染物在生物膜内移动；

化学反应阶段：微生物分泌的酵素与催化剂；

外排阶段：代谢生成物排出体外。

由于生物膜是依附固定在载体或者滤料上的，因此有着较长的生长周期，可以产生长周期细菌与高级微生物，例如硝化细菌的出现，因为硝化细菌的繁殖速度是一般单胞细菌的1/40左右。这就使得生物膜法在正常吸收有机物的同时，还能兼具脱氮除磷的能力，有利于处理同时受到有机物和氨氮双重污染的河流。另外，在生物膜上繁殖出的后生动物，例如缀体虫、线虫、轮虫等，从而极大增强了生物膜的降解净化能力。

### （二）生物膜在河流污染治理中的技术模式

目前，国内外用于河流生态净化的生物膜技术有以下五类：

1.砾间接触氧化法

砾间接触氧化法的设计依据是河床生物膜净化河水的原理，通过人工干预填充砾石作为载体，水与生物膜的接触面积会增加数十倍至上百倍不等。污水在瞬间流动的过程中，会与砾石上附着的生物膜相接触，进而被生物膜截留吸收、氧

化分解，从而达到净化水质的目的。例如，以 $\phi 50mm$ 的砾石作为填充物，填充河床面积为 $1m^2$，高度为 $1m$ 的河流时，这时河床的生物膜面积就可以达到原来的 100 倍，河流的净化能力也就相应的增强了 100 倍。砾间接触氧化法采用的载体为天然材料，具有来源广、费用低、工程难度小、净化效果较好等特点，因此得到了最广泛的应用。青海省沿湟实施的西宁第一污水处理厂和湟源、乐都、民和污水处理厂尾水人工湿地潜流处理单元就对该技术做了很好的技术移植和应用。潜流由底至上分别为防渗层、倒淤层、填料层及种植层，砾间接触的水力负荷大，对 BOD、COD、SS、TN、TP 等污染物的去除效果明显，并且很少会有恶臭和滋生蚊蝇等现象的发生，特别是能有效解决北方寒冷地区的冬季防冻问题，出水水质效果好，对于 COD 的去除效率在 $40\% \sim 80\%$，据监测验证污水处理厂尾水经潜流处理单元后 COD、BOD、$NH_3$-N、SS、TN、TP 等污染物浓度削减明显。

2. 排水沟（渠）接触氧化法

排水沟（渠）接触氧化法基于排水沟（渠），在其内部或外部设置含有滤料的净化设施，填充的滤料为砾石和塑料，可填充颗粒状、细线状、波板状或垫子状等，因为这些滤料具有比表面积大、间隙率高等特点，所以适于大量微生物的生长附着，产生大面积生物膜。当污水流经此人工净化装置时，污染物质与生长的生物膜相接触，大量污染物质被截留、吸收，进而被微生物分解掉，充分有效地净化了污水。排水沟（渠）接触氧化法具有净化效果好，有利于人工干预管理的特点，因其是在沟渠中进行反应的，往往不需要曝气系统，可以有效降低能耗。近年来，由于其具有的特点，在河流的直接净化中有着较多的应用。

3. 生物活性炭填料法

生物活性炭填料法以活性炭为填料，利用了活性炭其特有的超强吸附能力，同时由于其具有巨大的比表面积，可以为微生物的生长提供良好的环境，特别是利用"生物膜效应""生物再生效应"和"吸着效应"，可以充分发挥细菌和微生物等的分解作用，活性炭的微孔吸附作用，以达到去除水中污染物、净化水质的目的。生物活性炭填料法充分利用了活性炭比表面积大、吸附能力强等特性，使附着在其表面的微生物种类更多、活性更强、数量更大，形成的生物膜能力更强。

4. 浅层层流法

生物膜法在河流净化中起主要作用的方式，就是河水流过河床上附着的生物膜，通过与生物膜的接触而达到净化的目的。生物膜法采用增加附着的生物膜面积，从而减少单位生物膜的处理量，进而提高河床的自净能力。具体方式是增加河面的宽度，降低河流水深，增加河水和河床的接触面积。工程建设可以拓宽河床，以达到目的。此方法缺点也比较明显，需要进行大量的土方施工，涉及征地问题，同时还要确保水体流量和周围生态环境。

# 第三节　水生态修复技术在河道治理中的应用

生态系统是生物在一定自然环境下生存和发展的状态。一个完整的水生态系统应该包括水生植物群落和鱼、虾、螺、贝类、大型浮游动物等水生动物，以及种类和数量众多的微生物和原生动物等。水生态修复技术是指利用培育的植物或培养、接种的微生物的生命活动，对水中污染物进行转移、转化和降解，净化水质，改善、修复水生物生存环境。它是目前国际上常用的治理污染水体的方法之一，具有治污效果好、工程造价相对较低、运行成本低等优点。大量研究表明，对河流水环境的治理，必须采取污染源控制和水生态修复相结合的方法，实施"截污治污、恢复生态"。

## 一、水生态修复主要技术类型

河道治理首先要截污，但是，很多地区污水管网尚未健全，仍然有一定量污水直排或随污水管道进入河道，同时有些污水管网收集不到的农村生活污水直接排入河道，长期以来，造成河道水质氨氮、总磷、总氮超标，水体富营养化。针对这种情况，在河道治理中采用以下几种水生态修复技术，降解水体污染物，建设生态型河道。

### （一）生物处理技术

生物处理技术包括好氧处理、厌氧处理、厌氧—好氧组合处理。主要是采用人工培养的适合于降解某种污染物的微生物。通过控制微生物的生长环境、数量、品种，同时结合人工曝气等方法来稳定和加快水体污染物如 COD、BOD5、有机氮或氨氮等的处理。处理技术根据河道水体污染程度、水流、流域面积等因素具体制订，目前主要是原位生物修复技术，适用于严重污染河道的水质净化。目前，该项技术在上海市中心城区河道水质改善中得到应用。

### （二）修建生态岸坡

水生态修复的目标是建立、修复受污染或受破坏的水生生物环境。按照自然规律，恢复流域内食物链。目前国内水利工程建设的观念正由传统的"防洪、排涝"向建设"安全、资源、生态"的水环境观念转变,逐渐更新治理理念,提倡河道岸坡采用生态型,如改变传统河坡直立式结构形式,放缓河坡,在近岸带种植根系发达的植物,依靠植物固结土壤,防止岸坡淘刷,维护岸坡稳定性,为水中生物提供栖息地和活动的场所,起到保护、恢复自然环境的效果,物种选取苦草、金鱼藻、黑麦草、两耳草、高羊茅草等,护坡材料的选用采用多孔及天然材质。

### (三)生物修复

生物修复技术是利用水体中的植物、微生物和一些水生动物的吸收、降解、转化水体中的污染物,来实现水环境净化、水生态恢复的目标。生物修复技术可以是单一的植物、动物或微生物修复,也可以是由不同种植物、动物、微生物共同构成的生态系统进行的水体生态修复。植物、微生物和水生动物在河道生态修复中扮演着不同的角色,各自为水体的净化起着不可或缺的作用。

(1)植物修复是以植物忍耐和超量积累某种或某些化学元素的理论为基础,在美化、绿化水域景观的同时,利用植物的吸收、挥发、过滤、降解、稳固等作用,通过收获植物体的方式可以将水中有机和无机污染物进行有效的去除,达到净化水质的目的。

(2)动物修复指通过河流中水生动物种群的直接(吸收、转化、分解)或间接作用(改善水体理化性质,维持河道中植物和微生物的健康生长)来修复河流污染的过程。在受污染的水体中投入对该污染物耐性较高的浮游生物、虫类、虾类、鱼类等,通过食物链消化将一些有机污染物吸收、利用或分解成无污染的物质从而改善水环境修复受污染的河道。

(3)微生物修复是利用动植物共存微生物体系去除环境中的污染物。通过在河道中种植水生植物、放养水生动物,创建微生物生存条件,利用微生物降解、吸收水体中的氨、氮、磷等元素,不断把水体中过多的富营养成分离析水体,从而达到净化水质的目的。

### (四)人工湿地处理技术

人工湿地的原理是利用自然生态系统中物理、化学和生物的三重共同作用来实现对水体的净化。这种湿地系统是在一定长宽比及底面有坡度的洼地中,由土壤和填料(如卵石等)混合组成填料床,水体可以在床体的填料缝隙中曲折地流动,或在床体表面流动。在床体的表面种植具有处理性能好、成活率高的水生植物(如芦苇等),形成一个独特的动植物生态环境,对污染水进行处理。

人工湿地具有以下特点:

（1）维持生物多样性，为水生动植物、微生物等提供优良的生存环境。

（2）调节地表径流、保持泥土含水量。

（3）降解水体污染物，实现水体的净化。

（4）调节气温和空气湿度。

（5）美化环境，构造景观。该项技术应用较为成功，如日本渡良濑蓄水池的人工湿地、西湖湿地和南京江心洲等。

### （五）人工浮岛技术

人工浮岛又称生态浮床、生态浮岛，是一种由人工设计建造漂浮在水面上供动植物、动物和微生物生长、栖息、繁衍的生物生态设施。它的主要功能包括净化水质、创造生物（鸟类、鱼类）的生息环境、改善景观以及消除水波、保护河岸的作用。人工浮岛在城镇化地区对有景观方面要求的河道池塘等得到了较广泛的应用。人工浮岛技术是按照自然规律，严格筛选本土净水植物在水面种植，利用植物根部的吸收、吸附作用和不同物种间的竞争机制，将水体中的氮、磷以及有机物作为自身营养物质利用，并最终通过对植物体的收获将其带离出水体，达到净化水体，适宜多种生物繁衍的栖息环境的目的。该技术主要适用于富营养化和受有机污染的河流，工程量小，便于维护，处理效果好，且不会造成二次污染，使资源得到可持续利用。

## 二、当前水生态修复技术在治理方面存在的主要问题

（1）水生态修复技术的应用发展缓慢。河道整治坚持生态优先的原则虽然在上级领导中已得到足够重视，但在河道实际整治中缺乏相应措施。近年来的河道整治工程中，主要整治措施还是截污纳管、生活污水处理、岸坡建设和底泥疏浚。有关河道的截污纳管、沿河两岸的生活污水处理、河道规划的力度都在加大，但通过水生态修复技术来改善水质的相关技术研究与应用还没有新的进展，该技术停留在城镇中心区域局部河段的应用上，未大范围应用及推广。

（2）整治方案中都强调了生态治水的重要性，但在具体技术上缺乏相应的实施方案和操作措施。通过仔细调研各设计单位设计的河道整治方案及河道景观设计方案，发现在河道整治方案与景观方案中都提及整治中要坚持生态优先的原则，要通过修复河道、湖泊的水生态系统来提高水体的自净能力，但在具体实施上缺乏详细的可操作性实施方案。

（3）在水生态修复的认识上存在较大程度的偏差。河流、湖泊的水生态修复

是近十年才发展起来的水质治理新理念，是一个系统工程，不能简单地理解为通过多绿化、多种植物、在河道里养水生动物、微生物就可以达到水生态修复了。另外，许多设计者对于河流的修复纯粹是从景观美学的角度出发，完全没有考虑河道的基本情况及其功能定位。

# 三、生态修复技术在河道治理中的应用要点

## （一）优选植物种类，合理配置

选择合适的植物种类对于项目的成功非常必要。采用植被措施护岸时，不同植物材料的有效性很大程度上取决于它们对于水位和底土土质的适应性。实际实施中，可根据不同水位，结合当地情况，以水位变动区间为参考，将河流陆域及岸坡分为四个区域，不同区域选择适合的植物种类。

（1）水下区（低水位以下）。种植沉水植物，设立沉水植物修复区，以迅速提高水体透明度；恢复水体原有沉水植被，先后恢复苦草群落、狐尾藻群落、篦子眼子菜群落、金鱼藻群落，恢复水清见底的水域景观。

（2）水位变动区。利用芦苇、野茭白、香蒲、千屈菜、水葱等水生植物，以其柔韧的枝叶，缓冲水流，减缓船行波的冲刷，提供动植物栖息地。

（3）岸坡区（高水位以上）。利用低矮灌木以及野生地被植物组成的复式植物群落，减弱雨水对堤防的冲刷，减少表层土的流失，同时，稳固从堤顶冲刷下来的外来土壤。

（4）河道陆域区（岸坡以上河道控制线内）。利用水杉、池杉、落羽杉、水紫树等耐水性好、短期耐淹植物，通过其生长舒展的发达根系，固土护坡，防止河道两岸土方的坍塌。

## （二）建设形态多样的河流

河流形态的多样性，其方法是恢复河流纵向的连续性和横向的连通性，防止河床和岸坡材料的硬质化。在河流纵向，以恢复河流的蜿蜒性为主，尽可能保持河流弯曲多变的形态；在横向上，构建主河槽和护堤地在内的复合断面形态，有条件的地方应推广使用"季节性河道"（高水位河水漫滩便于行洪，低水位河水约束在主河槽内，岸坡可以综合利用）。在需要护岸的地段，宜采用石笼、生态混凝土等透水性岸坡防护结构，充分利用乱石、木桩、芦苇、柳树、水葱等天然材料与植物护坡，避免河流岸坡的硬质化。

运用生态系统的食物链原理营造生物群落多样性，是生物群落构建的主要措施。

一方面，通过将植物措施延伸入水中，创造微生物生存和繁衍的必要条件；同时通过投放鱼类、虾类、螺蛳、河蚌等底栖动物，构建"水生植物—微生物—藻类—水生动物"食物链，实现水体净化的目的。常见的做法是，岸坡和水位变化区种植根系发达的黄菖蒲、睡莲、美人蕉、香蒲等挺水植物，水下区种植苦草、狐尾藻、金鱼藻等沉水植物，提高水体透明度和水体净化能力，提供微生物生存环境，同时提高边坡抗冲刷能力；水中投放一定数量的鲫鱼、鲤鱼等鱼类；在引导水体原有底栖昆虫、螺蛳、贝类等水生动物增加水体净化能力。

### （三）布置人工湿地

利用河道现有形态，沿河布置人工湿地。人工湿地对于恢复河道水生动植物系统有很大作用，在河道一定水位线以上建设自然生态湿地小岛，小岛内摆抛置天然石头，种植具有景观效果的水生植物，小岛通过木桥与陆地相通，形成水陆相互缠绕，产生人在水上走、鱼在脚下游，树在水中长的视觉效果。

## 四、河流生态修复技术的应用效果

这几年，浦东地区对各代表性河道进行生态修复技术尝试，河道面貌发生明显变化，大大美化了修复河道的生态景观，改善了河道两岸的人居环境。

### （一）增强河道自净功能，水质明显改善

通过对治理河道的观测分析，应用生态修复技术后，植物净化系统和水生动物去水体富营养化基本构建成功，河道面貌焕然一新。已截污的河道应用该技术后，河道水质透明度达到 1.5m 以上，水底水草清晰可见，主要水质富营养指标接近国家地表水三类水质标准；沿河有少量生活污水入河的河道，采用该技术后，河道水质透明度也有明显提高，主要水质富营养指标也有明显改善，常年无臭味；而对于污染量较大的河道，采用生态修复后，河道各种状况虽有改善，效果却不明显，建议截污纳管。

### （二）固土护坡效果明显，水土流失程度降低

通过合理搭配乔、灌木和草本植物，水土保持能力得到提高，植物固土护坡作用明显。项目后期的观测表明，土壤流失伴随植物生长的繁茂而逐步减弱；在水位变动区，常水位处有人工种植水生植物的地段，种植一年来水流冲刷深度明

显小于无防护地段，水生植物防冲刷效果明显。

## （三）生物多样性得到明显恢复

生态修复措施实施后，植物长势和水生动物生长良好。两岸水生植物丛中小鱼小虾成群、空中白鹭低飞、水面水鸟游弋、夏夜青蛙齐鸣，相比治理前生态环境有了明显改善。

# 参考文献

[1] 李合海，郭小东，杨慧玲. 水土保持与水资源保护 [M]. 长春：吉林科学技术出版社，2021.

[2] 王玉生，黄百顺. 生产建设项目水土保持 [M]. 郑州：黄河水利出版社，2021.

[3] 洪向华. 红土地上的绿色华章水土保持生态治理的赣州模式 [M]. 北京：中共中央党校出版社，2021.

[4] 陈亚宁，李卫红，朱成刚. 新疆伊犁河谷土壤侵蚀与水土保持研究 [M]. 北京：科学出版社，2021.

[5] 毕华兴，侯贵荣. 黄土高原低效水土保持林改造 [M]. 北京：科学出版社，2021.

[6] 石云，杨志，徐志友. 宁东能源化工基地水土保持生态环境动态研究 [M]. 阳光出版社，2021.

[7] 陈正新. 黄河十大孔兑水土保持减沙效益评价 [M]. 北京：科学出版社，2021.

[8] 吴卿. 水土保持弹性景观功能 [M]. 郑州：黄河水利出版社，2020.

[9] 刘志强，季耀波，孟健婷. 水利水电建设项目环境保护与水土保持管理 [M]. 昆明：云南大学出版社，2020.

[10] 石云. GIS 在宁夏水土保持生态中的实践 ArcGIS 专题应用 [M]. 银川：阳光出版社，2020.

[11] 林雪松，孙志强，付彦鹏. 水利工程在水土保持技术中的应用 [M]. 郑州：黄河水利出版社，2020.

[12] 王静，海春兴. 水土保持技术史 [M]. 北京：经济管理出版社，2020.

[13] 吕月玲，张永涛. 水土保持林学第二版 [M]. 北京：科学出版社，2020.

[14] 刘力奂. 水土保持工程技术 [M]. 郑州：黄河水利出版社，2020.

[15] 郑荣伟. 水土保持生态建设 [M]. 郑州：黄河水利出版社，2020.

[16] 杨洁. 鄱阳湖流域水土保持研究与实践 [M]. 北京：科学出版社，2020.

[17] 王海燕，鲍玉海，贾国栋.水土保持功能价值评估研究 [M].北京：中国水利水电出版社，2020.

[18] 余新晓.水土保持学导论 [M].北京：科学出版社，2019.

[19] 王志刚.城市水土保持概论 [M].武汉：长江出版社，2019.

[20] 林雪松，付彦鹏，栾城.水十保持与效应评价研究 [M].北京：中国水利水电出版社，2019.

[21] 张亮.现代农业水土保持机理与技术研究 [M].北京：中国水利水电出版社，2019.

[22] 王克勤，赵雨森，陈奇伯.水土保持与荒漠化防治概论 [M].北京：中国林业出版社，2019.

[23] 鲁向晖.水土保持与荒漠化防治概论 [M].南昌：江西科学技术出版社，2018.

[24] 鲍宏喆.开发建设项目水利工程水土保持设施竣工验收方法与实务 [M].郑州：黄河水利出版社，2018.

[25] 王秀茹.水土保持工程学 [M].北京：中国林业出版社，2018.

[26] 王治国.水土保持规划设计 [M].北京：中国水利水电出版社，2018.

[27] 刘震.中国水土保持概论 [M].北京：中国水利水电出版社，2018.

[28] 孟广涛.云南水土保持植物手册 [M].昆明：云南科技出版社，2018.

[29] 王万忠，焦菊英.黄土高原降雨侵蚀产沙与水土保持减沙 [M].北京：科学出版社，2018.

[30] 代德富，胡赵兴，刘伶.水土保持与环境保护 [M].天津：天津科学技术出版社，2018.